Show
and
Prove

2

수리논술을 위한 수학 2 & 미적분

저자 소개

SaP 시리즈 저자

김기대 T

- 학력
  고려대학교 수학과 (수리논술 합격 + 당해 수능 가형 100점)
- 강의
  시대인재　　　　　　오르비 by 매시브　　　　　인클래스 (온라인 수강 사이트)
- 저서
  수능수학 : 기대모의고사, 기대 N제 저자 (2015~)
  수리논술 : Show and Prove 1, 2, 3편 저자 (2023~)
  　　　　　 대학별 분석서 (2025~, 예정)

박민서

- 학력 : 한양대학교 자연과학대학 (수리논술 합격)
- 저서 : Show and Prove 1, 2편 공동 저자 (2025~)
  　　　　대학별 분석서 공동 저자 (2025~, 예정)

검토진

김기준	서울대학교 수학교육과	이지훈	연세대학교 공과대학 (수리논술 합격)
전준현	영남대학교 수학교육과 (현직 수학강사)	전지원	이화여대 뇌인지과학전공 (수리논술 합격)
김재서	성균관대학교 수학과 (수리논술 합격)		

기대T 교재 커리큘럼

교재명	1월~3월	4월~7월	8월~9월	10월	11월
Show and Prove (수리논술 실전개념서) & **대학별 기출 분석서**		1편 : 수리논술을 위한 Basic Logic 및 수학1		연세/시립/홍익 학교별 Final 수업	수능후 학교별 Final 수업
		2편 : 수리논술을 위한 수학2 & 미적분			
		3편 : 수리논술을 위한 Advanced 미적분 & 고난도 Theme			
		4편 : 수리논술을 위한 선택확통과 선택기하 (수강생 전용)			
		대학별 기출 분석서 (25년 예정)			
대학별 Final **교재 및 모의고사**		대학별 Final 수업 전용 교재			

- 학습 기간은 한 권 기준 4주를 넘기지 않는 것이 좋습니다.
- 음영 구간은 '학습 권장 시즌'을 의미합니다.
- 자세한 교재설명이나 출간 소식은 오른쪽 QR코드를 참고 해주세요.

1. 학습 전 사전공부 권장량

1편 수리논술을 위한 Basic logic & 수학 1
고1 수학 학습 + 수학1 학습 + 수학2 & 미적분 기본개념 1회독

2편 수리논술을 위한 수학 2 & 미적분
본 시리즈 1편 학습 + 1편 권장량 누적 + 수학2 & 미적분 학습

3편 수리논술을 위한 Advanced 미적분 & Advanced Theme
본 시리즈 2편 학습 + 2편 권장량 누적

4편 수리논술을 위한 선택확통와 선택기하 (수강생 전용)
선택확통, 선택기하 기본개념 1회독 (수강생들에게 기본개념&문풀강의 제공)

+ 수리논술 대학별 기출 분석집 (2025년 예정)
본 시리즈 1편 ~ 3편 학습 권장

2. 해설집 활용법

항상 해설집을 옆에 두고 공부하세요.

또한 예제와 실전 논제에 있는 별표는 다음과 같이 활용하면 됩니다.

별표	설명	고민 정도	고민 시간
★☆☆☆☆	직전에 배운 개념을 가볍게 확인하기 위한, 쉬운 문제	매우 빠르게	3분 이내
★★☆☆☆	빈출하는 주제이면서 평이한 난이도의 문제	빠르게	5~10분 이내
★★★☆☆	실전 문제로 나오는 수준의 난이도이며, 고민 시간을 투자할 가치가 충분히 있는 고난도 문제	넉넉히	10~15분 이내
★★★★☆	합격자조차도 승률이 50% 이하인 매우 어려운 문제		15~20분 이내
★★★★★	못 풀어도 합격이 가능할 만큼, 도전과 배움에 의의를 둔 초고난도 문제. 적당한 고민 후 해설로 빠른 학습 권장	빠르게	10분 이내
꼭 고민 시간을 지키지 않아도 됩니다.			

교재사용법 상세안내

01

개념 & 예제

단원별 수리논술용 빈출 주제의 학습으로 '수리논술용 필수 개념' 완성!

개념 : 수리논술 전형을 지원하는 학생이라면 꼭 알아야 할 필수 개념들을 정리하였습니다.
단순히 어렵고 처음 접하는 개념을 수록한 것이 아닌, 실제 출제되었던 대한민국 수리논술 문제를 기반으로 필수 개념을 선정 후 수록하였습니다.

예제 : 개념을 배운 그 자리에서 바로 문제에 개념을 적용해볼 수 있도록 예제를 수록하였습니다.
쉬운 기출 + 자작문항으로 이루어져 있으며, 개념을 체화하기 좋은 문항으로 선정하였습니다.

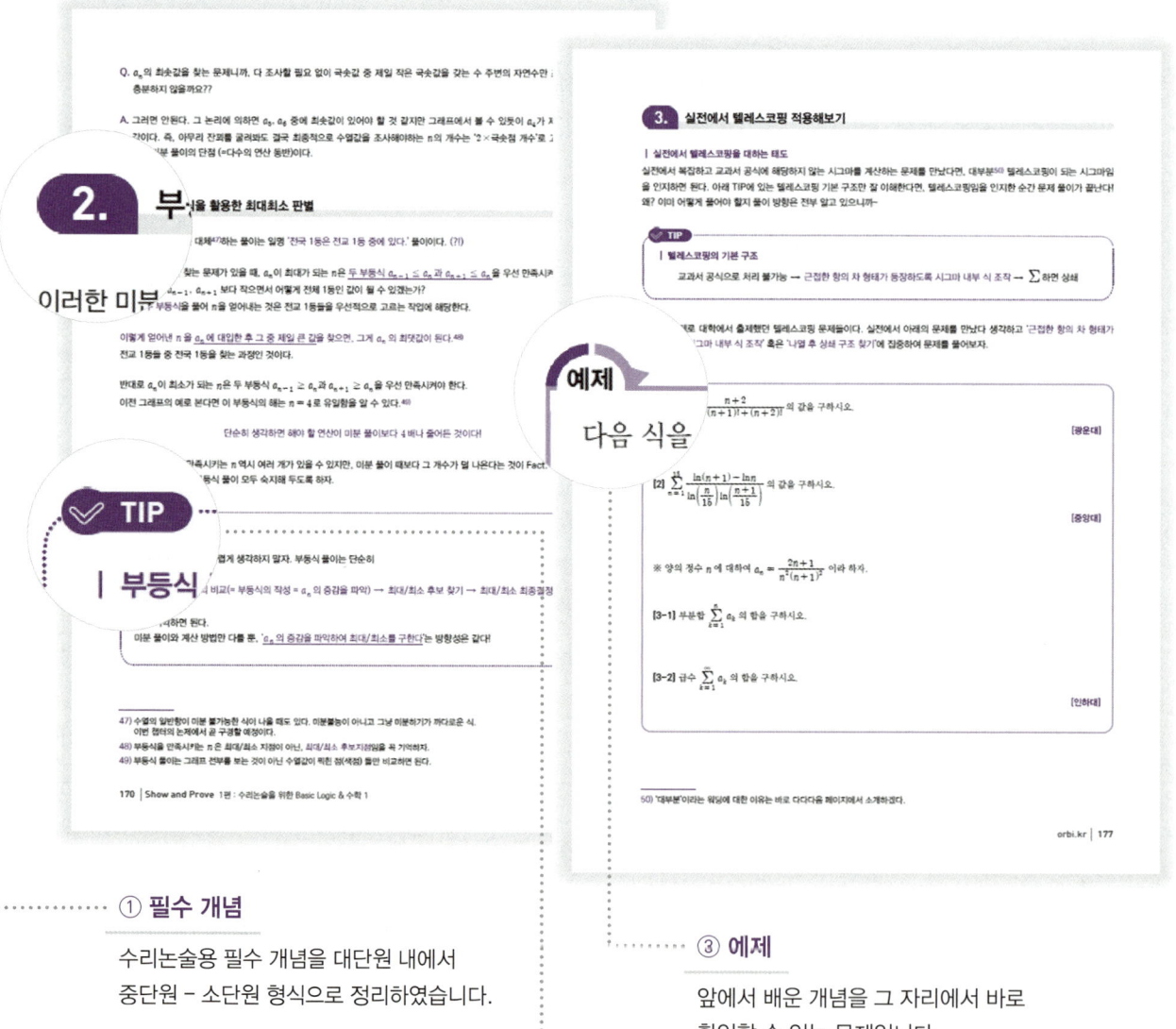

········· ① **필수 개념**

수리논술용 필수 개념을 대단원 내에서
중단원 – 소단원 형식으로 정리하였습니다.

········· ③ **예제**

앞에서 배운 개념을 그 자리에서 바로
확인할 수 있는 문제입니다.

② **TIP 박스** ·········

각 개념에서 얻어가야 할 핵심 내용 혹은
개념 학습 시 헷갈릴만한 내용을 수록하였습니다.

앞에서 배운 개념을 '바로 확인' & '마무리 짓는' 문제와 해설 수록!

논제 : 대단원을 마무리하며 필수 개념들을 실제 출제되었던 수리논술 문제에 적용해볼 수 있도록, 단원별 실전 논제를 수록하였습니다. 또한, 학습자의 수학 역량과 학습 투자 시간에 따라 문제를 선별하여 풀 수 있도록, 모든 논제의 난이도를 별표로 표시해두었습니다.

해설 : 몇몇 문항의 경우, 단순 대학 해설만으로는 학습이 충분하지 않을 수 있습니다.
이러한 학습의 공백을 채우기 위해 이해에 도움되는 여러 가지 장치들을 수록해두었습니다.

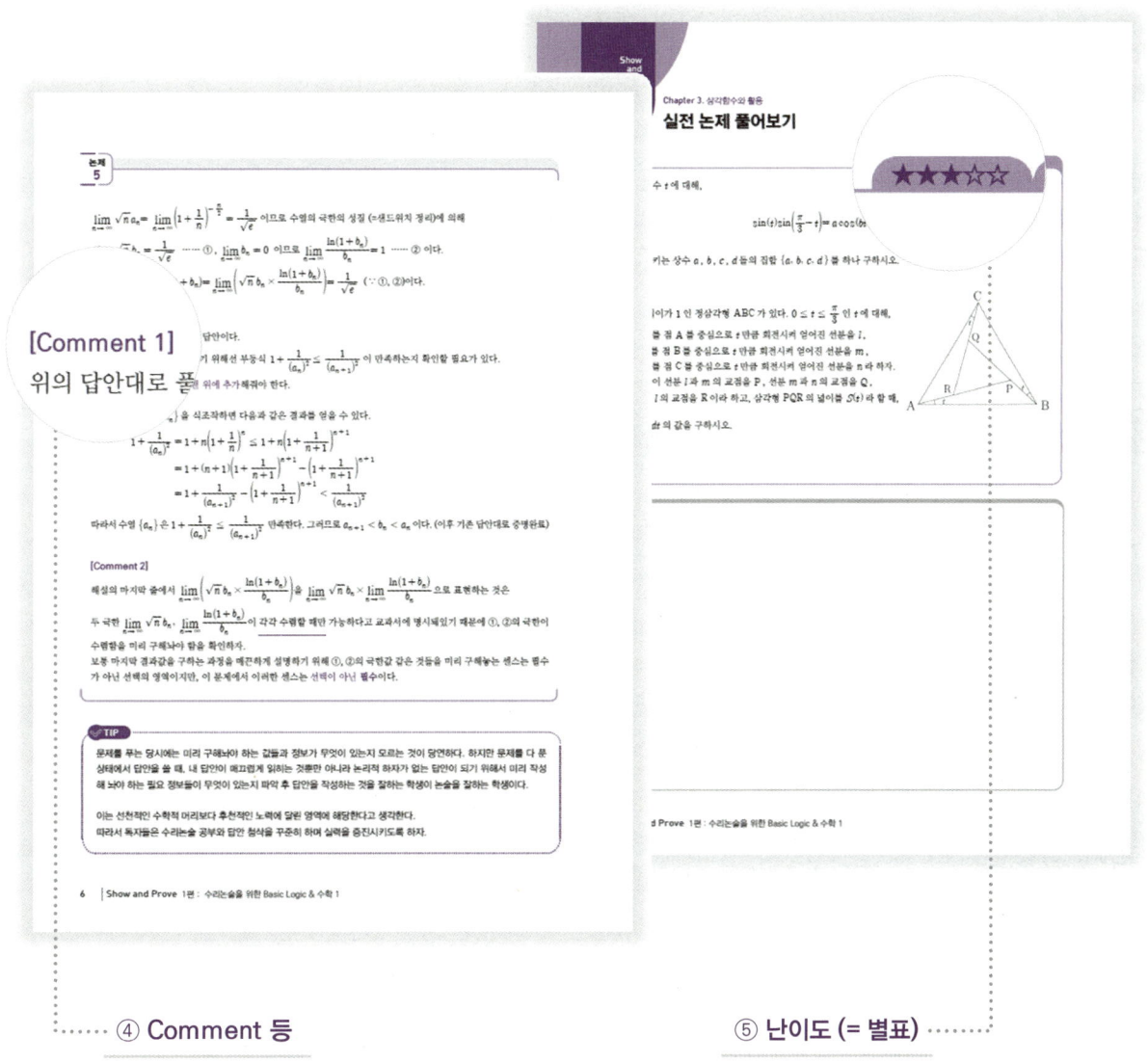

④ **Comment 등**

해설로 부족한 내용을 설명하는 장치입니다.
학습의 연장선이라 생각하고 꼭 읽어보시길 바랍니다.

⑤ **난이도 (= 별표)**

문제의 난이도를 별표로 표시하였습니다.
(별표에 따른 고민 시간은 교재 앞 참고)

기대T 수리논술 수업 상세안내

정규반	수업 상세 안내 (지난 수업 영상수강 가능)
정규반 – Set 1 (1주차~4주차)	– 수리논술만의 특징인 '답안작성 능력'과 '증명 능력'을 향상시키는 수업 – 수능/내신 공부와 다른 수리논술 공부의 결 & 방향성을 잡아주는 수업 – 수험생은 물론 강사조차 가지고 있는 '오개념'을 타파시키는 수학 전공자의 수업 무언가가 어려우면 쉽게 포기하는 성향을 가진 학생의 경우, 문제풀이가 위주인 Set 2부터 학습한 후 Set 1 학습 추천 (단순 난이도 : Set 1 〉 Set 2)
정규반 – Set 2 (5주차~8주차)	만만해 보이는 과목인 수학 1이 수리논술에서 어떻게 나오는지 배워보는 강의 삼각함수 & 수열의 콜라보 등 수학1의 논술형 발전성을 체감해볼 수 있는 실전 내용 수업 다른 Set에 비하여 난이도가 쉬운 편 : 수리논술에 입문하기 좋은 강의 Set
정규반 – Set 3 (9주차~12주차)	– 수리논술에서 50% 이상의 비중을 차지하는 수리논술용 미적분을 집중 해석하는 수업 – 수리논술에도 존재하는 행동 영역을 통해 고난도 문제의 체감 난이도를 낮춰주는 수업 – 대학의 모범답안을 보고도 '이런 아이디어를 내가 어떻게 생각해내지?' 라는 생각이 드는 학생들도, 납득 가능하고 감탄할 만한 문제 접근법을 제시해주는 수업
정규반 – Set 4 (13주차~16주차)	– 상위권 대학의 합격 당락을 가르는 고난도 주제들을 총정리하는 수업 – 출제 난이도가 높은 학교의 수리논술 합격을 바라는 학생이라면 강추
첨삭 및 자료	– 수강 형태 (현장 vs 온라인) / 수업 종류 상관없이, 모든 학생들에게 첨삭 제공 – 복습 시트, 손글씨 답안, 다채로운 자료 등등 오른쪽 QR코드에서 확인 가능

실전반 & Final	수업 상세 안내 (지난 수업 영상수강 가능)

실전반 – Set 1 (1주차~5주차)	– 수리논술 전용 확통/기하 Theme에 대하여 학습하는 강의
	  수능/내신의 빈출 Point와의 괴리감이 제일 큰 두 과목인 확통/기하의 내용을
	  철저히 수리논술 빈출 Point에 맞게 제단된 내용만을 다루는 Compact 강의

실전반 – Set 2 (6주차~10주차)	– 상위권 학교 지원자들은 꼭 알아야 하는 필수내용만 다루는 강의 – 본인에게 유리한 출제 스타일인 학교를 탐색하여 원서 지원부터 이기고 들어갈 수 있도록 하는, 대학별 출제경향 파악 수업 (모든 대학을 A그룹~D그룹으로 분류 후 분석) – 최신기출 (작년 기출+올해 모의) 중 주요 문항 선별 통해 주요대학 최근 출제 경향 파악
Semi Final 고/서/성/경 반 (수능전 & 직후)	– 수능 직후 시험 보는 학교들을 중점적으로 미리 공부해두기 위한 수업 – 전형적인 고난도 문제부터, 창의적인 신유형 문제까지 다양하게 만나볼 수 있는 수업 – 수능 끝나고, 주력으로 준비할 학교 선택하면 해당 학교 모의고사 1~2회분 및 해설강의 당일 제공
학교별 Final (수능전 / 수능후)	– 학교별 고유 출제 스타일에 맞는 문제들만 정조준하여 분석해주는 Final 수업 – 빈출 주제 특강 + 예상 문제 모의고사 응시 후 해설 & 첨삭 – 고승률 문제접근 Tip을 파악하기 쉽도록 기출 선별 자료집 제공 (학교별 교재 상이)

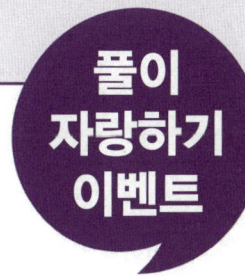

풀이
자랑하기
이벤트

교재에 실린 문제들에 대하여, 본인만 떠올린 것 같은 개쩌는 신규 풀이 혹은 교재의 내용을 100% 알맞게
반영한 모범적인 별해라 생각되는 풀이들을 기대T 연구소에 자랑해주세요!
(연구소의 수리논술 안목 확대 목적으로 활용되며, 추후 풀이 제공자의 실명과 함께 풀이가 게시될 예정입니다.)

기발한 풀이의 최초 제보자에겐 최소 **스타벅스 기프티콘**을 드리며, 풀이 완성도 및 발상의 퀄리티에 따라
치킨 기프티콘, 더 나아가서 기대T 조교 혹은 그 이상(ex. 프로젝트 동업) 섭외까지도 받으실 수 있는 절호의 기회!!

자세한 이벤트 보상 및 참여 방법은 아래 사이트의 공지사항을 참고해주세요.

목차

학습전략

CHAPTER.1

수많은 다항함수의 성질 중 수리논술에서 주로 쓰이는 성질들을 위주로 정리해보자. 논술에서는 결과를 이끌어내는 과정 자체가 하나의 문제로 출제될 수 있기에, 교재에 있는 모든 내용을 이해하며 넘어가자.

CHAPTER.2

수리논술에서는 치명적인 수능형 오개념을 고치는 시간을 갖자. 이후, 여러 가지 수리논술용 극한값 계산방법과 수능에서는 구경 못해본 낯선 정리인 최대최소 정리와 사잇값 정리를 알아보자.

CHAPTER.3

미분가능성과 관련된 오개념을 고치고, 미분의 활용 뿐 아니라 수리논술을 출제하는 대부분의 학교들의 최애 소재인 평균값의 정리의 다양한 활용법을 익혀보자.

CHAPTER.4

지금까지 학습했던 모든 CHAPTER의 내용에 대한 고난도 추가 논제입니다. 저자진이 본 교재에서 공을 제일 많이 들인 것이 바로 본 챕터의 해설 파트입니다. 문제가 어렵더라도 해설을 참고하여 학습하신다면 수리논술 실력이 엄청나게 스텝-업할 것이라 확신합니다.

CHAPTER.5

해당 교재와 관련된 최신 기출문제들을 모았습니다. 올해 모의논술 등 출판 이후 생긴 기출 문제들은 본문 내 사이트에서 상시 업데이트 되므로 활용하시기 바랍니다.

Show **a**nd **P**rove

기대T 수리논술 수업 상세안내

정규반	수업 상세 안내 (지난 수업 영상수강 가능)
정규반 – Set 1 (1주차~4주차)	- 수리논술만의 특징인 '답안작성 능력'과 '증명 능력'을 향상시키는 수업 - 수능/내신 공부와 다른 수리논술 공부의 결 & 방향성을 잡아주는 수업 - 수험생은 물론 강사조차 가지고 있는 '오개념'을 타파시키는 수학 전공자의 수업 - 무언가가 어려우면 쉽게 포기하는 성향을 가진 학생의 경우, 문제풀이가 위주인 Set 2부터 학습한 후 Set 1 학습 추천 (단순 난이도 : Set 1 〉Set 2)
정규반 – Set 2 (5주차~8주차)	- 만만해 보이는 과목인 수학 1이 수리논술에서 어떻게 나오는지 배워보는 강의 - 삼각함수 & 수열의 콜라보 등 수학1의 논술형 발전성을 체감해볼 수 있는 실전 내용 수업 - 다른 Set에 비하여 난이도가 쉬운 편 : 수리논술에 입문하기 좋은 강의 Set
정규반 – Set 3 (9주차~12주차)	- 수리논술에서 50% 이상의 비중을 차지하는 수리논술용 미적분을 집중 해석하는 수업 - 수리논술에도 존재하는 행동 영역을 통해 고난도 문제의 체감 난이도를 낮춰주는 수업 - 대학의 모범답안을 보고도 '이런 아이디어를 내가 어떻게 생각해내지?' 라는 생각이 드는 학생들도, 납득 가능하고 감탄할 만한 문제 접근법을 제시해주는 수업
정규반 – Set 4 (13주차~16주차)	- 상위권 대학의 합격 당락을 가르는 고난도 주제들을 총정리하는 수업 - 출제 난이도가 높은 학교의 수리논술 합격을 바라는 학생이라면 강추
첨삭 및 자료	- 수강 형태 (현장 vs 온라인) / 수업 종류 상관없이, 모든 학생들에게 첨삭 제공 - 복습 시트, 손글씨 답안, 다채로운 자료 등등 오른쪽 QR코드에서 확인 가능

실전반 & Final	수업 상세 안내 (지난 수업 영상수강 가능)
실전반 – Set 1 (1주차~5주차)	- 수리논술 전용 확통/기하 Theme에 대하여 학습하는 강의 - 수능/내신의 빈출 Point와의 괴리감이 제일 큰 두 과목인 확통/기하의 내용을 철저히 수리논술 빈출 Point에 맞게 제단된 내용만을 다루는 Compact 강의
실전반 – Set 2 (6주차~10주차)	- 상위권 학교 지원자들은 꼭 알아야 하는 필수내용만 다루는 강의 - 본인에게 유리한 출제 스타일인 학교를 탐색하여 원서 지원부터 이기고 들어갈 수 있도록 하는, 대학별 출제경향 파악 수업 (모든 대학을 A그룹~D그룹으로 분류 후 분석) - 최신기출 (작년 기출+올해 모의) 중 주요 문항 선별 통해 주요대학 최근 출제 경향 파악
Semi Final 고/서/성/경 반 (수능전 & 직후)	- 수능 직후 시험 부는 학교들을 중점적으로 미리 공부해두기 위한 수업 - 전형적인 고난도 문제부터, 창의적인 신유형 문제까지 다양하게 만나볼 수 있는 수업 - 수능 끝나고, 주력으로 준비할 학교 선택하면 해당 학교 모의고사 1~2회분 및 해설강의 당일 제공
학교별 Final (수능전 / 수능후)	- 학교별 고유 출제 스타일에 맞는 문제들만 정조준하여 분석해주는 Final 수업 - 빈출 주제 특강 + 예상 문제 모의고사 응시 후 해설 & 첨삭 - 고승률 문제접근 Tip을 파악하기 쉽도록 기출 선별 자료집 제공 (학교별 교재 상이)

CHAPTER

1

다항함수 개론

수많은 다항함수의 성질 중 수리논술에서 주로 쓰이는
성질들을 위주로 정리해보자. 논술에서는 결과를 이끌어내는 과정 자체가
하나의 문제로 출제될 수 있기에, 교재에 있는 모든 내용을 이해하며 넘어가자.

다항함수 공통성질 정리

고1 나머지정리 문제를 풀 때, 고2 때 배우는 미분을 이용하면 어려운 문제들이 너무 쉽게 풀리는 것처럼,
상위개념을 활용하면 더 깔끔한 문제 풀이가 가능한 경우를 더러 경험했다.

수리논술 평가 영역은 교육과정 전체범위이기 때문에, 교과서적 순서로 공부하기보다는 최적의 문제 풀이가 가능하도록,
본 교재는 통상적인 학습 순서를 바꿔 다항함수 → 극한 → 미분 순으로 교재를 구성했다.

수능교재라면 말도 안되는 순서지만, 수리논술 전용 교재이므로 믿고 따라오면 된다 :D

1. 다항함수 새로 쓰기

최고차항의 계수가 1이고 $f'(0) = 2$, $f(0) = 3$인 이차함수 $f(x)$를 구하는 문제 정도는 바로 풀어낼 수 있다.
$f(0) = 3$이므로 상수항은 3이 되고, $f'(0) = 2$이므로 일차식의 계수가 2가 되니 $f(x) = x^2 + 2x + 3$ 이다.

이번엔 최고차항의 계수가 1이고 $g'(10) = 2$, $g(10) = 3$인 이차함수 $g(x)$를 어떻게 구하는지 생각해보자.
만약 $g(x) = x^2 + ax + b$로 두고 깡계산으로 푼다면 계산이 약간 길어진다. 이럴 때는 함수를

$$g(x) = (x - 10)^2 + c(x - 10) + d$$

로 두는 것이 좋은 센스! 이렇게 두고 계산하면 $g(10) = d$, $g'(10) = c$임을 알 수 있으므로
$g(x) = (x - 10)^2 + 2(x - 10) + 3$ 임을 1초 만에 알 수 있다.

이 아이디어의 핵심은 '세상의 중심이 모두 0 일 필요는 없다.'이다.
$g(x) = x^2 + ax + b$로 두는 것은 0을 대입하거나 미분 후 대입했을 때 편한 모양이 나오도록 식을 세운 것인 반면,
$g(x)$는 $x = 10$에서의 정보가 많으니까 10을 대입했을 때 편하도록 세상의 중심이 10이라 생각하고 세운 식인 것이다.

물론 이건 단순한 문제기 때문에 기존 풀이와 큰 차이는 없었지만 어려운 문제일수록 이러한 접근법은 필수다.
이를 일반화된 생각으로 발전시키면 다음과 같다.

> ⌄ **TIP**
>
> 다항함수 $y = h(x)$에 대한 문제에서 $x = k$에서의 정보 (함숫값 혹은 미분계수값 등등)가 많을 경우,
>
> $$h(x) = a_n(x-k)^n + a_{n-1}(x-k)^{n-1} + \cdots + a_1(x-k) + a_0$$
>
> 꼴로 잡으면 $a_0 = h(k)$, $a_1 = h'(k)$, $a_2 = \dfrac{h''(k)}{2!}$, $\cdots$ 로 계수를 알아내기 쉽다.

위와 같은 유연한 사고는 수능수학과 수리논술 모두에 도움되므로, 본인이 갇힌 사고의 틀에서 벗어나려는 노력을 부단히 하기
바란다 :)

2. 인수정리

$h(a) = 0$ 이면 다항함수 $h(x) = (x-a) \times u_1(x)$ 꼴로 표현된다는 것이 기본적인 인수정리이며,

$h(a) = 0$ 이고 $h'(a) = 0$ 이면 $h(x) = (x-a)^2 \times u_2(x)$ 꼴로 표현된다는 것이 인수정리의 활용이다.

밑줄 친 부분은 바로 앞 페이지에서 정리한 〈TIP〉에 의해 자명하다.

3. 근의 이동에 따른 방정식 변화 (초월함수에도 적용가능)

방정식 $f(x) = 0$의 실근을 $\alpha_1, \cdots, \alpha_n$ 이라 할 때, $y = f(x)$를 x축의 양의 방향으로 t만큼 평행이동시키면 방정식은 $f(x-t) = 0$이 되며, 이 방정식의 실근들은 t만큼 커진 $\alpha_1 + t, \cdots, \alpha_n + t$이 될 것이다.

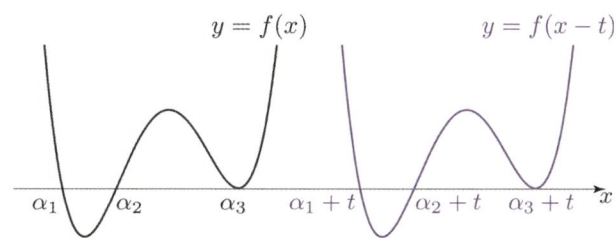

이를 거꾸로 정리 해보면 다음과 같다.

> **TIP**
>
> 기존 각각의 실근보다 t만큼 큰 수들을 근으로 갖는 새로운 방정식은
> 기존의 방정식 x 자리에 $x-t$를 대입한 방정식이다.

좀 더 유연한 사고로 생각해보자.

방정식 $f(x) = 0$의 실근이 $\alpha_1, \cdots, \alpha_n$ 라는 조건은 $f(\alpha_1) = 0$, $f(\alpha_2) = 0$, $\cdots$, $f(\alpha_n) = 0$ 이라는 Fact를 의미한다.

우리의 희망사항은 $x = \alpha_1 + t, \cdots, \alpha_n + t$ 을 어떤 방정식에 대입했을 때 기존의 Fact에 부합하는 상황을 연출하고 싶은 것인데, 이때 떠오르는 방정식은 무엇일까 생각해보면 자연스럽게 $f(x-t) = 0$가 떠오를 것이다.
이 방정식에 $x = \alpha_1 + t, \cdots, \alpha_n + t$를 대입해보면 위의 Fact가 잘 나오니까!

이게 위의 〈TIP〉의 내용이다. 이를 바탕으로 다음 예제를 풀어보자.

제시문 일부

(나) x에 대한 다항식 $P(x)$에 대하여 $x-a$가 $P(x)$의 인수일 필요충분조건은 $P(a)=0$이다.

(다) 삼차방정식 $ax^3+bx^2+cx+d=0$의 세 근을 α, β, γ라 하면

$$\alpha+\beta+\gamma=-\frac{b}{a},\ \alpha\beta+\beta\gamma+\gamma\alpha=\frac{c}{a},\ \alpha\beta\gamma=-\frac{d}{a}$$

[1] n차 방정식 $P(x)=a_n x^n+\cdots+a_1 x+a_0=0$의 근이 $\alpha_1, \cdots, \alpha_n$ 일 때, $\alpha_1+1, \cdots, \alpha_n+1$을 근으로 갖는 n차 방정식을 구하시오.

[2] n차 방정식 $P(x)=a_n x^n+\cdots+a_1 x+a_0=0$ 의 근이 $\alpha_1, \cdots, \alpha_n$ 일 때, $\dfrac{1}{\alpha_1}, \cdots, \dfrac{1}{\alpha_n}$을 근으로 갖는 n차 방정식을 구하시오. (단, $a_0 \neq 0$)

[3] $f(x)=x(x-1)\{(x+1)^3+5(x+1)^2-7(x+1)+2\}$에 대하여 방정식 $f(x)=0$의 근이 $\alpha_1, \cdots, \alpha_n$일 때, [1]와 [2]을 이용하여 다음 값을 구하시오.

$$\frac{1}{\alpha_1+1}+\cdots+\frac{1}{\alpha_n+1}$$

연습지

[1]

$Q(x) = P(x-1)$ 이라 하면 $Q(\alpha_i + 1) = P(\alpha_i) = 0$ 이므로 $\alpha_i + 1$ 은 $Q(x) = 0$ 의 근이다.

따라서 구하는 방정식은 $a_n (x-1)^n + \cdots + a_1 (x-1) + a_0 = 0$ 이다.

[2]

$R(x) = P\left(\dfrac{1}{x}\right)$ 이라 하면 $R\left(\dfrac{1}{\alpha_i}\right) = P(\alpha_i) = 0$ 이므로 $\dfrac{1}{\alpha_i}$ 은

$$R(x) = a_n \frac{1}{x^n} + a_{n-1} \frac{1}{x^{n-1}} + \cdots + a_1 \frac{1}{x} + a_0 = 0$$

의 근이다. 따라서 구하는 n 차 방정식은 $x^n R(x) = a_0 x^n + a_1 x^{n-1} + \cdots + a_{n-1} x + a_n = 0$ 이다.

[3]

$f(0) = f(1) = 0$ 이므로 $\alpha_1 = 0$, $\alpha_2 = 1$ 이고 α_3, α_4, α_5 는

$$g(x) = (x+1)^3 + 5(x+1)^2 - 7(x+1) + 2 = 0$$

의 근이다. (참고로 α_3, α_4, α_5 는 0 과 -1 이 아니다.)

[1]에 의하여 $\alpha_3 + 1$, $\alpha_4 + 1$, $\alpha_5 + 1$ 이 근이 되는 삼차방정식은

$$h(x) = g(x-1) = x^3 + 5x^2 - 7x + 2 = 0$$

이고, **[2]**에 의하여 $\dfrac{1}{\alpha_3 + 1}$, $\dfrac{1}{\alpha_4 + 1}$, $\dfrac{1}{\alpha_5 + 1}$ 이 근이 되는 삼차방정식은

$$x^3 h\left(\frac{1}{x}\right) = 2x^3 - 7x^2 + 5x + 1 = 0$$

이다.

따라서 삼차방정식의 근과 계수의 관계에 의하여 $\dfrac{1}{\alpha_3 + 1} + \dfrac{1}{\alpha_4 + 1} + \dfrac{1}{\alpha_5 + 1} = \dfrac{7}{2}$ 이므로

$$\frac{1}{\alpha_1 + 1} + \frac{1}{\alpha_2 + 1} + \frac{1}{\alpha_3 + 1} + \frac{1}{\alpha_4 + 1} + \frac{1}{\alpha_5 + 1} = \frac{1}{0+1} + \frac{1}{1+1} + \frac{7}{2} = 5 \text{ 이다.}$$

앞선 예제의 제시문에서 '왜 삼차방정식 근과 계수 관계를 알려주지? 다들 아는 거 아냐?'라는 의문이 있을 수 있다. 하지만 엄밀히 말하면 근과 계수의 관계는 이차함수까지만 교과과정이고, 그 이상 차수는 교과외다.

그렇다고 수능이나 수리논술에서 근과 계수의 관계를 사용할 때 일일이 증명해줄 필요는 없다.
왜냐면 문제를 출제하시는 교수님들마저도 이것이 교과과정인 줄 알기 때문이다... ㅋㅋ

따라서 다항함수 방정식에서 근과 계수의 관계는 별다른 증명 없이 항상 사용해도 좋다.

> ∨ **TIP**
>
> **| 근과 계수의 관계**
>
> 방정식 $a_n x^n + a_{n-1} x^{n-1} + \cdots + a_1 x^1 + a_0 = 0$의 근[1]을 $x = t_1, t_2, \cdots, t_n$ 라 할 때,
>
> $$\sum_{k=1}^{n} t_k = -\frac{a_{n-1}}{a_n}$$
>
> $$\sum_{1 \le i < j \le n} t_i \times t_j = \frac{a_{n-2}}{a_n}$$
>
> $$\sum_{1 \le i < j < k \le n} t_i \times t_j \times t_k = -\frac{a_{n-3}}{a_n}$$
>
> $$\vdots$$
>
> $$t_1 \times t_2 \times \cdots \times t_n = (-1)^n \frac{a_0}{a_n} \left(= (-1)^n \frac{a_{n-n}}{a_n} \right)$$

〈TIP〉에 있는 시그마 Notation (표기법)이 익숙하지 않을 수 있다. $n = 3$인 상황을 예로 들어보자.
$1 \le i < j \le 3$ 을 만족시키는 자연수 순서쌍 (i, j)는 $(1, 2), (1, 3), (2, 3)$이 전부이므로

$$\sum_{1 \le i < j \le n} t_i \times t_j = t_1 t_2 + t_1 t_3 + t_2 t_3$$

이다. 즉, $\displaystyle\sum_{1 \le i < j \le n} t_i \times t_j$은 '두 근의 곱들을 모두 더한 값'으로 해석하면 되는 것이다.

여담으로 이러한 근과 계수의 관계를 이용하면 다음과 같은 수능판 Well – Known 사실을 증명할 수 있다.

> ∨ **TIP**
>
> 삼차 이상의 다항함수 $f(x)$와 일차함수 $g(x) = mx + n$에 대하여
>
> 방정식 $f(x) = g(x)$의 모든 근의 합[2] $\displaystyle\sum_{k=1}^{n} t_k$의 값은 m, n과 관계없이 항상 일정하다.

---

1) 허근이 섞여 있어도 OK
2) 중근은 여러번 카운팅하여 더한다.

근과 계수의 관계와 함께 기억해둘만한 다항방정식의 근에 대한 유의미한 정리가 있어 이를 간단히 소개하려고 한다.
(고1 때 배웠던 기초적인 내용에 속하긴 하지만... 그래도 본 교재에서 Remind 해서 나쁠건 없으니까!)

바로 다항방정식[3]의 근의 후보를 찾는 '유리근 정리'라는 것이다. 굳이 교육과정에도 없는 단어를 써가면서 복잡하게 설명할
필요는 없으니, 바로 유리근 정리의 내용을 보여주면 다음과 같다.

> **⟆ TIP**
>
> **| 유리근 정리**
>
> 임의의 정수 계수 다항방정식 $a_n x^n + a_{n-1} x^{n-1} + \cdots + a_1 x^1 + a_0 = 0$이 유리근을 가질 때[4],
>
> 그 유리근은 언제나 $\pm \dfrac{(a_0 \text{의 약수})}{(a_n \text{의 약수})}$ 의 꼴로 나타낼 수 있다.

이미 우리가 삼차/사차방정식의 근을 구할 때 은연중에 잘 사용하고 있는 그 정리가 맞다.

몇몇 학생들은 '에이 선생님... 근과 계수의 관계랑 근 후보 찾기 이런거 누가 못해요;;'라고 말할 수도 있겠지만,
본 교재의 나오는 모든 내용은 언제나 쓸 일이 분명 있으니까 수록해두는 것이다.

또한, 이렇게 쉬운 주제일수록 그 주제가 문제의 조건화 되는 것을 떠올리지 못하는 경우가 허다하다.
수능에서는 단순히 '계산/확인의 도구'로 사용하던 근과 계수의 관계가 '문제의 핵심 조건(= Key Point)'으로 등장한다면
본인은 과연 이를 실전에서 떠올릴 수 있을까?

예제   성균관대

실수 a 와 사차함수 $f(x) = x^4 - (a+8)x^3 + 8(a+2)x^2 - 16ax$ 에 대하여 두 방정식

$$f(x) = 0, \quad f'(x) + 5x^3 - 20x^2 = 0$$

의 실근이 모두 정수이다. 이때 가능한 사차함수 $f(x)$ 의 개수를 구하고, 그 이유를 논하시오.

연습지

---

3) 다항함수로 이루어진 방정식을 뜻한다. 이정도는 굳이 설명 안 해도 유추가 가능하죠?
4) 정리의 이름에서부터 알 수 있다시피, '유리근의 존재'라는 것이 전제되어야 한다.

사차함수 $f(x)$ 가 $f(x) = x(x-4)^2(x-a)$ 의 형태로 표현될 때, a 는 $f(x) = 0$ 의 근이 되므로 실수가 되어야 하고 $f(x) = 0$ 의 모든 실근이 정수가 되어야 하므로 a 는 정수이다. 그리고 $f(x)$ 의 식으로부터

$$f'(x) = (2x-8)(x^2-ax) + (x^2-8x+16)(2x-a) = (x-4)(4x^2-(3a+8)x+4a),$$
$$f'(x) + 5x^3 - 20x^2 = f'(x) + 5x^2(x-4) = (x-4)(9x^2-(3a+8)x+4a)$$

이다. 따라서 방정식 $f'(x) + 5x^3 - 20x^2 = 0$ 의 실근은 $x = 4$ 와 방정식 $9x^2 - (3a+8)x + 4a = 0$ 의 실근이다.

방정식 $9x^2 - (3a+8)x + 4a = 0$ 의 계수가 모두 실수이므로 (근과 계수의 관계를 이용하면) 실근과 허근을 동시에 갖는 경우는 발생하지 않는다. 따라서 만약 $9x^2 - (3a+8)x + 4a = 0$ 이 실근을 가진다고 하면 어떤 실수 A , B 가 존재하여 $9x^2 - (3a+8)x + 4a = 9(x-A)(x-B)$ 의 형태가 된다. 해당 방정식의 모든 실근이 정수가 되어야 하므로 A , B 는 정수이고 이 경우 근과 계수의 관계를 통하여[5]

$$A + B = \frac{3a+8}{9} , \quad AB = \frac{4a}{9} \quad \cdots\cdots \ \text{㉠}$$

이 성립한다. 두 번째 식으로부터 어떤 정수 l 이 존재하여 $a = 9l$ 이 되지만, 이를 첫 번째 식에 대입하면 $A + B$ 가 정수라는 조건에 모순이 된다. 따라서 방정식 $9x^2 - (3a+8)x + 4a = 0$ 은 실근을 가지지 않는다. 이는 곧 해당 방정식의 판별식이 음수가 되는 것과 같은 의미이다. 따라서 구하는 a 는 부등식

$$(3a+8)^2 - 144a < 0 \ \Leftrightarrow \ 9a^2 - 96a + 64 < 0$$

을 성립시켜야 한다. 이차함수 $y = 9x^2 - 96x + 64$ 의 $x = 0$ 에서의 함숫값이 양수이고, 대칭축이 $x = \frac{16}{3}$ 임을 이용하면[6] $a = 1, 2, \cdots, 9$ 임을 알 수 있다. 각각의 a 에 따라 서로 다른 사차함수 $f(x)$ 가 존재하므로 답은 총 9 개다.

[Comment 1]
근과 계수의 관계를 사용함으로써, ㉠이라는 새로운 문제 조건이 등장했다고 생각하면 편하다.

[Comment 2]
참고로 이 문제의 대학 오피셜 채점 기준은 '이차함수의 근과 계수의 관계를 올바르게 이해했는가?'이다. ~~계산/확인 도구료~~ 취급받던 근과 계수의 관계를 문제의 핵심 조건(= 아이디어)로 사용한 것!

---

[5] 근과 계수의 관계가 직접적으로 문제의 조건으로 작용하는 순간!

[6] 예쁘게 인수분해가 되지 않는 다항함수의 근의 대략적 위치를 찾을 때, 그래프와 대입 노가다를 이용하는건 매우 기본이다.

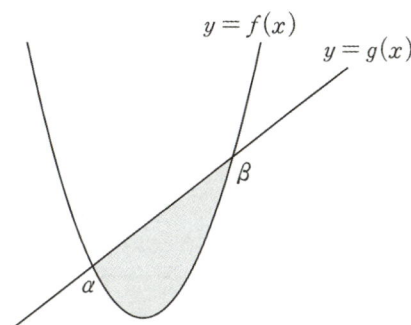

최고차항의 계수가 a인 이차함수의 그래프와 서로 다른 두 점 $A(\alpha,\ f(\alpha))$, $B(\beta,\ f(\beta))$에서 만나는 직선의 방정식을 $y=g(x)$라 하자. 이때, 이차함수 그래프와 두 점에서 만나는 직선으로 둘러싸인 영역의 넓이 S는

$$S=\frac{|a|}{6}(\beta-\alpha)^3$$

이다.

증명

| 증명 1

색칠한 넓이를 정적분으로 나타내면 $\displaystyle\int_{\alpha}^{\beta}|f(x)-g(x)|dx$이다. 이 때, $h(x)=f(x)-g(x)$로 두면, $h(x)=a(x-\alpha)(x-\beta)$이다.

$$\int_{\alpha}^{\beta}|f(x)-g(x)|dx=|a|\int_{\alpha}^{\beta}|(x-\alpha)(x-\beta)|dx$$
$$=-|a|\int_{\alpha}^{\beta}(x-\alpha)(x-\beta)dx$$
$$=-|a|\int_{\alpha}^{\beta}(x-\alpha)^2+(\alpha-\beta)(x-\alpha)dx$$
$$=-|a|\left[\frac{1}{3}(x-\alpha)^3+\frac{1}{2}(\alpha-\beta)(x-\alpha)^2\right]_{\alpha}^{\beta}=\frac{|a|}{6}(\beta-\alpha)^3$$

| 증명 2

미적분의 부분적분을 이용하여 위 공식을 보일 수도 있다.

$$\int_{\alpha}^{\beta}|f(x)-g(x)|dx=|a|\int_{\alpha}^{\beta}|(x-\alpha)(x-\beta)|dx$$
$$=|a|\int_{\alpha}^{\beta}(x-\alpha)(\beta-x)dx$$
$$=|a|\left(\frac{1}{2}\left[-(x-\alpha)(\beta-x)^2\right]_{\alpha}^{\beta}+\frac{1}{2}\int_{\alpha}^{\beta}(\beta-x)^2dx\right)=\frac{|a|}{6}(\beta-\alpha)^3$$

| $\displaystyle\int_{\alpha}^{\beta} (x-\alpha)^m (\beta-x)^n\, dx \ = \ \frac{m!\,n!}{(m+n+1)!}(\beta-\alpha)^{m+n+1}$ **로의 확장**

이 적분은 앞 증명의 첫 번째 방법으로는 보이기 힘든 케이스가 존재하므로, 보통의 증명은 두 번째 방법인 부분적분을 여러 번 적용하여 구해낸다. 이것이 제일 편한 방법이다.

하지만 수학적 귀납법을 이용하면 공통수학 범위(수학1, 수학2)로도 증명할 수 있음을 [Show and Prove 1편]에서 확인했었다. 이를 잠시 Review 해보고, 같은 방법으로 위의 식도 직접 증명해보도록 하자.[7]

예제	가톨릭대

수학적 귀납법을 이용하여 $\displaystyle\int_0^1 x^m (1-x)^n\, dx = \frac{m! \times n!}{(m+n+1)!}$ 임을 보이시오.

연습지

---

7) 어차피 부분적분으로 증명하는 게 훨씬 쉬우므로 나중에 부분적분으로 일반화된 식을 증명해봐도 늦지 않다. 지금 상태로는, 다음 페이지에 있는 $m+n \leq 4$ 인 자연수 순서쌍 (m, n) 에 대해서, 직접적분으로 수작업계산을 할 수 있는 수준도 충분하다.

(i) $n = 1$ 일 때

$$\int_0^1 x^m (1-x)\, dx = \int_0^1 x^m\, dx - \int_0^1 x^{m+1}\, dx$$

$$= \frac{1}{m+1} - \frac{1}{m+2} = \frac{1}{(m+1)(m+2)} = \frac{m! \cdot 1!}{(m+2)!}$$

이므로 성립한다.

(ii) $n = k$ 일 때 성립한다고 가정하면

$$\int_0^1 x^m (1-x)^{k+1}\, dx = \int_0^1 x^m (1-x)^k (1-x)\, dx$$

$$= \int_0^1 x^m (1-x)^k\, dx - \int_0^1 x^{m+1} (1-x)^k\, dx$$

$$= \frac{m! \cdot k!}{(m+k+1)!} - \frac{(m+1)! \cdot k!}{(m+k+2)!}$$

$$= \frac{m! \cdot k!}{(m+k+2)!}(m+k+2-m-1) = \frac{m! \cdot (k+1)!}{(m+k+2)!}$$

이므로 $n = k+1$ 일 때도 성립한다. 따라서 모든 자연수 n 에 대하여 성립한다.

실전에서 계산량을 줄이기 위해 사용해볼만한 모양만 종합하면 다음과 같다.

$(m, n) = (2, 1)$ 일 때	$(m, n) = (3, 1)$ 일 때	$(m, n) = (2, 2)$ 일 때
$S = \int_\alpha^\beta (x-\alpha)^2 (\beta-x)\, dx$ $= \frac{1}{12}(\beta-\alpha)^4$	$S = \int_\alpha^\beta (x-\alpha)^3 (\beta-x)\, dx$ $= \frac{1}{20}(\beta-\alpha)^5$	$S = \int_\alpha^\beta (x-\alpha)^2 (\beta-x)^2\, dx$ $= \frac{1}{30}(\beta-\alpha)^5$

[참고]
위의 내용을 굳이 외우지 않아도 좋다. (물론 외우면 매우매우 편하긴 하다. ^-^)
앞에서 배웠던 '근의 이동에 따른 방정식 변화'를 이용하여 피적분함수의 한 근이 0 이 되도록 평행이동 시킨 후,

이동시킨 함수의 식을 전개하여 직접 정적분을 해도 좋다. (Ex : $\int_\alpha^\beta (x-\alpha)^2 (\beta-x)\, dx = \int_0^{\beta-\alpha} x^2 (\beta-\alpha-x)\, dx$)

6. 곡선과 직선 사이의 최단거리

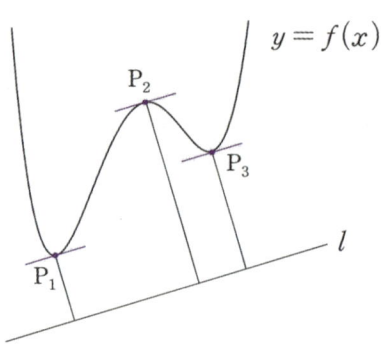

직선 l의 기울기와 같은 순간변화율을 갖는 점들
(오른쪽 그림에서 P_1, P_2, P_3)을 조사한 후 이 점들과
직선 사이의 거리 중 제일 작은 값을 최단거리라고 하면 된다.

7. 곡선과 점 사이의 최단거리

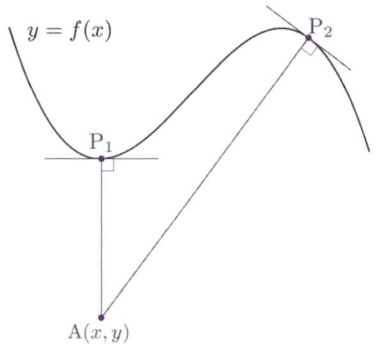

곡선 밖의 점 $A(x, y)$에 대하여 곡선 $y = f(x)$ 위의
점 $P(t, f(t))$에서의 접선과 직선 AP가 서로 수직일 때를 조사한다.
즉, $\dfrac{f(t) - y}{t - x} \times f'(t) = -1 \cdots ①$ 인 t가
최단거리인 상황의 '후보'가 된다.

??? : 선생님 너무 시시한데요;; 다 아는 거 아닌가요?

넵! 아닙니다~! 수능은 일부 케이스만 관찰하고서 정답이 어찌저찌 나오면 다른 케이스들은 신경쓰지 않아도 되지만,
수리논술은 '모든 케이스를 관찰해봤는데, 이게 답이야.'가 답안의 기본인 점이 수능과의 매우 큰 차이점이다.

그렇다면 여기서 여러분들이 놓치는 포인트가 무엇일까?

결론부터 말하면, ①로만 풀어서는 $t = x$ 인 상황을 포함하지 못한다.[8]
즉, ①의 방법은 위 그림에서 점 P_1과 같은 상황을 포함하지 못한다는 뜻이다.
따라서 엄밀하게 풀기 위해선 $t = x$일 때와 $t \neq x$일 때로 나누어서 문제를 풀어줘야 한다.

여러분이 이러한 디테일을 챙기면서 논술 공부하는 것이 저자의 바램이다. 이는 수리논술 뿐만 아니라 사실 수능에서도 중요한
마인드이다. 정답만 나오면 생각을 멈춰버리는 습관은 수학 학습에서 독임을 잊지 말자.

이를 잘 기억해둔 후, 몇 페이지 뒤에서 나올 예제에서도 이 디테일을 잃지 말고 문제를 풀어보자.

---

8) 분모가 0이 되니까. 굳이 위에서 '후보'라는 단어를 쓴 것이 아니다.

1-2

Chapter 1. 다항함수 개론

이차함수의 성질과 증명

이차함수는 수리논술에서 '포물선'이라는 이름으로도 등장하는데, 다음처럼 생각하면 된다.

대칭축이 y 축과 평행한 포물선 = 이차함수 문제일 가능성 ↑
대칭축이 x 축과 평행한 포물선 = 선택기하 문제일 가능성 ↑

1. 선대칭성 : 대칭축

이차함수 $y = ax^2 + bx + c$의 대칭축은 $x = -\dfrac{b}{2a}$ 임이 알려져있다.

| 문제에서 이차함수의 꼴이 $y = a(x-m)^2 + n$ 로 제시된 경우
대칭축 $x = m$을 활용한 풀이일 가능성이 매우매우매우 높다. 대칭축부터 의심할 것!

| 선대칭성과 근과 계수의 관계 콜라보
이 둘을 콜라보하면 더 이상 근의 공식을 외우지 않아도 된다.

예를 들어 $x^2 - 4x - 7 = 0$이라는 이차방정식의 두 근 t_1, t_2 (단, $t_1 < t_2$) 를 구하는 상황을 생각해보자.

이 이차함수의 대칭축은 $x = -\dfrac{-4}{2 \times 1} = 2$이고, 이는 t_1, t_2의 산술평균이 2임을 의미하므로 $t_1 = 2 - t$, $t_2 = 2 + t$ $(t > 0)$

로 둘 수 있다. 근과 계수의 관계에 의하여 두 근의 곱은 -7이므로 $(2-t)(2+t) = -7$, $t = \sqrt{11}$ 임을 알 수 있다. 따라서
두 근은 $2 \pm \sqrt{11}$ 이다.

> ⌄ **TIP**
>
> 저자가 항상 강조하는 '유연한 사고'는 대단한 것이 아니다. 하나의 시각이 아닌 여러 시각에서 수학 문제를 바라보려고
> 노력하면 된다. 이 노력을 본인의 힘으로 해내기 힘들다면, 이 교재에서 떠먹여주는 내용을 스펀지처럼 충분히 흡수하
> 려고 노력하는 것으로도 충분하니 '이해'를 게을리하지 말자.[9]

| 숨은 선대칭성의 의미 찾기
이차함수가 등장했을 때 선대칭성은 항상 의식해야 한다. 보통 계산의 편의를 위해 선대칭성을 사용한다고 많이 생각하지만,
선대칭성 그 자체가 문제의 Key Point가 될 수가 있기 때문이다.
(앞에서 겪었던 근과 계수의 관계 예제와 같이 '쉬운 주제가 문제의 조건화 되는 경우'와 동치이다.)

따라서 우리에게 친숙하고 만만한 이차함수라고 해서 그 내면에 있는 '선대칭성'을 잊어서는 안된다.
선대칭성이 문제의 주요 Key Point로 등장하면 어떻게 되는지 다음 예제로 느껴보자.

---

9) 집필하다보면 가끔 이렇게 잔소리가 나온다. 이해 바람 :) (독자들이 수학황이 되었으면 하는 저자의 바람이 투영되어있다.)

실수 전체의 집합에서 미분가능한 함수 $f(x)$ 가 모든 실수 x 에 대하여

$$f'(x^2 + x + 1) = 2 + f(3)x + 5x^2$$

을 만족시킬 때, $f(1)$ 의 값을 구하시오.

연습지

예제
해설

좌변의 식이 $x = -\dfrac{1}{2}$ 에 대칭이므로, 우변 또한 $x = -\dfrac{1}{2}$ 에 대칭이어야 한다.

따라서, $f(3) = 5$ 이다.[10]

양변에 $(2x + 1)$ 을 곱한 후, 부정적분하면 다음과 같다.

$$f(x^2 + x + 1) = \frac{5}{2}x^4 + 5x^3 + \frac{9}{2}x^2 + 2x + c \text{ (단, } c \text{ 는 상수)}$$

이때, $f(3) = 5$ 이므로 $c = -9$ 이다.

따라서, $f(1) = -9$ 이다.

[Comment]

'그냥 $f(3) = k$ 로 둔 다음 양변에 $(2x + 1)$ 을 곱한 뒤 적분하고 $x = 1$ 대입하면 끝 아님? ㅋㅋ'

라고 생각하는 학생들은 위의 방법을 직접 시도 후, 선대칭성의 소중함을 꼭 느껴보시길 바란다.

---

10) 주어진 식에 $x = 0$ 과 $x = -1$ 을 대입한 후, 두 결과가 같음을 이용하는 것 또한 $x = -\dfrac{1}{2}$ 대칭성을 이용한 것이다.

2. 점대칭성 : 최고차항 계수 절댓값이 서로 같은 두 이차함수 똑같다.

이차식을 조작해보면 $ax^2 + bx + c = a\left(x + \dfrac{b}{2a}\right)^2 + c - \dfrac{b^2}{4a}$ 이고,

이 이차함수의 그래프를 $\left(\dfrac{b}{2a},\ -c + \dfrac{b^2}{4a}\right)$ 만큼 평행이동 시키면 그래프의 방정식은 $y = ax^2$ 이 된다.

즉, b 나 c 값에 관계없이 적절한 평행이동을 통해 최고차항의 계수가 a 인 이차함수들은 $y = ax^2$ 그래프로 모두 겹치게(= 합동 관계) 할 수 있다는 뜻이다.

위와 마찬가지 방법으로 최고차항의 계수가 $-a$ 인 이차함수도 $y = -ax^2$ 그래프로 겹칠 수 있을 것이고, 이를 x 축 대칭시키면 $y = ax^2$ 그래프를 만들 수 있음을 관찰할 수 있다. 이를 통해 다음 〈TIP〉을 알 수 있다.

> ✅ **TIP**
>
> 최고차항의 계수의 절댓값이 같고 부호만 다른 두 이차함수는
> 점대칭 관계에 있다.
> 이때 대칭점은 두 이차함수의 꼭짓점을 이은 선분의 중점이다.
>
>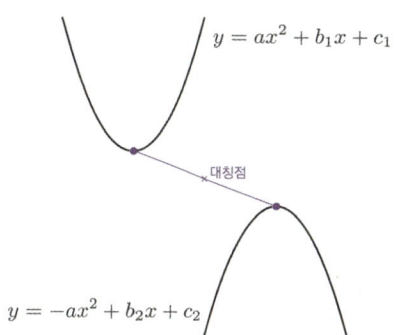

예제　　　　　　　　　　　　　　　　　　　　　　　　　　　　서울시립대

[1] 미분가능한 곡선 $y = f(x)$ 위의 점 P와 $f(x)$ 밖의 점 Q를 이은 선분 $\overline{PQ}$ 가 다음을 만족시킬 때, 곡선 $y = f(x)$ 위의 점 P에서의 접선과 직선 PQ가 수직임을 보이시오.

> 곡선 $y = f(x)$ 위의 모든 점 X에 대하여 $\overline{PQ} \le \overline{XQ}$ 이다.

[2] 곡선 $y = x^2$ 위의 점을 점 P, 곡선 $y = -(x - 6)^2$ 위의 점을 점 Q라고 할 때 $\overline{PQ}$ 의 최솟값을 구하시오.

연습지

[1]

점 P, Q, X를 각각 $(t, f(t))$, (a, b) (단, $b \neq f(a)$), $(x, f(x))$라 하면

$\overline{PQ} \leq \overline{XQ} \Rightarrow (t-a)^2 + (f(t)-b)^2 \leq (x-a)^2 + (f(x)-b)^2$ 이므로

함수 $g(x) = (x-a)^2 + (f(x)-b)^2$ 는 $x = t$에서 극소가 된다. (극소의 정의)

또한 $f(x)$는 미분가능한 함수이므로, $g'(t) = 0$임을 알 수 있고

$g'(t) = 2(t-a) + 2f'(t)(f(t)-b) = 0 \cdots \bigcirc$, $f'(t) \times \dfrac{f(t)-b}{t-a} = -1$ (단, $t \neq a$)임을 알 수 있다.

이때, $f'(t)$는 점 P에서의 접선의 기울기이며 $\dfrac{f(t)-b}{t-a}$ 는 직선 PQ의 기울기에 해당하므로 두 직선이 수직임을 알 수 있다.

한편, $t = a$일 때 $\bigcirc$를 만족시키려면 $f'(t) = 0$ ($\because f(t) = f(a) \neq b$) 이어야 한다.

점 P에서의 접선이 x축과 평행하며, 직선 PQ의 방정식은 $x = a$로 y축과 평행하므로 이 경우에도 두 직선이 수직관계에 있음을 알 수 있다.

[2]

곡선 $y = x^2$를 x축 대칭시킨 후 x축의 양의 방향으로 6만큼 평행이동시키면 곡선 $y = -(x-6)^2$이 나오므로, 두 곡선은 점 $R(3, 0)$에 대한 점대칭관계이다.

점 $P(t_1, t_1{}^2)$와 점 $R(3, 0)$에 대하여 $2t_1 \times \dfrac{t_1{}^2 - 0}{t_1 - 3} = -1$일 때 선분 PR의 길이가 최소일 수 있고, 이때의 t_1의 값은 1, 점 P는 $(1, 1)$이다.

점 $Q(t_2, -(t_2-6)^2)$와 점 $R(3, 0)$에 대하여 $-2(t_2-6) \times \dfrac{-(t_2-6)^2 - 0}{t_2 - 3} = -1$일 때 선분 PQ의 길이가 최소일 수 있고, 이때의 t_2의 값은 5, 점 Q는 $(5, -1)$이다.

이때, 점 $P(1, 1)$, $R(3, 0)$, $Q(5, -1)$은 모두 어떤 한 직선 위에 동시에 있음을 확인할 수 있으므로 선분 PQ의 최솟값은 $\sqrt{(1-5)^2 + (1-(-1))^2} = 2\sqrt{5}$ 이다.

[Comment]

서술에서의 감점이 심할 것으로 예상되는 문제로, 논술을 준비한 학생들과 준비하지 않은 학생들의 격차가 제일 많이 벌어질 문제로 판단된다. 감점의 대표적 예시로는

① **[1]**에서 극소 또는 최소 등의 워딩 없이 무지성 미분하거나 그래프로 설명한 경우[11]
② **[2]**에서 점 $(3, 0)$을 이용한 논리를 이어나갈 경우, 세 점이 한 직선 위에 있음을 미언급[12] 등이 있다.

---

11) 원을 그리며 거리를 관찰하는 것 역시 수리논술에선 저격 가능한 감점 포인트!
12) '최소 + 최소 = 최소'의 논리를 쓸 때, 좌변의 두 최소가 동시에 벌어질 수 있음을 설명하는 장치에 해당하기 때문

구간의 평균변화율과 중점에서의 순간변화율

임의의 이차함수 그래프 위의 서로 다른 두 점 $A\left(a, f(a)\right)$, $B\left(b, f(b)\right)$를 지나는 직선 AB의 기울기와 같은 기울기를 가지는 이차함수 그래프의 접선의 접점의 x좌표는 항상 $\dfrac{a+b}{2}$이다.

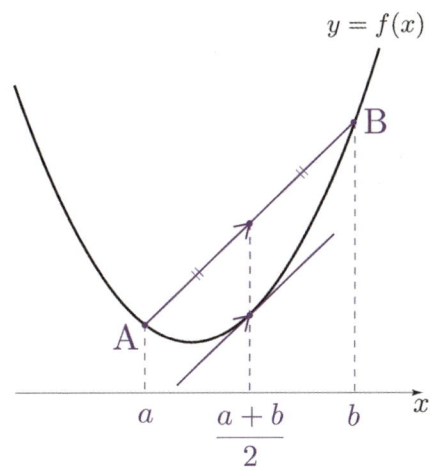

증명

이차함수 $f(x) = ax^2 + bx + c$ $(a \neq 0)$의 그래프 위의 서로 다른 두 점 $P\left(p, f(p)\right), Q\left(q, f(q)\right)$에 대해,

$$
\begin{aligned}
(\text{직선 } PQ \text{의 평균변화율}) &= \frac{f(p) - f(q)}{p - q} \\
&= \frac{ap^2 + bp + c - aq^2 - bq - c}{p - q} \\
&= \frac{a(p^2 - q^2) + b(p - q)}{p - q} = a(p + q) + b
\end{aligned}
$$

한편, $f'\left(\dfrac{p+q}{2}\right) = 2a\left(\dfrac{p+q}{2}\right) + b = a(p+q) + b$이므로

이차함수 그래프 위의 서로 다른 두 점 $A\left(a, f(a)\right) B\left(b, f(b)\right)$를 지나는 직선 AB의 기울기와 같은 기울기를 가지는 접선의 접점의 x좌표는 $x = \dfrac{a+b}{2}$이다.

제시문

(가) 두 함수 f와 g는 정의역과 공역이 모두 양의 실수 전체의 집합인 연속함수이다.
함수 f는 정의역의 모든 점에서 양의 미분계수를 갖는다. 그림 1과 같이 임의의 양수 t에 대하여
곡선 $y = f(x)$ 위의 점 $F(t, f(t))$에서의 접선과 x축이 이루는 예각의 크기는, 원점과 점 $G(t, g(t))$를
잇는 선분과 y축이 이루는 예각의 크기와 같다.

(나) $a < b < c$ 인 양수 a, b, c에 대하여 a와 b의 평균을 d, b와 c의 평균을 e라 하자.

그림 2와 같이 곡선 $y = \frac{1}{2}x^2$ 위의 세 점 $A\left(a, \frac{1}{2}a^2\right)$, $B\left(b, \frac{1}{2}b^2\right)$, $C\left(c, \frac{1}{2}c^2\right)$에 대하여 두 직선 AB와
BC가 이루는 예각의 크기를 α라 하고, 직선 $y = 1$ 위의 두 점 $D(d, 1)$, $E(e, 1)$에 대하여 두 직선 OD와
OE가 이루는 예각의 크기를 β라 하자.

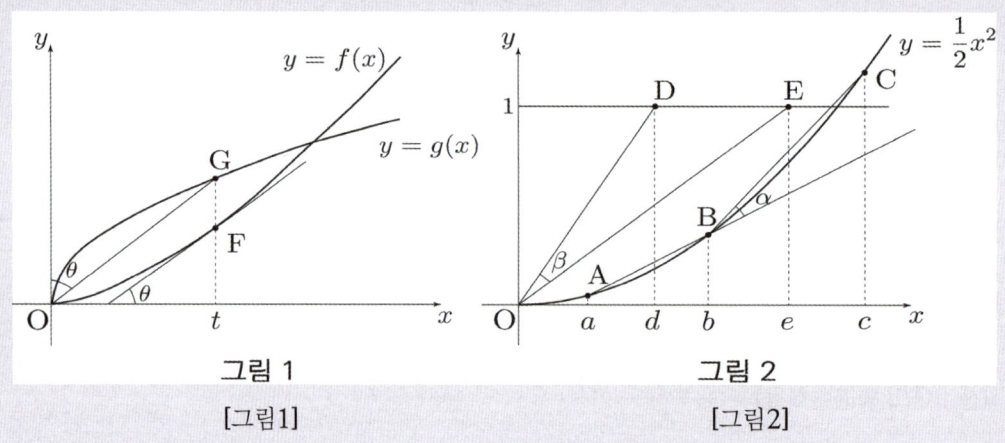

그림 1	그림 2
[그림1]	[그림2]

위의 제시문 (가)와 (나)를 읽고 다음 질문에 답하시오.

[1] 제시문 (가)에서의 두 함수 f와 g 사이의 관계식을 구하고, 함수 g가 상수함수 $g(x) = 1$일 때의 함수 f를
구하시오.

[2] 위의 [1]의 결과를 이용하여 제시문 (나)의 α와 β 사이의 관계를 도출하시오.

연습지

[1]

곡선 $y = f(x)$ 위의 점 F $(t, f(t))$ 에서의 접선과 x축이 이루는 예각의 크기를 θ 라고 하자.

$f'(t) = \tan\theta$, $\dfrac{g(t)}{t} = \tan\left(\dfrac{\pi}{2} - \theta\right) = \dfrac{1}{\tan\theta}$ 이므로 $f'(t) = \dfrac{t}{g(t)}$ 이다. 따라서 임의의 양수 x 에 대하여

$$f'(x) = \frac{x}{g(x)}$$

이다. $g(x) = 1$ 이면 $f'(x) = x$ 이므로

$$f(x) = \frac{x^2}{2} + C \ (C \text{는 상수})$$

이다.

[2]

$f(x) = \dfrac{1}{2}x^2$, $g(x) = 1$ 이라 하자. **[1]**에 의해 두 함수 f, g 는 제시문 (가)의 조건을 만족한다.

직선 AB 와 x축이 이루는 예각의 크기를 θ_1, 직선 BC 와 x 축이 이루는 예각의 크기를 θ_2 라고 하면

$$\alpha = \theta_2 - \theta_1$$

이다. a 와 b, b 와 c 의 산술평균이 각각 d 와 e 이므로

$$\tan\theta_1 = \frac{\frac{1}{2}(b^2 - a^2)}{b - a} = \frac{b + a}{2} = d, \quad \tan\theta_2 = \frac{\frac{1}{2}(c^2 - b^2)}{c - b} = \frac{c + b}{2} = e$$

이다. 따라서 선분 OD 와 y 축이 이루는 예각의 크기는 θ_1, 선분 OE 와 y 축이 이루는 예각의 크기는 θ_2 이다. 그러므로 $\beta = \theta_2 - \theta_1$ 이므로 $\alpha = \beta$ 이다.

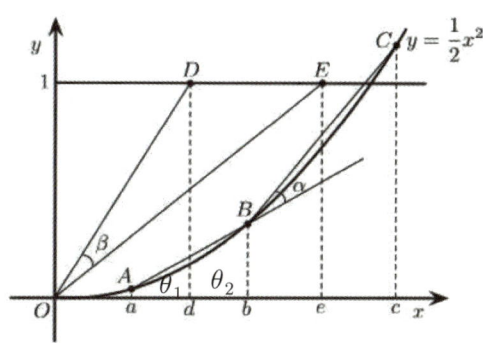

| 무리함수로의 확장

$g(x) = \sqrt{ax+b} + c$ 꼴의 무리함수의 그래프는 이차함수의 그래프와 $y=x$ 대칭관계에 있고, 앞서 설명한 평행의 성질 역시 유지된다.

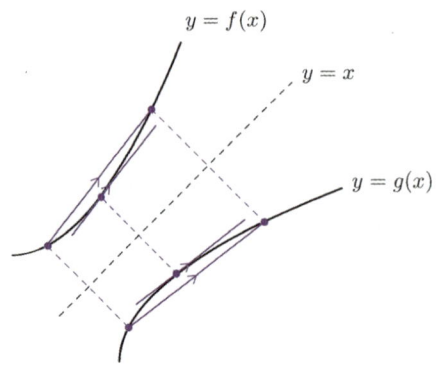

따라서 앞서 증명한 성질을 무리함수에 적용하면 다음과 같다.

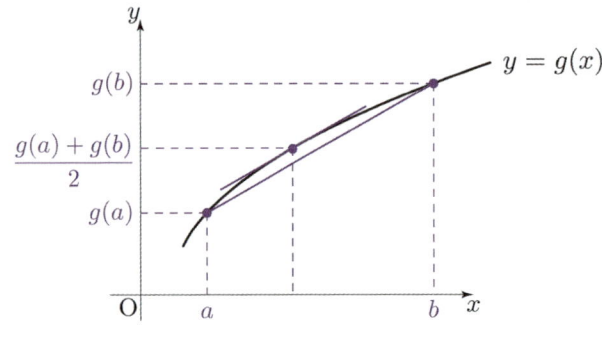

> **TIP**
>
> 임의의 무리함수 $y=g(x)$의 그래프 위의 서로 다른 두 점 $C(a, g(a))$, $D(b, g(b))$를 지나는 직선 CD의 기울기와 같은 접선의 기울기를 가지는 접점의 y좌표는 항상 $\dfrac{g(a)+g(b)}{2}$ 이다.

1-3

Chapter 1. 다항함수 개론

삼차함수의 성질 및 증명

1. 삼차함수 증명을 위한 사전작업

여러 성질들을 증명하기에 앞서 다음을 증명하자.

> **TIP**
>
> 모든 삼차함수들은 평행이동을 해서 원점대칭인 삼차함수 $y = ax^3 + ex$ 로 이동시킬 수 있다.

아래 증명[13]은 달달 외울 필요 없이, 가볍게 읽어보는 것으로 충분하다.

> **증명**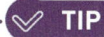
>
> 임의의 삼차함수를 $f(x) = ax^3 + bx^2 + cx + d$ 라 하자. 식을 조작해보면
>
> $$ax^3 + bx^2 + cx + d = a\left(x + \frac{b}{3a}\right)^3 + \left(c - \frac{b^2}{3a}\right)\left(x + \frac{b}{3a}\right) - \frac{b^3}{27a^2} + \frac{b^3}{9a^2} - \frac{bc}{3a} + d \text{ 이므로}$$
>
> $y = f(x)$의 그래프를 $\left(\dfrac{b}{3a}, \dfrac{b^3}{27a^2} - \dfrac{b^3}{9a^2} + \dfrac{bc}{3a} - d\right)$ 만큼 평행이동시켜서 나온 삼차함수 $g(x)$의 식은
>
> $g(x) = ax^3 + ex$[14] (단, $e = c - \dfrac{b^2}{3a}$), 즉 원점대칭함수가 된다.

이를 통해 알 수 있는 교훈은 두 가지이다.

│ 그래프를 평행이동시켜도 성질들은 그대로 유지된다.

따라서 삼차함수에서 비율과 관련된 모든 증명은 항상 $y = ax^3 + ex$으로 증명해도 충분하다.

│ 임의의 삼차함수 $y = f(x)$ 의 그래프는 점 $\left(-\dfrac{b}{3a}, f\left(-\dfrac{b}{3a}\right)\right)$ 에 대한 점대칭을 이룬다.

평행이동시킨 후의 곡선 $y = g(x)$을 반대로 $\left(-\dfrac{b}{3a}, -\dfrac{b^3}{27a^2} + \dfrac{b^3}{9a^2} - \dfrac{bc}{3a} + d\right)$ 만큼 평행이동시키면 다시

$y = f(x)$가 나오는데, 곡선 $y = g(x)$의 대칭점이 $(0, 0)$이므로 곡선 $y = f(x)$의 대칭점은 $(0, 0)$이 이동한 점인

$\left(0 - \dfrac{b}{3a}, 0 - \dfrac{b^3}{27a^2} + \dfrac{b^3}{9a^2} - \dfrac{bc}{3a} + d\right)$가 될 것이다.

이 점 $\left(-\dfrac{b}{3a}, f\left(-\dfrac{b}{3a}\right)\right)$을 우리는 변곡점이라 부르며, $-\dfrac{b}{3a}$ 라는 값은 방정식 $f''(x) = 0$을 풀면 구할 수 있다.

---

13) 이것을 증명해놓는 이유는 미래의 우리가 편하기 위함이다. 다양한 삼차함수 관련 성질의 증명을 할 때, 앞으로 간편화된 $g(x)$를
활용하면 된다.

14) 기함수 형태임을 확인하자.

2. 삼차함수의 비율관계

기울기가 같은 두 접선을 그리고, 이 접선들과 기울기와 같으며 삼차함수 $f(x) = ax^3 + ex$[15]의 변곡점(= 원점)을 지나는 직선을 그리면, 아래의 그림과 같은 $1:1:1:1$ 비례관계가 성립한다.

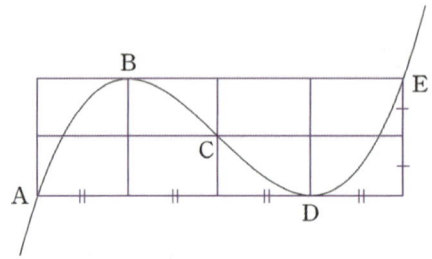

증명 ✎

접점을 $D(p, f(p))$로 하는 접선을 l_1이라 하면, 기울기가 같은 또 다른 접선 l_2의 접점을 $B(-p, f(-p))$라 할 수 있다.
(∵ 삼차함수 $f(x) = ax^3 + ex$는 원점 C에 대한 점대칭함수)

앞서 다룬 근과 계수의 관계에 의하여
접선 l_1이 삼차함수 $y = f(x)$와 만나는 또다른 점 A의 x좌표는 $-2p$,
접선 l_2가 삼차함수 $y = f(x)$와 만나는 또다른 점 E의 x좌표는 $2p$ 이다.

종합하면 다섯 점 A, B, C, D, E x좌표가 $-2p$, $-p$, 0, p, $2p$ 이고, 이들은 등차수열을 이룬다.
따라서 $1:1:1:1$ 비율이 성립한다.

이때, 〈그림1〉과 같이 접선이 기울어져도 비율관계는 성립한다.

〈그림2〉는 삼차함수와 점선들로 나뉜 영역의 넓이의 비율관계다.
증명이야 물론 가능하겠지만, 실제로 나올 가능성은 적으니 참고/검산용으로만 알고 있자.

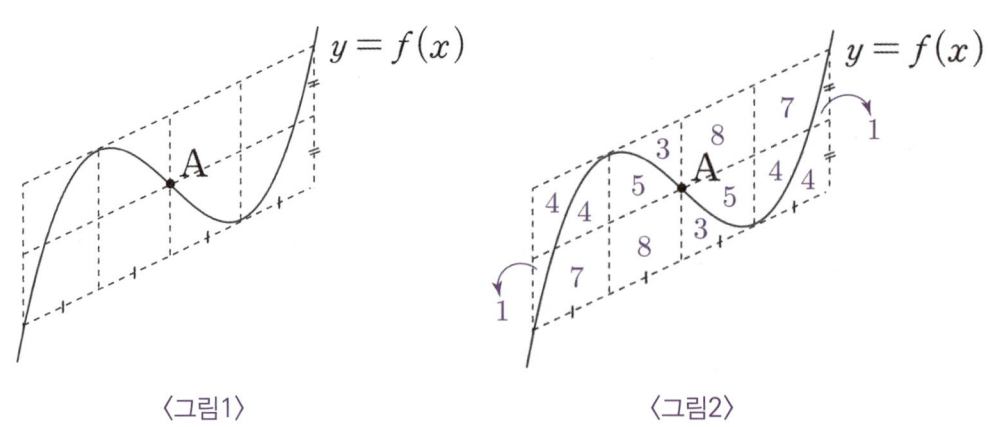

〈그림1〉   〈그림2〉

---

15) 앞서 모든 삼차함수에 대한 일반적 증명은 $y = ax^3 + ex$ 로 대신해도 충분함을 증명했었다.

좌표평면 위의 점 (s, u)에서 삼차함수 $y = ax^3 + ex$ $(a > 0)$에 그은 접선의 개수를 관찰해보자.

접점을 $(t, at^3 + et)$라 하면 접선의 방정식은 $y = (3at^2 + e)(x - t) + at^3 + et$이고,
여기에 점 (s, u)을 대입한 후 t에 대한 내림차순으로 정리하면 $2at^3 - 3ast^2 - es + u = 0$이다.

t에 대한 삼차방정식 $2at^3 - 3ast^2 - es + u = 0$의 근의 개수가 곧 점 (s, u)에서 그을 수 있는 접선의 개수이므로,
함수 $y = 2at^3 - 3ast^2 - es + u$를 다음과 같이 Case 분류하여 생각해보자.

| $s = 0$ 일 때
곡선 $y = 2at^3 + u$은 x축과 오직 한 점에서 만난다.

| $s > 0$ 일 때
함수 $y = 2at^3 - 3ast^2 - es + u$는 $t = s$일 때 극솟값 $-as^3 - es + u$을 갖고, $t = 0$일 때 극댓값 $u - es$을 갖는
삼차함수이므로, x축의 상대적 위치에 따라 실근 t의 개수가 달라진다.

(i) $-as^3 - es + u > 0$, 즉 $u > as^3 + es$ 일 때거나 $u - es < 0$, 즉 $u < es$ 일 때 실근은 1개이다.

(ii) $-as^3 - es + u < 0 < u - es$, 즉 $es < u < as^3 + es$ 일 때 실근은 3개이다.

(iii) $-as^3 - es + u = 0$, 즉 $u = as^3 + es$ 일 때거나 $u - es = 0$, 즉 $u = es$ 일 때 실근은 2개이다.

(i), (ii), (iii)의 결과들을 종합하여 그림[16]으로 나타내면 다음과 같다. ($s < 0$일 땐 대칭 상황으로 구하면 된다.)

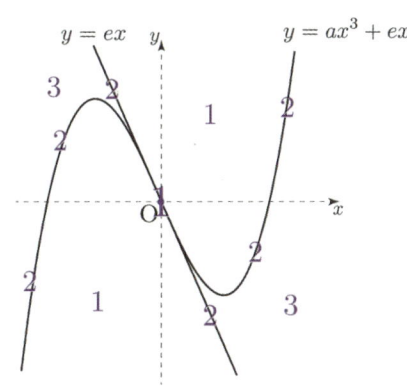

---

[16] 일반적으로 어떤 함수에 그을 수 있는 접선을 개수를 구하고 싶다면, 변곡접선과 점근선을 경계로 하여 일일이 확인하면 된다.
물론 이는 풀이의 편리함과 직관을 위한 도구일 뿐이고, 답안에서는 위와 같이 수식적 풀이를 채택해야 한다.

실전 논제 풀어보기

논제 **1**   ★★★☆☆   연세대

함수 $f(x) = ax^2 + bx + c$ $(a, b, c$ 는 정수)에 대하여, 닫힌구간 $[2019, 2021]$ 에서 $|f(x)|$ 의 최댓값이 1 이 되도록 하는 함수 $f(x)$ 의 개수를 구하시오.

연습지

답안지

제시문

$f(x) = x^3 + px^2 + qx + r$은 다음 조건들을 만족하는 삼차 다항함수이다.

(가) p, q, r은 정수이고 p는 0이 아니다.
(나) $y = f(x)$의 변곡점에서 접선의 방정식은 $y = -x$이다.

[1] pqr이 최솟값을 가지는 $f(x)$를 모두 찾고, 그 이유를 설명하시오.

[2] $\lim\limits_{p \to \infty} \dfrac{pq}{r}$의 값을 구하고, 그 이유를 설명하시오.

[3] 점 $(-3, 0)$을 지나고 곡선 $y = f(x)$에 접하는 직선이 3개가 되도록 하는 자연수 p의 값을 모두 찾고, 그 이유를 설명하시오.

연습지

제시문

(가) 좌표평면 위의 두 점 $A(x_1, y_1)$, $B(x_2, y_2)$를 이은 선분 AB를 $m:n$ $(m > 0, n > 0)$으로 내분하는 점 P의 좌표는 다음과 같다.

$$\left(\frac{mx_2 + nx_1}{m+n}, \ \frac{my_2 + ny_1}{m+n} \right) \text{(단 } m \neq n)$$

(나) 함수 $f(x)$에서 $x = a$를 포함하는 어떤 열린구간에 속하는 모든 x에 대하여 $f(x) \leq f(a)$일 때, 함수 $f(x)$는 $x = a$에서 극대라 하며, $f(a)$를 극댓값이라고 한다. 또, $x = a$를 포함하는 어떤 열린구간에 속하는 모든 x에 대하여 $f(x) \geq f(a)$일 때, 함수 $f(x)$는 $x = a$에서 극소라 하며, $f(a)$를 극솟값이라고 한다. 극댓값과 극솟값을 통틀어 극값이라고 한다.

(다) 삼차함수 $f(x) = x^3 + ax^2 + bx$가 서로 다른 두 개의 극값을 $x = \alpha$와 $x = \beta$에서 가진다고 한다.
이 때, 두 점 $A(\alpha, f(\alpha))$와 $B(\beta, f(\beta))$를 잇는 선분 AB를 고려한다.
(단, a와 b는 정수이고, $\alpha < \beta$ 이다.)

[1] 제시문 (다)에서 직선 AB의 기울기 값이 $-\dfrac{2}{9}$보다 크기 위한 정수 a와 b가 존재하지 않음을 보이고, 그 이유를 논하시오.

[2] 제시문 (다)에서 $-5 \leq a \leq 5$, $-5 \leq b \leq 5$일 때, 선분 AB가 x축과 만나지 않도록 하는 순서쌍 (a, b)를 모두 구하고, 그 이유를 논하시오.

[3] 제시문 (다)에서 $-3 \leq a \leq 3$, $-3 \leq b \leq 3$일 때, 선분 AB를 삼등분하는 두 점을 C와 D라고 하자. 선분 CD가 y축과 만나지 않도록 하는 순서쌍 (a, b)의 개수를 구하고, 그 이유를 논하시오.

연습지

답안지

제시문

(가) 함수 $h(x)$가 닫힌구간 $[a, b]$에서 연속일 때, 곡선 $y = h(x)$와 x축 및 두 직선 $x = a$, $x = b$로 둘러싸인 도형의 넓이 S는 다음과 같다.

$$S = \int_a^b |h(x)| dx$$

(나) 정수 계수를 갖는 두 이차함수

$$f(x) = -Ax^2 + Bx + C, \quad g(x) = -px^2 + qx + r$$

가 다음의 다섯 조건을 만족시킨다.

- A, B, C, p, q, r는 모든 양수이고, $B > C$이다.
- $B^2 + 4AC = 100$이고 $q^2 + 4pr$는 완전제곱수이다.
- 이차함수 $y = g(x)$의 그래프 위의 점 $R(0, r)$에서의 접선이 x축과 만나는 교점을 $P(\alpha, 0)$이라고 하자.
- 점 $R(0, r)$를 지나고 직선 PR에 수직인 직선이 x축과 만나는 교점을 $Q(\beta, 0)$이라고 하자.
- α와 β는 이차방정식 $f(x) = 0$의 해이다.

[1] 제시문 (나)에 주어진 α, β를 q, r에 대한 식으로 나타내고, 그 이유를 논하시오.

[2] 제시문 (나)를 만족시키는 모든 순서쌍 (A, B, C)와 각각의 순서쌍에 대해 p의 값이 최소가 되도록 하는 순서쌍 (p, q, r)를 찾고, 그 이유를 논하시오.

[3] 제시문 (나)에서 직선 PR과 곡선 $y = g(x)$ 및 x축 ($x < 0$)으로 둘러싸인 도형의 넓이의 최솟값을 구하고, 그 이유를 논하시오.

연습지

제시문

계수가 실수인 이차방정식 $ax^2 + bx + c = 0$ 에서 $D = b^2 - 4ac$ 라고 할 때,

(ⅰ) $D > 0$ 이면 서로 다른 두 실근을 갖는다.
(ⅱ) $D = 0$ 이면 중근(서로 같은 두 실근)을 갖는다.
(ⅲ) $D < 0$ 이면 서로 다른 두 허근을 갖는다.

[1] 함수 $y = (x-p)^2 + p^2 + 2$ 의 그래프가 점 $(1, 7)$ 을 지나도록 하는 실수 p 의 값을 모두 구하시오.

[2] 점 (a, b) 에 대하여, 곡선 $y = (x-p)^2 + p^2 + 2$ 가 점 (a, b) 를 지나도록 하는 실수 p 가 존재할 때, a, b 가 만족하는 조건을 구하시오.

[3] 점 $(-12, -1)$ 로부터 곡선 $y = (x-p)^2 + p^2 + 2$ 위의 점까지의 거리 중 최솟값을 $f(p)$ 라고 하자. 함수 $f(p)$ 의 최솟값을 구하시오.

연습지

Show
and
Prove

기대T 수리논술 수업 상세안내

정규반	수업 상세 안내 (지난 수업 영상수강 가능)
정규반 – Set 1 (1주차~4주차)	– 수리논술만의 특징인 '답안작성 능력'과 '증명 능력'을 향상시키는 수업 – 수능/내신 공부와 다른 수리논술 공부의 결 & 방향성을 잡아주는 수업 – 수험생은 물론 강사조차 가지고 있는 '오개념'을 타파시키는 수학 전공자의 수업 – 무언가가 어려우면 쉽게 포기하는 성향을 가진 학생의 경우, 문제풀이가 위주인 Set 2부터 학습한 후 Set 1 학습 추천 (단순 난이도 : Set 1 〉 Set 2)
정규반 – Set 2 (5주차~8주차)	– 만만해 보이는 과목인 수학 1이 수리논술에서 어떻게 나오는지 배워보는 강의 – 삼각함수 & 수열의 콜라보 등 수학1의 논술형 발전성을 체감해볼 수 있는 실전 내용 수업 – 다른 Set에 비하여 난이도가 쉬운 편 : 수리논술에 입문하기 좋은 강의 Set
정규반 – Set 3 (9주차~12주차)	– 수리논술에서 50% 이상의 비중을 차지하는 수리논술용 미적분을 집중 해석하는 수업 – 수리논술에도 존재하는 행동 영역을 통해 고난도 문제의 체감 난이도를 낮춰주는 수업 – 대학의 모범답안을 보고도 '이런 아이디어를 내가 어떻게 생각해내지?' 라는 생각이 드는 학생들도, 납득 가능하고 감탄할 만한 문제 접근법을 제시해주는 수업
정규반 – Set 4 (13주차~16주차)	– 상위권 대학의 합격 당락을 가르는 고난도 주제들을 총정리하는 수업 – 출제 난이도가 높은 학교의 수리논술 합격을 바라는 학생이라면 강추
첨삭 및 자료	– 수강 형태 (현장 vs 온라인) / 수업 종류 상관없이, 모든 학생들에게 첨삭 제공 – 복습 시트, 손글씨 답안, 다채로운 자료 등등 오른쪽 QR코드에서 확인 가능

실전반 & Final	수업 상세 안내 (지난 수업 영상수강 가능)
실전반 – Set 1 (1주차~5주차)	– 수리논술 전용 확통/기하 Theme에 대하여 학습하는 강의 – 수능/내신의 빈출 Point와의 괴리감이 제일 큰 두 과목인 확통/기하의 내용을 철저히 수리논술 빈출 Point에 맞게 제단된 내용만을 다루는 Compact 강의
실전반 – Set 2 (6주차~10주차)	– 상위권 학교 지원자들은 꼭 알아야 하는 필수내용만 다루는 강의 – 본인에게 유리한 출제 스타일인 학교를 탐색하여 원서 지원부터 이기고 들어갈 수 있도록 하는, 대학별 출제경향 파악 수업 (모든 대학을 A그룹~D그룹으로 분류 후 분석) – 최신기출 (작년 기출+올해 모의) 중 주요 문항 선별 통해 주요대학 최근 출제 경향 파악
Semi Final 고/서/성/경 반 (수능전 & 직후)	– 수능 직후 시험 보는 학교들을 중점적으로 미리 공부해두기 위한 수업 – 전형적인 고난도 문제부터, 창의적인 신유형 문제까지 다양하게 만나볼 수 있는 수업 – 수능 끝나고, 주력으로 준비할 학교 선택하면 해당 학교 모의고사 1~2회분 및 해설강의 당일 제공
학교별 Final (수능전 / 수능후)	– 학교별 고유 출제 스타일에 맞는 문제들만 정조준하여 분석해주는 Final 수업 – 빈출 주제 특강 + 예상 문제 모의고사 응시 후 해설 & 첨삭 – 고승률 문제접근 Tip을 파악하기 쉽도록 기출 선별 자료집 제공 (학교별 교재 상이)

CHAPTER

2

함수의 극한과 연속

수리논술에서는 치명적인 수능형 오개념을 고치는 시간을 갖자.
이후, 여러 가지 수리논술용 극한값 계산방법과 수능에서는
구경 못해본 낯선 정리인 최대최소 정리와 사잇값 정리를 알아보자.

Chapter 2. 함수의 극한과 연속

극한의 기본적인 이해와 계산방법

| 본격적인 시작 전 잠깐!

교과서에서는 함수의 극한과 수열의 극한이 각각 수학2와 미적분에 나뉘어져 있지만,
수열도 결국에는 함수[17]이므로 본 교재에서는 두 극한을 별도의 구분 없이 동시에 다루도록 하겠다.

1. 수리논술을 위한 극한 기본기

| 극한의 이해

기초적인 내용이지만 Remind 해보자. $\lim\limits_{x \to a} f(x) = b$는 아래의 두 의미를 모두 포함한다.

① x는 a로 한없이 다가간다. 이때, x는 a가 아니다.

↳ 그래서 $\lim\limits_{x \to 1} \dfrac{(x-1)(x+1)}{x-1} = \lim\limits_{x \to 1}(x+1)$로 계산할 수 있는 근거[18]가 된다.

② $f(x)$는 b로 한없이 다가간다. 이때, 그 값이 b일 수도 있고 b가 아닐 수도 있다.

↳ $y = f(x)$의 그래프를 떠올린다면, $\lim\limits_{x \to a} f(x)$의 값이 $b+$, $b-$, b 세 가지 중 하나임을 알 수 있다.[19]

본인 스스로 위의 내용을 문제 풀이에 오개념 없이 적용하고 있는지 점검해볼 수 있는 예제를 준비해보았다.

예제

함수 $f(x)$에 대하여 $\lim\limits_{x \to 2} \dfrac{f(x)}{x-2} = 2$일 때, $f(2)$의 값을 구하시오.

연습지

---

17) 정의역이 자연수 전체의 집합이고, 공역이 실수 전체의 집합인 함수
18) 극한 내부의 분모, 분자의 $(x-1)$이 0이 아니기 때문에 나눌 수 있는 근거
19) 합성함수의 극한을 풀 때를 생각해보면, 우리가 당연히 하고 있던 생각들이다.

앞의 예제를 보자마자

'분모가 0 으로 가니까 분자도 0 으로 가는건 당연~! 정답은 $f(2) = 0$!! Super Easy~'

라는 생각을 했다면 유감이다... 대부분이 갖고 있는 오개념을 본인도 갖고 있던 것...

'분모가 0 으로 갈 때, 분자도 0 으로 간다.'라는 정보에서 알 수 있는 사실은 $\lim_{x \to 2} f(x) = 0$ 뿐이다.
즉, $f(x)$ 의 $x = 2$ 에서의 '연속성'이 보장되지 않았기 때문에 $f(2)$ 의 값은 알 수 없다.

따라서 '$f(2)$ 의 값을 알 수 없다.'가 정답이다.

| 극한값 계산의 두 가지 유형
앞으로 우리가 만날 극한값을 계산하는 문제는 무조건 다음 두 가지 유형으로 분류가 가능하다.
(아래의 두 가지 유형 아래 여러 가지 테크닉들이 카테고리처럼 딸려있다고 생각하면 되겠다.)

① 직접 계산 : 주어진 식에 교과서 공식을 요리조리 사용하여 극한값을 직접적으로 도출
② 간접 계산 : 부등식과 직접 계산 가능한 식으로부터 극한값을 간접적으로 도출(= 샌드위치 정리[20])

즉, 모든 극한값 계산 문제는 직접 계산이 아니면 간접 계산, 간접 계산이 아니면 직접 계산이다.
따라서 우리는 극한값 계산 문제를 만났을 때, 다음과 같은 Algorithm을 따라가야 한다.

⌄ TIP

| 극한값 계산 문제의 풀이 Algorithm

① 일단은 주어진 극한값을 직접 계산으로 구할 수 있다고 가정 후, 직접 계산을 시도한다.
② 교과서 극한 공식으로 처리할 수 없는 식이 포함되어 직접 계산이 불가능하다면 간접 계산을 확신한다.
③ 간접 계산에서 사용할 수 있는 도구(= 풀이법)들을 모두 순차적으로 시도해본다.

이 정도면 수리논술을 위한 극한의 기본기는 탄탄히 갖춰졌을 것이다. 그럼 여기서 내용을 마무리 짓고,
본격적으로 수리논술 극한 문제풀이의 핵심인 '여러가지 극한값 계산방법'에 대하여 바로 다음 페이지부터 알아보자.

---

20) 고등 교육과정 내에서 다룰 수 있는 간접 계산은 모두 샌드위치 정리(= 부등식)로 귀결된다. 즉, 부등식이 간접 계산의 Main!

2. 극한값 직접 계산 1 : 단순 식 구하기 (수열, 함수 공용)

이미 내신과 수능에서 많이 경험해봤을 직접 계산의 기본 of 기본 형태이다.
a_n과 $f(x)$의 식을 직접 구한 후, 여러 가지 교과서 극한 공식들[21]을 이용하여 극한값을 도출하면 된다.

예제

수열 $\{a_n\}$에 대하여 $a_1 = 5$, $a_{n+1} = \dfrac{1}{2}a_n + 2$ 일 때, $\displaystyle\lim_{n \to \infty} a_n$의 값에 대해 논하시오.

연습지

예제 해설

$a_n - 4 = b_n$이라 두면[22]

$$a_{n+1} = \frac{1}{2}a_n + 2 \Leftrightarrow b_{n+1} = \frac{1}{2}b_n$$

이므로, 수열 $\{b_n\}$은 첫 번째 항이 1이고 공비가 $\dfrac{1}{2}$인 등비수열이다.

따라서 $a_n = 4 + \left(\dfrac{1}{2}\right)^{n-1}$ 이므로 $\displaystyle\lim_{n \to \infty} a_n = 4$ 이다.

[Comment]

당장 이 예제에서도 a_n의 식을 직접 구하는 것이 그리 쉽지 않음을 확인할 수 있다.

즉, '극한값 직접계산 1 : 단순 식 구하기'의 경우 a_n과 $f(n)$을 구하는 과정이 문제의 Main이다.[23]

---

21) 뭐 간단히 예를 들면 $\dfrac{0}{0}$ 꼴 계산이라던지... $\displaystyle\lim_{x \to 0} \dfrac{\sin x}{x} = 1$ 이라던지... 등등

22) [Show and Prove 1편]의 수열 챕터에서 배운 Idea를 활용했다.

23) 사실 식만 잘 구하면 극한값은 꾸역꾸역 구할 순 있으니까

| 극한이 수렴할 거라는 전제는 위험한 행동

앞의 예제를 풀 때 $\lim_{n \to \infty} a_n = \alpha$ 라 하고 $\alpha - \frac{1}{2}\alpha + 2$, $\alpha = 4$ 로 구한 학생들이 대다수일 것이다.

하지만 이렇게 풀면 수리논술에서는 치명적인 감점을 먹는다.[24]

맨날 이렇게 풀었어도 수능에서 한 번도 틀리지 않았던 이유는, 수능은 정답이 항상 존재하는 시험이라서 극한값이 반드시 존재할 수밖에 없는 환경, 즉 수렴성이 보장된 상황이었기 때문이다.

따라서 이 풀이는 '수열이 수렴한다.'는 조건이 있을 때에만 가능한 풀이임을 명심하자.

단, [Show and Prove 1편]에서부터 강조했던 '문제 방향성의 예측'을 위해

'아직은 모르지만, 일단 이 수열이 수렴한다면 이 값으로 가긴 하겠네..?'

와 같이 풀이의 조건부 길라잡이 역할로 사용하는 것은 좋다!

> **✅ TIP**
>
> **| 발문으로 판단하지 말 것**
>
> 문제의 '$\lim_{n \to \infty} f(n)$ 의 값을 구하시오.'라는 발문이 곧 문제에서 수렴성을 보장(= 제공)하는 것은 아니다.
> (괜히 '구하시오.'라는 워딩에 이상한 의미부여를 하지 말 것! 수능처럼 '답만 중요한 시험'이 아님을 명심!!)

---

24) 극한값이 존재하는지도 모르는데 '응 몰라 일단 존재한다고 쳐 ㅋㅋ'하는 셈이니 때문이다.

| 극한의 수렴 성질 with 사칙연산

함수 $f(x)$, $g(x)$ (또는 수열 a_n, b_n)가 각각 수렴할 때, 다음 성질을 따른다.[25]

① $\displaystyle\lim_{x \to a} k f(x) = k \lim_{x \to a} f(x)$

② $\displaystyle\lim_{x \to a} \{f(x) \pm g(x)\} = \lim_{x \to a} f(x) \pm \lim_{x \to a} g(x)$

③ $\displaystyle\lim_{x \to a} \{f(x) \times g(x)\} = \lim_{x \to a} f(x) \times \lim_{x \to a} g(x)$

④ $\displaystyle\lim_{x \to a} \frac{f(x)}{g(x)} = \frac{\displaystyle\lim_{x \to a} f(x)}{\displaystyle\lim_{x \to a} g(x)}$ (단, $g(x) \neq 0$)

쉽다고 무시하지 말자. 위의 내용으로부터 다음과 같은 매우 중요한 세 가지의 사실을 챙겨가야 한다.

  ㉠ 수렴하지 않는 식이 단 하나라도 존재한다면, 극한의 사칙연산이 불가능하다.

  ㉡ 어떤 두 식이 수렴한다면, 그 두 식을 사칙연산으로 계산한 식도 언제나 수렴한다.

  ㉢ 어떤 식을 여러 개의 식으로 분리하여 극한을 보내고 싶다면, 반드시 각각의 식이 수렴해야 한다. ($\because$ ㉠)

극한 문제에서 잘못된 풀이를 만들어내는 강력한 원인인 만큼, 항상 위의 세 가지를 의식하며 문제를 풀자.

| 약간 뒤틀린 형태 눈에 익혀두기

생각보다 많은 학생들이 인지하지 못하고 있는 듯 하여 적어두는데,

$$f(x) \times g(x) \text{ 가 } \alpha \text{ 로 수렴할 때, } f(x) \text{ 와 } g(x) \text{ 중 하나가 } \beta \text{ 로 수렴한다면[26]}$$

$$\text{나머지 하나는 } \frac{\alpha}{\beta} \text{ 로 수렴함이 당연하다.}$$

즉, 아래 〈TIP〉의 형태와 같이 극한의 수렴 성질을 사용할 수 있다는 것이다.

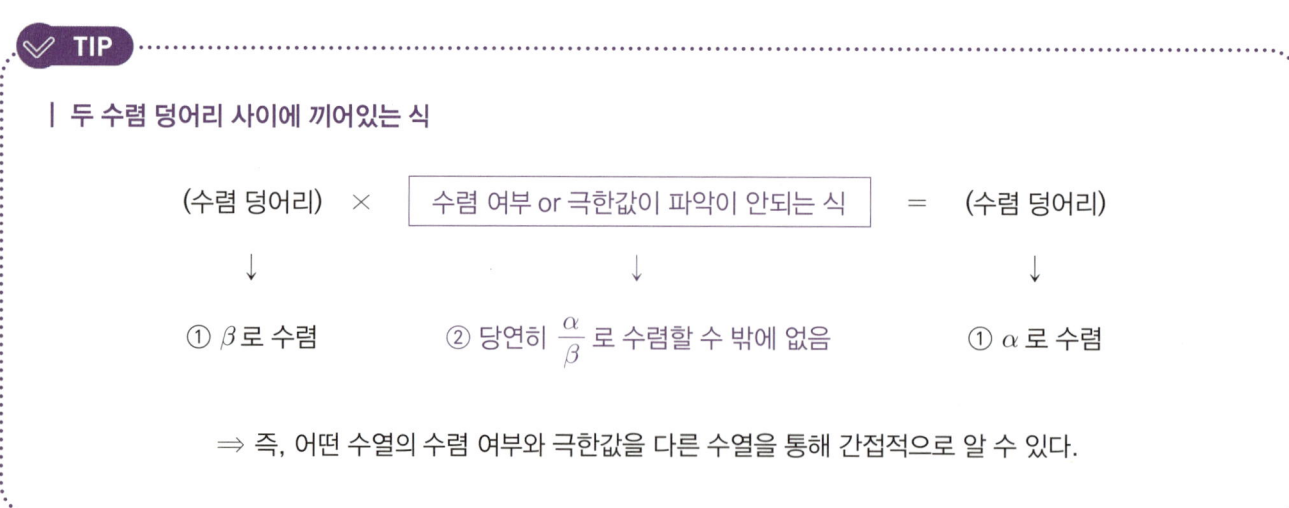

따라서 a_n 을 하나의 식으로 정리하지 않더라도, a_n 이 포함된 관계식만 있으면 a_n 의 극한값을 구할 수 있다.

---

25) 따라서 답안에서 사칙연산 계산과정을 보여주기 전에 $f(x)$ 와 $g(x)$ 의 수렴성을 언급해주는 것이 좋겠죠?

26) 단, $\alpha \neq 0$ 이고 $\beta \neq 0$ 일 때 ($0 \times \infty$ 꼴의 부정형 방지)

그림과 같이 사다리꼴 ABCD에서 변 AD와 변 BC가 평행하고 $\angle B = 2\theta$, $\angle C = 3\theta$, $\overline{BC} = 2\sin\theta$, $\overline{AD} = \sin\theta$이다. 사다리꼴 ABCD의 넓이를 $S(\theta)$라 할 때, $\displaystyle\lim_{\theta \to 0+} \frac{S(\theta)}{\theta^3}$의 값을 구하시오. (단, $0 < \theta < \dfrac{\pi}{6}$)

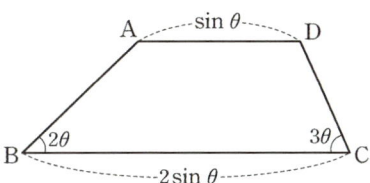

사다리꼴의 높이를 h라 하면 다음과 같다.

$$\frac{h}{\tan 2\theta} + \frac{h}{\tan 3\theta} = \sin\theta \cdots\cdots \text{㉠}$$

$$S(\theta) = \frac{1}{2} \times h \times \sin\theta \;\Rightarrow\; \frac{S(\theta)}{\theta^3} = \frac{1}{2} \times \frac{h}{\theta^2} \times \frac{\sin\theta}{\theta}$$

이때 $\dfrac{\sin\theta}{\theta}$가 1로 수렴하므로 $\displaystyle\lim_{\theta \to 0+} \frac{S(\theta)}{\theta^3} = \frac{1}{2} \times \lim_{\theta \to 0+} \frac{h}{\theta^2}$이다. 이제 ㉠을 다음과 같이 정리하자.

$$\frac{h}{\theta^2}\left(\frac{\theta}{\tan 2\theta} + \frac{\theta}{\tan 3\theta} \right) = \frac{\sin\theta}{\theta} \quad \text{(바로 뒤에서 배울 '수렴꼴 드러내기'와도 관련이 있다.)}$$

이때 $\left(\dfrac{\theta}{\tan 2\theta} + \dfrac{\theta}{\tan 3\theta} \right)$와 $\dfrac{\sin\theta}{\theta}$가 각각 $\dfrac{5}{6}$, 1로 수렴하므로 $\dfrac{h}{\theta^2}$은 $\dfrac{6}{5}$로 수렴함을 알 수 있다.

따라서 $\displaystyle\lim_{\theta \to 0+} \frac{S(\theta)}{\theta^3}$의 값은 $\dfrac{3}{5}$임을 알 수 있다.

| 극한의 수렴꼴을 드러내는(= 찾는) 것에 집중할 것

극한의 수렴 성질은 극한값 계산과정에 많은 이점을 주기에 이를 적극적으로 활용해야 한다.

하지만 이 성질은 극한이 수렴해야만 사용할 수 있기 때문에, 문제에서 극한을 보내야 하는 식을

수렴하는 단위(= 수렴꼴)들의 사칙연산 형태로 나타내는 것

이 필수적이다. (답안의 완결성 Up은 덤이다.)

따라서 주어진 식에서 수렴꼴을 드러낼 때, 특히 주어진 식의 형태 관찰과 적절한 조작이 매우 중요해진다.

이는 단순히 '수렴꼴을 드러내기 위해'라는 이유와 별개로 풀이의 방향성과 목적성[27]을 잡는데도 도움이 되는 습관이니,
아래의 예제를 시작으로 이런 습관을 꼭 들여놓도록 하자.

예제
교육청, 추가문항

두 수열 $\{a_n\}$, $\{b_n\}$ 은 다음 조건을 만족시킨다.

> (가) $\lim_{n \to \infty} a_n = \infty$
>
> (나) $\lim_{n \to \infty} (2a_n - 5b_n) = 3$

[1] $\lim_{n \to \infty} \dfrac{2a_n + 3b_n}{a_n + b_n} = \dfrac{q}{p}$ 일 때, $p + q$ 의 값을 구하시오. (단, p 와 q 는 서로소인 자연수이다.)

[2] $\lim_{n \to \infty} \dfrac{4^{a_n}}{p^{b_n}} = q$ 일 때, $p + q$ 의 값을 구하시오. (단, p 와 q 는 서로소인 자연수이다.)

연습지

---

27) Ex : 내가 A를 구해야하니... (방향성) 우선 B라는 과정을 시작해야겠구나..! (목적성)

[1]
[Sol 1]

$$\lim_{n \to \infty} \frac{2a_n + b_n}{a_n + b_n} = \lim_{n \to \infty} \frac{-\frac{3}{5}(2a_n - 5b_n) + \frac{16}{5}a_n}{-\frac{1}{5}(2a_n - 5b_n) + \frac{7}{5}a_n} = \lim_{n \to \infty} \frac{\dfrac{-\frac{3}{5}(2a_n - 5b_n)}{a_n} + \frac{16}{5}}{\dfrac{-\frac{1}{5}(2a_n - 5b_n)}{a_n} + \frac{7}{5}} = \frac{16}{7} \text{ }^{28)}$$

$\therefore p + q = 23$

[Sol 2]

(가)로부터 $\lim_{n \to \infty} \frac{1}{a_n} = 0$ $^{29)}$이므로 $\lim_{n \to \infty}\left\{ \frac{1}{a_n} \times (2a_n - 5b_n) \right\} = 0$, 즉 $\lim_{n \to \infty} \frac{b_n}{a_n} = \frac{2}{5}$ 이다. ······ ㉠

그러므로 $\lim_{n \to \infty} \frac{2a_n + b_n}{a_n + b_n} = \lim_{n \to \infty} \frac{2 + 3\frac{b_n}{a_n}}{1 + \frac{b_n}{a_n}} = \frac{2 + \frac{6}{5}}{1 + \frac{2}{5}} = \frac{16}{7}$

$\therefore p + q = 23$

[2]

$$\lim_{n \to \infty} \frac{4^{a_n}}{p^{b_n}} = \lim_{n \to \infty}\left\{ \left(p^{\frac{1}{5}}\right)^{(2a_n - 5b_n)} \times \left(p^{-\frac{2}{5}}\right)^{a_n} \times 4^{a_n} \right\} \quad (2a_n - 5b_n \text{ 꼴 드러내기})$$

에서 $\lim_{n \to \infty} \left(p^{\frac{1}{5}}\right)^{(2a_n - 5b_n)} = p^{\frac{3}{5}}$ 으로 잘 수렴하므로, 나머지 $\left(p^{-\frac{2}{5}}\right)^{a_n} \times 4^{a_n} = \left(4 \times p^{-\frac{2}{5}}\right)^{a_n}$ 의 극한값이 0 이 아닌

값으로 수렴해야 한다.

이때 (가)에 의하여 $a_n \to \infty$ 이므로 $4 \times p^{-\frac{2}{5}} = 1$, 즉 $p = 2^5$임을 알 수 있다.
이로부터 최종 극한값을 구하면 $q = 8$ 임을 알 수 있다.

$\therefore p + q = 40$

---

28) 극한값을 구하는 마무리 단계에서, 극한을 보내는 식 안에 ∞ 가 포함되지 않도록 하는 습관을 기르자. (Detail)

교과서에 ∞ 의 비교를 통해 극한값을 구하는 방법은 존재하지 않는다. 항상 약분을 통해 $\frac{\infty}{\infty} = \frac{0 + \alpha}{0 + \beta}$ 로 만들어 계산할 것!

29) $\lim_{n \to \infty} a_n = \infty$ 가 등장한다면 이를 $\lim_{n \to \infty} \frac{1}{a_n} = 0$ 과 같이 바꾸어 사용하도록 하자. (극한의 수렴성질을 사용하기 위해!)

[Comment 1] – [1]의 [Sol 2]에 대하여

수능수학을 제대로 공부한 학생을 기준으로 삼는다면, 아마 10명 중 9명은 **[Sol 2]**의 방법으로 풀었을 것이다.
(개인적인 생각으로, 그냥 대다수의 교재와 강의들이 **[Sol 2]**의 풀이를 많이 소개하고 있기 때문이라고 생각한다.)

그럼 여기서 질문 하나를 던져보려고 한다.

'문제에서 제시한 (나)조건의 수렴꼴을 놔두고... 왜 $\dfrac{b_n}{a_n}$ 이라는 새로운 수렴꼴을 사용한 것인가?'

아마 대다수의 학생들이 이에 대한 대답을 '그냥... 이렇게 하니까 쉽게 풀리던데요..?'라고 할 것이다.
하지만 수리논술을 배우는 입장이라면 앞으로

'주어진 식 $\dfrac{2a_n + 3b_n}{a_n + b_n}$ 의 형태를 보아하니,

$\dfrac{b_n}{a_n}$ 이라는 수렴꼴이 (나)조건의 수렴꼴보다 활용하기 편할 것 같아서요.'

와 같이 대답해야 한다.
즉, 문제의 상황을 보고 활용하기 편한 상황을 스스로 발견해나갈 수 있어야 한다는 것이다.[30]

예를 들어, $\displaystyle\lim_{x \to 0} \dfrac{\ln(\cos x)}{x^2}$ 의 값을 구하는 문제를 만났을 때,

우리가 활용하기 편한 꼴인 $\dfrac{\ln(1+x)}{x}$ 꼴을 떠올리며 분자를 $\ln(1 + (\cos x - 1))$로 생각하는 것처럼 말이다.

따라서 극한값 계산 문제를 만났을 때, 계산부터 무작정 들이박지 말고
문제에서 묻는 것을 미리 보고 그에 맞게 활용하기 편한 상황(= 수렴꼴)을 스스로 발견해나가도록 하자.[31]

[Comment 2] – [2]에 대하여

혹시 몰라서 적어두는데... **[2]**를 풀 때, $\displaystyle\lim_{n \to \infty}(2a_n - 5b_n) = 3$ 과 $\displaystyle\lim_{n \to \infty}\dfrac{b_n}{a_n} = \dfrac{2}{5}$ 라는 조건으로부터 $a_n = 5n + \dfrac{3}{2}$, $b_n = 2n$ 이라는 식을 창조 후, 이를 그대로 주어진 극한에 대입하여 답을 구하는 것은 올바른 풀이 방법이 아니다.[32]

만약 본인이 이와 같은 풀이법을 애용하고 있었다면, 더더욱 수렴꼴을 드러내는 풀이에 익숙해질 필요가 있겠다.
(전형적인 수능수학식 '답만 구하면 돼'에서 파생된 오개념 풀이법이다.)

---

30) 이것이 위에서 말했던 방향성과 목적성이다.

　　　주어진 식을 보니 $\dfrac{a_n}{b_n}$ 꼴을 만드는 것이 편하겠어..! (방향성) 따라서 지금부턴 $\dfrac{a_n}{b_n}$ 의 극한값을 구해야지..! (목적성)

31) **[2]**에서 $\dfrac{b_n}{a_n}$ 이 아닌 $(2a_n - 5b_n)$을 사용한 것도 이와 같은 이유에서이다.

32) 상식적으로 위의 두 조건을 만족하는 a_n 과 b_n 이 저거 하나뿐일 리가 없는데, 저렇게 하나의 식으로 딱 단정해버리면... ㅠㅠ

지금까지는 변수가 하나뿐인 식의 극한값을 직접 계산하는 방법을 알아보았다면,
이번 칼럼에서는 두 개 이상의 변수가 포함된 극한[33]을 직접 계산하는 방법에 대하여 알아보자.

| 다변수 극한 문제의 두 가지 유형
다변수 극한 문제는 아래와 같이 크게 두 가지로 나눌 수 있다.

   ① 한 문자를 다른 문자로 정리하기가 간단한 경우 (Ex : $s = t^3 + e^t$ 이면, s 자리에 $t^3 + e^t$ 를 대입하면 끝!)
   ② 한 문자를 다른 문자로 정리하기가 간단하지 않은 경우

먼저 우리에게 익숙한 첫 번째 유형에 대한 예제를 풀어보자.

예제　　　　　　　　　　　　　　　　　　　　　　　　　　　　　　서강대

함수 $f(x)$는 구간 $(-\infty, \infty)$에서 미분가능하고 $f'(x)$가 $(-\infty, \infty)$에서 연속이다.
(단, 모든 실수 x에 대하여 $f'(x) \neq -1$이고, $f(1) = 1$, $f'(1) = \alpha$이다.)
임의의 실수 s에 대하여 곡선 $y = f(x)$ 위의 점 $\mathrm{P}(s, f(s))$에서의 접선에 수직이면서 점 P를 지나는 직선이

$y = x$와 만나는 점을 (t, t)라고 하자. 이때 극한값 $\lim\limits_{s \to 1} \dfrac{t-1}{s-1}$ 을 α에 관한 식으로 나타내시오.

연습지

---

33) 보통 변수가 두 개 등장하는 이변수 극한이 대체로 출제되긴 한다.

곡선 $y = f(x)$ 위의 점 $\mathrm{P}(s, f(s))$에서의 접선에 수직이므로 기울기는 $-\dfrac{1}{f'(s)}$이다.

$y = f(x)$ 위의 점 $\mathrm{P}(s, f(s))$에서의 접선에 수직인 직선의 방정식은

$$y - f(s) = -\frac{1}{f'(s)}(x - s) \ \cdots\cdots \ \text{①}$$

이다. $(t,\ t)$가 ①위의 점이므로 $t - f(s) = -\dfrac{1}{f'(s)}(t - s) \ \cdots\cdots \ \text{②}$

$$\left(1 + \frac{1}{f'(s)}\right)t = f(s) + \frac{s}{f'(s)} \ \Rightarrow \ \left(\frac{f'(s)+1}{f'(s)}\right)t = \frac{f(s)f'(s)+s}{f'(s)}$$

이때, $f'(x) \neq -1$이므로

$$t = \frac{f(s)f'(s)+s}{f'(s)+1}$$

이다. 따라서

$$
\begin{aligned}
\lim_{s \to 1}\frac{t-1}{s-1} &= \lim_{s \to 1}\frac{\dfrac{f(s)f'(s)+s}{f'(s)+1} - 1}{s-1} \\
&= \lim_{s \to 1}\frac{f(s)f'(s)+s - (f'(s)+1)}{(s-1)(f'(s)+1)} \\
&= \lim_{s \to 1}\frac{(f(s)-1)f'(s) + s - 1}{(s-1)(f'(s)+1)} \\
&= \lim_{s \to 1}\frac{(f(s)-1)f'(s)}{(s-1)(f'(s)+1)} + \lim_{s \to 1}\frac{s-1}{(s-1)(f'(s)+1)}
\end{aligned}
$$

이다.

$f(x)$는 구간 $(-\infty, \infty)$에서 미분가능하고 $f'(x)$가 $(-\infty, \infty)$에서 연속이므로

$$
\begin{aligned}
\lim_{s \to 1}\frac{t-1}{s-1} &= \frac{f'(1)f'(1)}{f'(1)+1} + \frac{1}{(f'(1)+1)} \\
&= \frac{\alpha^2}{\alpha+1} + \frac{1}{\alpha+1} = \frac{\alpha^2+1}{\alpha+1}
\end{aligned}
$$

이다.

앞 예제의 경우 수능수학에서도 가끔씩 등장하는 유형이라 풀이에 큰 어려움이 없었을 것이다.
반면 두 번째 유형의 경우는 수리논술 전용 주제인 만큼 대다수의 학생들에게 생소할 것이다.

하지만 이에 대한 풀이법은 그리 어렵지 않다. 아래의 〈TIP〉을 확인해보자.

TIP

| 한 변수를 다른 변수로 정리하기 어려울 때

$\lim_{s \to a} f(s, t)$ 의 값을 구하는 상황에서 다음과 같은 두 가지 방법을 시도할 수 있다.

　　방법 ① : s 가 a 로 갈 때 t 는 어떤 값으로 가는지 확인한 후, 극한을 동시에 처리한다.
　　방법 ② : s 와 t 사이의 관계식을 통해 두 문자를 적당한 꼴로 엮은 후, 그 꼴의 극한값을 구한다.

문제를 풀어가며 상황에 따라 위의 두 방법 중 적절한 것을 선택하면 되겠다.

방법 ①과 방법 ②를 모두 연습해볼 수 있도록 두 가지 예제를 수록해두었다.
두 예제를 풀어가며 본인이 직접 풀이 방법을 채택해보는 연습을 해보면 되겠다.

예제　　　　　　　　　　　　　　　　　　　　　　　　　　　　　　고려대

제시문

　　$s < t$ 인 두 실수 s, t에 대하여 두 점 $A(s, s^2)$과 $B(t, t^2)$은 곡선 $y = x^2$ 위를 움직인다.

제시문에서 두 점 A와 B가 $\overline{AB} = 1$을 만족하며 움직일 때, 선분 AB 와 곡선 $y = x^2$으로 둘러싸인 영역의 넓이를 $F(s)$라 하자. 극한값 $\lim_{s \to \infty} s^3 F(s)$를 구하여라.

연습지

$\overline{AB}^2 = (t-s)^2 + (t^2-s^2)^2 = 1$

$\therefore (t-s)^2\{1+(t+s)^2\} = 1, \ (t-s)^2 = \dfrac{1}{1+(t+s)^2}$

또한 직선 AB의 방정식은

$y = (t+s)(x-s)+s^2 = (t+s)x - st$ 이므로 $F(s) = \displaystyle\int_s^t -(x-s)(x-t)dx = \dfrac{1}{6}(t-s)^3$ 34)

$\therefore \displaystyle\lim_{s\to\infty} s^3 F(s) = \lim_{s\to\infty} \dfrac{s^3(t-s)^3}{6} = \dfrac{1}{6}\lim_{s\to\infty}\{s^2(t-s)^2\}^{\frac{3}{2}} = \dfrac{1}{6}\lim_{s\to\infty}\left\{\dfrac{s^2}{1+(t+s)^2}\right\}^{\frac{3}{2}}$

한편, $s\to\infty$ 일 때 $0 < s < t$ 이므로 $0 < s^2 < t^2$

$\therefore t^2 - s^2 > 0$

$\overline{AB}^2 = (t-s)^2 + (t^2-s^2)^2 = 1$ 에서 $(t^2-s^2)^2 > 0$ 이므로 $(t-s)^2 < 1$

$\therefore t - s < 1 \Rightarrow s < t < s+1$ (s 와 t 사이의 관계식 등장)

양변을 s로 나누면 $1 < \dfrac{t}{s} < 1 + \dfrac{1}{s}$ 이고, (s 와 t 를 적당한 꼴로 엮기)

$\displaystyle\lim_{s\to\infty}\left(1+\dfrac{1}{s}\right) = 1$ 이므로 샌드위치 정리에 의하여 $\displaystyle\lim_{s\to\infty}\dfrac{t}{s} = 1$ 이다.

따라서 구하는 극한값은

$\displaystyle\lim_{s\to\infty} s^3 F(s) = \dfrac{1}{6}\lim_{s\to\infty}\left\{\dfrac{s^2}{1+(t+s)^2}\right\}^{\frac{3}{2}} = \dfrac{1}{6}\lim_{s\to\infty}\left\{\dfrac{1}{\dfrac{1}{s^2}+\left(\dfrac{t}{s}+1\right)^2}\right\}^{\frac{3}{2}} = \dfrac{1}{6}\times\left(\dfrac{1}{2^2}\right)^{\frac{3}{2}} = \dfrac{1}{48}$

[Comment]

s 와 t 사이의 관계식에서 적당한 꼴을 찾는 것이 특히 중요함을 알 수 있다.

즉, 이 문제는 방법 ②를 활용하는 문제다.

예제

연세대

두 예각 θ, α에 대하여 $\tan\alpha = k\times\tan\theta$를 만족시킨다. $\displaystyle\lim_{\theta\to\frac{\pi}{2}-}\dfrac{\dfrac{\pi}{2}-\theta}{\dfrac{\pi}{2}-\alpha}$ 의 값을 구하시오. (단, k는 양수이다.)

연습지

---

34) 문제에서 해당 적분이 차지하는 볼륨이 작기 때문에, 계산을 생략 후 바로 써도 괜찮다.

$\theta \to \dfrac{\pi}{2}-$ 일 때 $\alpha \to \dfrac{\pi}{2}-$ 이므로 $\displaystyle\lim_{\theta \to \frac{\pi}{2}-} \dfrac{\dfrac{\pi}{2}-\theta}{\tan\left(\dfrac{\pi}{2}-\theta\right)} = 1$, $\displaystyle\lim_{\theta \to \frac{\pi}{2}-} \dfrac{\dfrac{\pi}{2}-\alpha}{\tan\left(\dfrac{\pi}{2}-\alpha\right)} = 1$ 이다.

$$\therefore \lim_{\theta \to \frac{\pi}{2}-} \dfrac{\dfrac{\pi}{2}-\theta}{\dfrac{\pi}{2}-\alpha} = \lim_{\theta \to \frac{\pi}{2}-} \dfrac{\dfrac{\dfrac{\pi}{2}-\theta}{\tan\left(\dfrac{\pi}{2}-\theta\right)}}{\dfrac{\dfrac{\pi}{2}-\alpha}{\tan\left(\dfrac{\pi}{2}-\alpha\right)}} \times \dfrac{\tan\left(\dfrac{\pi}{2}-\theta\right)}{\tan\left(\dfrac{\pi}{2}-\alpha\right)} = \lim_{\theta \to \frac{\pi}{2}-} \dfrac{\dfrac{\dfrac{\pi}{2}-\theta}{\tan\left(\dfrac{\pi}{2}-\theta\right)}}{\dfrac{\dfrac{\pi}{2}-\alpha}{\tan\left(\dfrac{\pi}{2}-\alpha\right)}} \times \dfrac{\tan\alpha}{\tan\theta} \text{ (수렴꼴 등장!)}$$

$$= 1 \times k = k$$

[Comment]

이 문제는 방법 ①을 활용하고 있는 문제다. 이와 별개로…

위의 해설에서도 '왠지 이럴 것 같아..!'가 아닌, '확실한 수렴꼴'을 등장시키며 문제를 풀고 있음을 알 수 있다.

극한 문제에서 주어진 식에서 수렴꼴을 드러내는 것이 중요함을 Remind !

4. 극한값 간접 계산 1 : 샌드위치 정리의 기본 (수열, 함수 공용)

┃ 샌드위치 정리란?

$f(x) < h(x) < g(x)$ 관계를 만족시키는 세 연속함수 f, g, h 와 임의의 실수 a에 대하여 다음이 성립한다.

$$\lim_{x \to a} f(x) \le \lim_{x \to a} h(x) \le \lim_{x \to a} g(x)$$

a_n, $f(x)$ 의 범위(= 부등식)를 구하고 샌드위치 정리를 적용하여 정답을 구하는게 일반적 풀이이다.

결국 간접 계산은 위와 같이 부등식과 다른 식[35]을 도입하여 주어진 극한값을 간접적으로 계산하는 것임을 기억하자!

[Comment]

수리논술에서의 샌드위치 정리는 극한 문제의 다수를 차지할 만큼 중요한 내용이므로, 뒤에서 더욱 집중적으로 다룰 예정이다.

따라서 지금은 '샌드위치 정리의 기본과 적용법이 이렇구나~' 정도로 가볍게 읽고 넘어가면 되겠다!

---

35) 뒤에서 다루겠지만, 이 식은 직접 계산이 가능한 식이어야 한다.

a_n 의 범위를 직접 구하는 샌드위치 정리와 약간 다른 간접 계산 방법이다.

그리 자주 사용되는 간접 계산방법은 아니므로, 암기 후 다음 페이지의 예제에 적용해보는 것으로 충분하겠다.

| 수렴 부등식을 활용하는 과정

모든 자연수 n에 대하여

$$|a_{n+1} - L| < c \times |a_n - L|^{36)}$$

을 만족시키는 상수 $0 \le c < 1$ 가 존재할 때 $\lim\limits_{n \to \infty} a_n$의 값을 구하는 방식이다.

위의 부등식에 $n = 1, \ 2, \ \cdots$ 를 대입하면

$$|a_2 - L| < c \times |a_1 - L|$$
$$|a_3 - L| < c \times |a_2 - L|$$
$$\vdots$$
$$|a_n - L| < c \times |a_{n-1} - L|$$

이고, 위의 식을 변변곱 후 정리를 해주면 $|a_n - L| < c^{n-1} \times |a_1 - L|$ 이다. (결국 샌드위치 정리로 귀결!)

양변에 극한을 취하면 $\lim\limits_{n \to \infty} c^{n-1} = 0$ 이므로, $\lim\limits_{n \to \infty} |a_n - L| \le 0$ 에서 $\lim\limits_{n \to \infty} (a_n - L) = 0$, $\lim\limits_{n \to \infty} a_n = L$ 이다.

예제

$a_1 = 4$인 수열 $\{a_n\}$에 대하여 $a_{n+1} = \dfrac{1}{2}\left(a_n + \dfrac{4}{a_n}\right)$이 만족할 때, 다음 물음에 답하시오.

[1] 모든 자연수 n에 대하여 $a_n > 2$임을 보여라.

[2] $a_{n+1} - 2 < \dfrac{1}{2}(a_n - 2)$임을 보여라.

[3] $\lim\limits_{n \to \infty} a_n$의 값을 구하시오.

연습지

---

36) 등호가 포함된 부등식인 $|a_{n+1} - L| \le c \times |a_n - L|$ 을 찾아도 마찬가지 방법으로 풀 수 있다. (등호 여부는 크게 중요치 않음!)

[1]

수학적 귀납법으로 증명하자.

(i) $n = 1$일 때

$a_1 = 4 > 2$이므로 성립한다.

(ii) $n = k$일 때

$a_k > 2$가 성립한다고 가정하면, 산술기하평균부등식에 의하여

$$a_{k+1} = \frac{1}{2}\left(a_k + \frac{4}{a_k}\right) > \sqrt{a_k \times \frac{4}{a_k}} = 2$$

이므로 $n = k + 1$일 때에도 성립한다.

(등호성립조건이 $a_k = \frac{4}{a_k} \Leftrightarrow a_k^2 = 4$인데, $a_k > 2$이므로 등호성립 불가능)

따라서 수학적 귀납법에 의하여 모든 자연수 n에 대하여 $a_n > 2$이다.

[2]

$a_n > 2$가 성립하므로 $a_{n+1} = \frac{1}{2}\left(a_n + \frac{4}{a_n}\right) = \frac{1}{2}a_n + \frac{2}{a_n} < \frac{1}{2}a_n + \frac{2}{2}$이다.

이 부등식에서 양변에 -2를 하면 $a_{n+1} - 2 < \frac{1}{2}(a_n - 2)$임을 알 수 있다.

[3]

앞의 **[1]**에 의하여 $a_n > 2$이고, **[2]**에 의하여 $a_n - 2 < \left(\frac{1}{2}\right)^{n-1}(a_1 - 2)$임을 알 수 있다.

따라서 $0 < a_n - 2 < \left(\frac{1}{2}\right)^{n-1} \times (4 - 2) = \left(\frac{1}{2}\right)^{n-2}$이고, 모든 변에 극한을 취하면 다음과 같다.

$$0 \le \lim_{n \to \infty}(a_n - 2) \le \lim_{n \to \infty}\left(\frac{1}{2}\right)^{n-2} = 0$$

따라서 샌드위치 정리에 의하여 $\lim_{n \to \infty}(a_n - 2) = 0$, $\lim_{n \to \infty}a_n = 2$이다.

Chapter 2. 함수의 극한과 연속

수리논술용 샌드위치 정리

1. 샌드위치 정리의 기본 Remind

| 샌드위치 정리의 기본

$f(x) < h(x) < g(x)$ 관계를 만족시키는 세 연속함수 f, g, h와 임의의 실수 a에 대하여 다음이 성립한다.

$$\lim_{x \to a} f(x) \leq \lim_{x \to a} h(x) \leq \lim_{x \to a} g(x)$$

즉, 부등식과 직접 계산할 수 있는 $f(x)$와 $g(x)$의 극한값을 통해 $h(x)$의 극한값을 간접적으로 구할 수 있다.

예제   평가원

자연수 n에 대하여 직선 $y = n$과 함수 $y = \tan x$의 그래프가 제1사분면에서 만나는 점의 x좌표를 작은 수부터

크기순으로 나열할 때, n번째 수를 a_n이라 하자. $\lim_{n \to \infty} \dfrac{a_n}{n}$의 값을 구하시오.

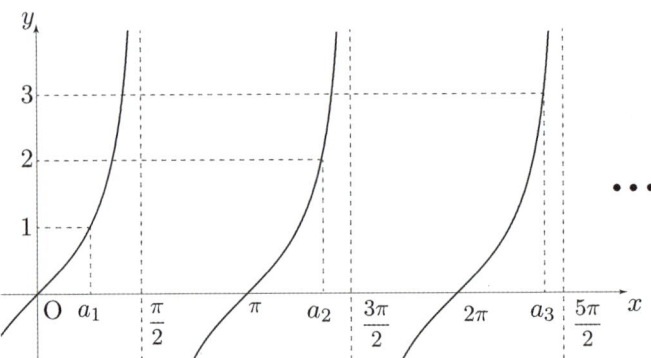

연습지

$0 < a_1 < \pi$, $\pi < a_2 < 2\pi$, $\cdots$, $(n-1)\pi < a_n < n\pi$ 이므로, 샌드위치 정리에 의하여

$$\pi = \lim_{n \to \infty} \frac{(n-1)\pi}{n} \le \lim_{n \to \infty} \frac{a_n}{n} \le \lim_{n \to \infty} \frac{n\pi}{n} = \pi$$

이다. 따라서 $\lim_{n \to \infty} \dfrac{a_n}{n} = \pi$ 이다.

[별해] – a_n 의 식을 직접 구하는 풀이 (참고만 할 것)

$y = \tan x \, (0 < x < \dfrac{\pi}{2})$의 역함수를 $g(x)$ 라 하면,

$$a_n = g(n) + (n-1)\pi, \ 0 < g(x) < \frac{\pi}{2} \ \left(\Rightarrow (n-1)\pi < a_n < \left(n - \frac{1}{2}\right)\pi \ ; \ 샌드위치 \ 정리 \right)$$

가 성립한다. 따라서 $\lim_{n \to \infty} \dfrac{a_n}{n} = \lim_{n \to \infty} \dfrac{g(n) + (n-1)\pi}{n} = \pi$ 이다. ($\because 0 < g(x) < \dfrac{\pi}{2}$ 으로부터 $\lim_{n \to \infty} \dfrac{g(n)}{n} = 0$)

[별해 Comment]

'a_n 의 식을 직접 구할 수 없을 때만 샌드위치 정리를 사용한다!'라고 생각하는 학생들이 있는데... 절대 아니다.
'a_n 의 식을 직접 구할 수 있는가 없는가'는 사실상 샌드위치 정리의 사용과 별 상관이 없다.[37]

이에 대한 내용을 바로 뒷 페이지에서 소개하고 있으니, '어라..?' 싶은 학생들은 잘 학습했으면 한다.

이 예제를 쉽게 풀었더라도, 수리논술의 샌드위치 정리 문제를 조금 풀어본 학생들이라면 여전히 수리논술 샌드위치 정리 문제에 두려움을 가지고 있을텐데, 이유는 대부분 이렇다.

① 이걸 언제 써야하고, 수많은 지식 중 샌드위치 정리를 어떻게 떠올리는데...
② 떠올렸다 쳐도, $f(x) < h(x) < g(x)$ 관계를 만족시키는 f , g , h 를 어떻게 찾는데...

위의 두 가지를 파악하는 것은 오로지 본인의 '수학적 감각'에 달려있다고 믿는 학생들이 꽤 많다.
허나, 이는 잘못된 생각이다.

물론 수리논술 특성상 뜬금포 발상 문제도 존재하긴 하지만, 대부분의 샌드위치 정리 문제는 일종의 Signal이 존재한다.
이번 단원에서는 이런 샌드위치 정리의 Signal과 샌드위치 정리의 접근 태도를 잘 정리해줄테니, 그대로 받아먹기만 하자!

---

37) 당장 **[별해]**만 살펴보아도 $a_n = \tan^{-1} n + (n-1)\pi$ 와 같이 a_n 의 식을 구할 수 있다. 편견을 깨부수자.

2. 샌드위치 정리의 사용 타이밍(= Signal)

수리논술의 샌드위치 정리는 두 가지로 나뉜다.

① a_n 또는 $f(n)$ 의 식을 구하지 못하여, 어쩔 수 없이 범위(= 부등식)으로만 나타내는 경우
② a_n 또는 $f(n)$ 의 식을 구할 수 있지만, 이를 직접 계산으로 처리할 수 없는 경우

①은 문제의 주어진 정보를 잘 정리하다보면 알아서 부등식 형태가 등장하도록 대학이 배려하는 경우가 많기에,
부등식이 눈에 보이는 상황에서 샌드위치 정리를 떠올리는 것은 그리 어렵지 않다.

따라서, 익숙한 상황이 아닌 ②의 상황에서 샌드위치 정리 사용에 좀 익숙해질 필요가 있다. 즉,
a_n 또는 $f(n)$ 의 식이 구해지더라도 극한값이 직접 계산되지 않고 간접 계산될 수 있음을 인지하도록 하자.

3. 샌드위치 정리가 적용되는 부등식 작성

지금까지 샌드위치 정리의 사용 타이밍에 대해서 얘기해 보았다면, 이제부터는 샌드위치 정리의 꽃인 '부등식 작성 방법'에 대하여 얘기해보겠다. 우선, 부등식을 작성할 때 가져야 할 기본 태도인 '부등식 작성 Mind Set'에 대하여 알아보자.

> **| 부등식 작성의 이상적 Mind Set**
>
> $1st.$ 부등식 양 끝의 식의 극한값이 같은 값으로 계산될 수 있는 부등식을 탐색해본다.
> $2nd.$ 부등식의 가운데에 끼울 식에 대한 관찰이 곧, 나머지 양 끝의 식 설정에 대한 Hint이다. (중요)
> $3rd.$ 부등식은 웬만하면[38] 비슷한 형태[39]의 비교를 지향한다.

위와 같은 태도를 앞으로도 잘 숙지해두도록 하자. '지금부터 바로 써먹어야지!'하면 바로 문제에 적용할 수 있는 태도이므로, 이에 대한 설명은 여기서 마치고 본격적으로 '부등식 작성 방법'에 대하여 알아보자.

| 부등식 작성 Mind Set의 $1st.$에 대하여
굳이 '이상적' Mind Set 이라고 이름 붙인 이유는 바로 $1st.$ 때문이다.
사실상 샌드위치 정리를 적용시키기 위한 부등식을 만들어내기도 힘든데, 그 많고 많은 부등식 중 유의미한 결과를 갖는 부등식을 타겟팅하여 쏙 뽑아내는 것이 시험장에서는 대체로 불가능하기 때문이다.

따라서, 여러분은

여러 부등식 작성 방법들을 시도하고, 여러 일단 맞는 부등식을 작성하고, 이 부등식의 범위를 수정해나가는 과정

을 거친 후, 최종적으로 $1st.$를 만족시켜도 좋다. (시행착오를 거치는 것이 나쁜 것은 아니다.)

---

38) 무조건 부등식의 세 가지 식을 같은 형태로 맞추라는 것은 아니다. '이렇게 하면 도움될 때가 많더라~' 정도로 생각하자.
39) Ex : 함수 형태, 넓이(적분) 형태, 함숫값 형태 등

| 본격적인 시작 전 잠깐!

앞으로 나올 예제들을 풀며 지금까지 학습했던 '샌드위치 정리의 사용 타이밍'과 '부등식 작성 Mind Set' 그리고 '부등식 작성 방법'이 문제에 잘 적용되었는지 스스로 확인하며 학습하길 바란다.[40] (체화의 과정이다.)

또한 앞으로 나올 부등식 작성 방법들은 모두 빈출 + 중요도 순서로 배치해두었으니,
문제의 돌파구가 바로 보이지 않는 이상, 실전에서 방법들을 사용할 때 본 교재의 순서대로 시도해보는 것이 좋겠다.

| 부등식 작성 방법 1 : 최대최소 정리를 이용

샌드위치 정리 문제에서 가장 빈출되는 유형임과 동시에 가장 근본적인 유형이라고 말할 수 있겠다.

주어진 식의 일부분(혹은 전체)을 부등식 $m \leq f(x) \leq M$ 로 나타내는 것

이다. 뒤에서 배울 최대최소 정리와 연계되어 등장하기에, 지금 당장은

'간접 계산이 필요할 때 첫 번째 방법으로, 최대최소 정리를 사용해보는 것이 좋다.'

정도로 기억해두어도 충분하다. (사실 이게 근본이자 핵심이긴 하다. 여기에서 여러 상황들이 파생되는 것 뿐!)
뒤에서 수리논술용 최대최소 정리의 활용법을 배우며, 이 방법에서 파생된 여러 상황들을 경험해보도록 하자!

예제   광운대

함수 $f(x) = \dfrac{e^x}{kx^2 + x + 1}$ 에 대하여 다음 물음에 답하시오. (단, $k \geq \dfrac{1}{2}$)

[1] 함수 $f(x)$ 의 극값을 구하시오.

[2] $x > 0$ 에서 함수 $y = \dfrac{e^x}{\dfrac{1}{2}x^2 + x + 1}$ 을 이용하여 $\displaystyle\lim_{x \to \infty} \dfrac{x}{e^x} = 0$ 임을 보이시오.

연습지

---

[40] 수리논술도 충분히 대비가능한 시험임을 알았으면 좋겠다. 절대로 발상 100%의 시험이 아니다..!

[1]

$f(x) = \dfrac{e^x}{kx^2 + x + 1}$, $f'(x) = \dfrac{e^x x(kx - 2k + 1)}{\left(kx^2 + x + 1\right)^2}$ 이다. 다음과 같이 Case 분류하자.

(i) $k = \dfrac{1}{2}$ 인 경우

$\dfrac{2k - 1}{k} = 0$ 이므로 $f'(x) \geq 0$ 이 되어 $f(x)$는 극값을 갖지 않음을 알 수 있다.

(ii) $k > \dfrac{1}{2}$ 인 경우

$\dfrac{2k - 1}{k} > 0$ 이므로 $f(x)$는 $x = 0$ 과 $x = \dfrac{2k - 1}{k}$ 에서 각각 극댓값과 극솟값을 가짐을 알 수 있다.

따라서 극댓값은 $f(0) = 1$, 극솟값은 $f\left(\dfrac{2k - 1}{k}\right) = \dfrac{1}{4k - 1} e^{\frac{2k - 1}{k}}$ 이다.

[2]

함수 $y = \dfrac{e^x}{\dfrac{1}{2}x^2 + x + 1}$ 는 함수 $f(x)$ 에서 $k = \dfrac{1}{2}$ 일 때의 함수이다.

따라서 [1]의 (i)에 의하여 함수 $y = \dfrac{e^x}{\dfrac{1}{2}x^2 + x + 1}$ 는 $x > 0$ 에서 $y' > 0$ 이므로 증가함수이고,

$x = 0$ 일 때의 함숫값이 1 이므로

$$\frac{e^x}{\dfrac{1}{2}x^2 + x + 1} > 1 \;\Rightarrow\; e^x > \frac{1}{2}x^2 + x + 1 > \frac{1}{2}x^2$$

이다. 따라서 $0 < \dfrac{x}{e^x} < \dfrac{2}{x}$ 이므로 $\displaystyle\lim_{x \to \infty} \dfrac{x}{e^x} = 0$ 이다.

[Comment 1]
소문항 [1]과 같이 $f(x)$의 극값에 대한 정보를 문제에서 특별히 언급하지 않았더라도, [2]를 풀 때 $f(x)$의 미분을 통해 증감을 파악한 후 최댓값과 최솟값을 이용하여 스스로 부등식을 제작할 수 있었어야 한다.

[Comment 2]
위의 해설에서 밑줄 친 부분을 잘 기억해두자. 추후 '부등식 증명' 파트에서 핵심이 되는 조작 과정이다.

| 부등식 작성 방법 2 : 기하적 상황을 활용

극한을 보내야 하는 식이 애초에 넓이나 적분값으로 표현되어 있을 때 자주 사용된다. 우선 극한을 보내야하는 식을 도형의 형태 (= 삼각형, 사각형, 사다리꼴 등) 혹은 정적분의 형태(= $\int_a^b f(x)\,dx$)으로 표현하는 것이 필수적이다.

식을 정적분으로 잘 표현했다면, 좌표평면에서 해당 정적분을 넓이로 잘 나타낸 후

이 넓이보다 더 작은 넓이와 더 큰 넓이를 각각 부등식의 양 끝에 설정

하면 된다. 이때 다음과 같은 도형들이 넓이 표현에 종종 사용되곤 하는데, 빈출되는 순으로

① 단순 삼각형, 사각형, 사다리꼴 (수리논술 단골)
② 적분구간 끝($x = a$ 혹은 $x = b$)에서의 접선을 한 선분으로 하는 삼각형, 사다리꼴 (수리논술 뉴메타)
③ 적분구간 내분점 (Ex : $x = \dfrac{a+b}{2}$)에서의 접선을 한 선분으로 하는 삼각형, 사다리꼴 (혹시 모르니 교양으로)

이다. ①은 물론이고, ②를 특히 잘 기억해두도록 하자.

예제

연세대

2 이상의 자연수 α 에 대하여 두 수열 $\{a_n\}$, $\{b_n\}$ 의 일반항이 다음과 같다.

$$a_n = \ln\left(\frac{n+1}{n}\right) - \frac{1}{n+1}, \quad b_n = \frac{1}{1-\alpha}\left(\frac{1}{(n+1)^{\alpha-1}} - \frac{1}{n^{\alpha-1}}\right) - \frac{1}{(n+1)^\alpha}$$

다음 물음에 답하시오.

[1] 다음 수열의 극한값을 구하시오.

$$\left\{n(3n+1)^3 a_n^{\,2}\right\}$$

[2] $\lim\limits_{n \to \infty} n^p b_n = L\,(L \neq 0)$일 때 $p+L$를 α 에 관한 식으로 나타내시오.

연습지

[1]

$a_n = \ln\left(\dfrac{n+1}{n}\right) - \dfrac{1}{n+1} = \ln(n+1) - \ln n - \dfrac{1}{n+1} = \displaystyle\int_n^{n+1}\left(\dfrac{1}{x} - \dfrac{1}{n+1}\right)dx$ 으로 해석하자.[41]

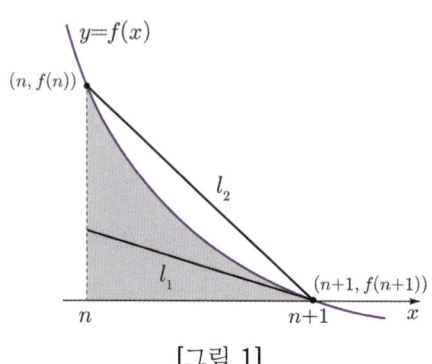

[그림 1]

함수 $f(x) = \dfrac{1}{x} - \dfrac{1}{n+1}$ 의 그래프 위의 점 $(n+1, f(n+1))$ 에서의 접선을 l_1 이라 하고, 두 점 $(n, f(n))$,
$(n+1, f(n+1))$ 을 잇는 직선을 l_2 라 할 때, a_n 은 [그림 1]의 음영된 영역의 넓이를 의미하므로
구간 $[n, n+1]$ 에서 [그림 1]과 같은 위치관계를 확인할 수 있다.

따라서 넓이 관계에 의하여 $\dfrac{1}{2} \times 1 \times \dfrac{1}{(n+1)^2} < a_n < \dfrac{1}{2} \times 1 \times \dfrac{1}{n(n+1)}$ 이다.

위의 내용과 샌드위치 정리에 의해 $\displaystyle\lim_{n\to\infty} n^2 a_n = \dfrac{1}{2}$ 임을 알 수 있다.

따라서 $\displaystyle\lim_{n\to\infty}\left\{n(3n+1)^3 \times (a_n)^2\right\} = \lim_{n\to\infty}\dfrac{n(3n+1)^3}{n^4} \times \lim_{n\to\infty}(n^2 a_n)^2 = \dfrac{27}{4}$ 임을 알 수 있다.

([2]는 다음 페이지에서)

[Comment]

이 문제를 처음 풀 때 'a_n 을 정적분으로 바라보는 생각을 어떻게 해..!'라는 생각을 충분히 할 수 있다.
실제로도 해설의 첫 번째 줄과 같은 아이디어를 떠올려야 하는 매력적인 이유는 존재하지 않는다.

하지만 이런 생각은 딱 지금까지만이다. 이것이 하나의 유형임을 받아들이고, 앞으로 비슷한 문제를 만났을 때

'이 문제도 간접 계산 문제이니, 주어진 식을 정적분으로 바라봐야할지도 몰라..!'

와 같은 생각을 떠올려야 한다. 학습을 한 순간 부터는 본인의 무기로 삼을 수 있어야 한다!

---

41) 보통 피적분함수로 식의 그래프가 그리기 쉽고 증감과 볼록성이 일정한 함수가 자주 등장한다. 무조건 기억해둘 것!

[2]

[1]과 비슷한 방식으로, $b_n = \int_n^{n+1} \left(\left(\frac{1}{x} \right)^\alpha - \left(\frac{1}{n+1} \right)^\alpha \right) dx$로 해석하자.

$\left(\because \int \frac{1}{x^{\alpha-1}} \, dx = \left(\frac{1}{x} \right)^\alpha + c, \ \int_n^{n+1} \left(\frac{1}{n+1} \right)^\alpha dx = \left(\frac{1}{n+1} \right)^{\alpha \ 42)} \right)$

$g(x) = \left(\frac{1}{x} \right)^\alpha - \left(\frac{1}{n+1} \right)^\alpha$ 라 하면, 이 또한 **[1]**과 비슷한 방식으로 접선과 직선 및 곡선 $y = g(x)$ 사이의 위치관계를 확인할 수 있다. 따라서 넓이 관계에 의하여

$$\frac{\alpha}{2} \times \frac{1}{(n+1)^{\alpha+1}} < b_n < \frac{1}{2} \times \frac{(n+1)^\alpha - n^\alpha}{n^\alpha (n+1)^\alpha}$$

가 성립하므로,

$$\frac{\alpha}{2} \times \frac{n^p}{(n+1)^{\alpha+1}} < n^p b_n < \frac{1}{2} \times \frac{n^p \{ (n+1)^\alpha - n^\alpha \}}{n^\alpha (n+1)^\alpha}$$

임을 알 수 있다.

p 의 값을 $\alpha+1$ 과의 대소관계에 따라 Case 분류하여 주어진 극한값을 계산하자.

(i) $p = \alpha + 1$ 일 때

$$\lim_{n \to \infty} \frac{\alpha}{2} \times \frac{n^{\alpha+1}}{(n+1)^{\alpha+1}} = \frac{\alpha}{2} \lim_{n \to \infty} \frac{1}{2} \times \frac{n^{\alpha+1} \{ (n+1)^\alpha - n^\alpha \}}{n^\alpha (n+1)^\alpha} = \lim_{n \to \infty} \frac{1}{2} \times \frac{n^{\alpha+1} \{ \alpha \times n^{\alpha-1} + \cdots + 1^\alpha \}}{n^\alpha (n+1)^\alpha} = \frac{\alpha}{2}$$

이므로 샌드위치 정리에 의하여 $\lim_{n \to \infty} n^{\alpha+1} b_n = \frac{\alpha}{2}$ 이다.

(ii) $p < \alpha + 1$ 일 때

(i)의 결과를 이용하면 $\lim_{n \to \infty} n^p b_n = \lim_{n \to \infty} \frac{n^{\alpha+1} b_n}{n^{\alpha+1-p}} = 0$ 임을 알 수 있다.

(iii) $p > \alpha + 1$ 일 때

(i)의 결과를 이용하면 $\lim_{n \to \infty} n^p b_n = \lim_{n \to \infty} \{ n^{p-(\alpha+1)} \times n^{\alpha+1} b_n \} = \infty$ 임을 알 수 있다.

따라서 $p + L = (\alpha+1) + \frac{\alpha}{2} = \frac{3}{2}\alpha + 1$ 이다.

---

42) $\int_a^b f(x) \, dx = F(b) - F(a)$ 를 바라보면 정적분의 결과는 항상 함숫값의 차로 주어짐을 알 수 있다.

즉, 문제에서 주어진 식을 $F(x)$ 와 거의 비슷한 모양이라 생각하면 $f(x)$ 를 더욱 쉽게 찾을 수 있을 것이다.

| 부등식 작성 방법 3 : 극한을 알 수 없도록 하는 요소를 직접 제거

어떤 식의 극한값을 구할 때, 우리가 배우지 않은 꼴[43])이 등장하여 극한값을 구할 수 없는 경우가 있다고 했다. 이 문제 상황을 해결하는 방법 중 하나로

(문제되는 요소를 제거 $\cap$ 주어진 식과 형태가 유사하지만, 직접 계산이 가능)인 식

을 부등식의 양 끝에 설정하는 방법이 존재한다. 아래의 예제를 풀 때도

'내가 주어진 식의 어떤 요소 때문에 극한값을 직접 계산하지 못하는거지?'

라는 생각을 집중적으로 하며 부등식을 세워보자.

예제 한양대

자연수 n 에 대하여 $d_n = \int_0^1 \left(1 - x^n\right)^{\frac{1}{n}} dx$ 라 할 때, 극한값 $\lim_{n \to \infty} d_n$ 을 구하시오.

연습지

---

43) = 교과서 공식으로 처리가 불가능한 식 = 간접 계산해야하는 식

[Sol 1] 저는 $\left(1-x^n\right)$ 의 지수 $\dfrac{1}{n}$ 때문에 극한이 직접 계산되지 않는 것 같아요!

$0 < \dfrac{1}{n} < 1$ 임과 $0 \le x \le 1$ 임을 잘 떠올리면

$$\left(1-x^n\right)^1 \le \left(1-x^n\right)^{\frac{1}{n}} \le \left(1-x^n\right)^0 \quad \text{(문제 되는 } \tfrac{1}{n} \text{ 부분을 바꾼 식을 양 끝에 설정!)}$$

즉, $\displaystyle\int_0^1 \left(1-x^n\right)^1 dx \le \int_0^1 \left(1-x^n\right)^{\frac{1}{n}} dx \le \int_0^1 \left(1-x^n\right)^0 dx$ 임을 알 수 있다.

$$\therefore \lim_{n \to \infty} \int_0^1 \left(1-x^n\right)^{\frac{1}{n}} dx = 1$$

[Sol 2] 저는 $\dfrac{1}{n}$ 의 밑수 $\left(1-x^n\right)$ 때문에 극한이 직접 계산되지 않는 것 같아요!

$n > 1$ 임과 $0 \le x \le 1$ 임을 잘 떠올리면

$$\left(1-x^1\right)^{\frac{1}{n}} \le \left(1-x^n\right)^{\frac{1}{n}} \le \left(1-0\right)^{\frac{1}{n}} {}^{44)} \quad \text{(문제 되는 } \left(1-x^n\right) \text{ 부분을 바꾼 식을 양 끝에 설정!)}$$

즉, $\displaystyle\int_0^1 \left(1-x^1\right)^{\frac{1}{n}} dx \le \int_0^1 \left(1-x^n\right)^{\frac{1}{n}} dx \le \int_0^1 \left(1-0\right)^{\frac{1}{n}} dx$ 임을 알 수 있다.

$$\therefore \lim_{n \to \infty} \int_0^1 \left(1-x^n\right)^{\frac{1}{n}} dx = 1$$

[Comment 1]
이 유형은 보통 정적분과 연계되어 출제되곤 한다. 잘 기억해두자.

[Comment 2]
위와 같이 식의 일부분을 바꾼 후, 이를 부등식으로 이어주는 과정을 잘 기억해두도록 하자.
이 또한 추후 '부등식 증명' 파트에서 다시 보게될 식 조작 방법이기 때문이다.

참고로 이 문제는 앞에서 배웠던 '부등식 작성 방법 2 : 기하적 상황을 활용'으로도 풀이가 가능하다.
이에 대한 해설을 다음 페이지에 잘 적어두었으니, 위의 방법으로 다시 한번 예제를 풀어보는걸 강요한다. 추천한다.

---

44) 우변의 $\left(1-0\right)^{\frac{1}{n}}$ 을 바로 떠올리는 것이 어려운 학생들은 $\left(1-x^n\right)^{\frac{1}{n}} \le \left(1-x^{n+1}\right)^{\frac{1}{n}} \le \cdots \le \left(1-x^\infty\right)^{\frac{1}{n}}$ 을 생각해보자.

[Sol 3] – 기하적 상황을 활용

$f(x) = \left(1 - x^n\right)^{\frac{1}{n}}$ 이라 하면, $f(x)$는 $0 < x < 1$ 일 때 $f(x) > 0$, $f'(x) < 0$, $f\left(\left(\frac{1}{2}\right)^{\frac{1}{n}}\right) = \left(\frac{1}{2}\right)^{\frac{1}{n}}$ 이다.

또한 $\{f(x)\}^n + x^n = 1$ 로 정리하면, 함수 $f(x)$는 $y = x$ 대칭임을 알 수 있다.

이로부터 함수 $f(x)$를 아래의 [그림 1]과 같이 나타낼 수 있다.

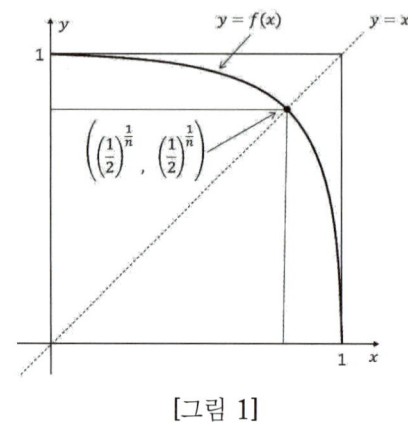

[그림 1]

위의 [그림 1]로부터 다음과 같은 넓이 관계 또한 알 수 있다.

(한 변의 길이가 $\left(\frac{1}{2}\right)^{\frac{1}{n}}$ 인 정사각형) $\leq$ (0부터 1까지 $f(x)$ 의 정적분) $\leq$ (한 변이 길이가 1 인 정사각형)

즉, 다음과 같다.

$$\left(\frac{1}{2}\right)^{\frac{1}{n}} \times \left(\frac{1}{2}\right)^{\frac{1}{n}} \leq \int_0^1 f(x)\,dx \leq 1 \times 1$$

이를 정리하면 $\left(\frac{1}{2}\right)^{\frac{2}{n}} \leq d_n \leq 1$ 이고, $\displaystyle\lim_{n \to \infty} \left(\frac{1}{2}\right)^{\frac{2}{n}} = 1$ 이므로 $\displaystyle\lim_{n \to \infty} d_n = 1$ 임을 알 수 있다.

함수의 연속성

1. 함수의 연속성 기본

연속은 다음 세 조건을 모두 만족시키면 된다.

조건 ① : $f(a)$가 존재한다.

조건 ② : $\lim\limits_{x \to a} f(x)$가 존재한다. ($\lim\limits_{x \to a-} f(x) = \lim\limits_{x \to a+} f(x)$; 극한이 존재할 조건)

조건 ③ : $f(a) = \lim\limits_{x \to a} f(x)$

예제　　　　　　　　　　　　　　　　　　　　　　　　　　　　　　　　서강대

실수 x에 대하여 두 점 $(0,\,1)$, $(x,\,e^x)$ 사이의 거리를 $d(x)$라 하자. 함수

$$f(x) = \begin{cases} \dfrac{d(x)}{x} & (x \neq 0) \\[2mm] \sqrt{2} & (x = 0) \end{cases}$$

의 $x = 0$에서의 연속성을 조사하시오.

연습지

**예제
해설**

우극한을 구하면 $\lim\limits_{x \to 0+} \dfrac{\sqrt{x^2 + (e^x - 1)^2}}{x} = \lim\limits_{x \to 0+} \sqrt{\dfrac{x^2 + (e^x - 1)^2}{x^2}} = \sqrt{2}$ $\left(\because \lim\limits_{x \to 0} \dfrac{e^x - 1}{x} = 1 \right)$

$x = -t$로 치환 후 좌극한을 구하면

$\lim\limits_{x \to 0-} \dfrac{\sqrt{x^2 + (e^x - 1)^2}}{x} = \lim\limits_{t \to 0+} \dfrac{\sqrt{t^2 + (e^{-t} - 1)^2}}{-t} = -\lim\limits_{t \to 0+} \sqrt{1 + \left(\dfrac{e^{-t} - 1}{-t} \right)^2} = -\sqrt{2}$

$\lim\limits_{x \to a} f(x)$가 존재하지 않으므로, $f(x)$는 $x = 0$에서 불연속이다.

2. 함수의 연속성에 대한 증명

수능에서 연속성을 증명[45]하는 문제는 모두 '의심점 단순 대입 계산' 딸깍 문제였다. 하지만 수리논술에서는 그렇지 않은 문제가 훨씬 많기도 하고, 무지성으로 수능의 딸깍 방법을 즐겨 쓰다가는 매우 큰 감점을 당할 것이 뻔하다.

그렇다면 수리논술에서는 연속성에 대한 증명을 어떻게 해야할까? 답은 매우 간단하다.

의심점에서 연속의 정의 세 가지 표현 중 하나를 딸깍 ㅋㅋ

수능에서는 단순 대입을 이용한 딸깍으로 문제를 해결했다면, 수리논술에서는 연속의 정의를 이용한 딸깍으로 문제를 해결하면 된다! 이때, 연속의 정의 세 가지는 다음과 같다.

$$
\text{함수 } f(x) \text{가 } x=a \text{에서 연속이다.} \quad \Leftrightarrow \quad
\begin{cases}
① \ \lim\limits_{x \to a^-} f(x) = f(a) = \lim\limits_{x \to a^+} f(x) \\[2mm]
② \ \lim\limits_{x \to a} f(x) = f(a) \\[2mm]
③ \ \lim\limits_{h \to 0} f(a+h) = f(a)
\end{cases}
\quad \text{中 하나 택}
$$

위의 세 가지 정의식 중 하나를 선택한 후, 답안에서 이를 언급하며 작성하면 끝!

그런데... 왜 굳이 정의식을 세 가지나 알아야 하는걸까? 이에 대한 대답은 다음 예제에 잘 숨겨두었으니, 스스로 문제를 풀어가며 이유를 찾아보자! (미리 답을 해주자면... 당연하게도 셋 다 문제로 나오니까!)

| 연속 / 미분가능 의심점 판단은 가볍게

간혹 연속성과 미분가능성을 판단하는 문제의 답안을 작성할 때,

'이 점은 ~와 같은 이유로 의심점이고, 이 점은 ~와 같은 이유로 당연히 연속/미분가능이고...'

와 같이 어떤 점이 의심점일 수 밖에 없음을 답안 초반부터 장황하게 설명하려는 학생들이 있다.
안타깝게도, 이는 굉장히 어설프고 이득없는 행동을 열심히 하고 있는 것 뿐이다.

따라서 답안에서 연속/미분가능 의심점에 대한 내용을 작성할 때는

'이 점을 제외하면 연속/미분가능이 자명[46]하므로, 이 점에 대해서 연속/미분가능성을 확인하자.'

와 같은 문장 하나로 가볍게 서술 후[47], 오히려 연속/미분가능을 확인하는 과정에 더 힘을 주자.

---

45) 사실 수능 문제는 '증명'이라고 하긴 좀 애매하긴 하다. 거의 모든 문제가 '확인/판단'에 더 가깝다.
46) 채점하시는 분들이 그리 융통성 없지는 않다. 이 텍스트에 대해 '뭐? 자명? 너 감점!!'하지는 않을 것이란 말이다.
47) 가볍게 서술하고 넘어가랬지 생략하라는건 아니다. 완결성 높은 답안을 위해 저거 한 줄 적는 거, 어렵지 않잖아!

실수 전체의 집합에서 정의된 함수 $f(x)$가 다음 두 조건을 만족시킬 때, 다음 두 물음에 답하시오.

(가) 임의의 두 실수 x, y에 대하여 $f(x+y) = f(x) + f(y)$
(나) $x = 1$에서 연속이다.

[1] 함수 $f(x)$는 $x = 0$에서 연속임을 보이시오.

[2] 함수 $f(x)$는 모든 실수 $x = a$에서 연속임을 보이시오.

[1]

(가)의 식에 $y = 1$을 대입 후 $x \to 0$ 극한을 취해주면, $\lim\limits_{x \to 0} f(x+1) = \lim\limits_{x \to 0} f(x) + f(1)$이다.

(나)에 의하여 $\lim\limits_{x \to 0} f(1+x) = f(1)$이므로, $\lim\limits_{x \to 0} f(x) = 0$이다.

한편 (가)의 식에 $x = y = 0$을 대입하면 $f(0) = f(0) + f(0)$이므로, $f(0) = 0$이다.

따라서 $f(0) = 0 = \lim\limits_{x \to 0} f(x)$이므로 함수 $f(x)$는 $x = 0$에서 연속이다.

[2]

(가)의 식에 $y = a$을 대입 후 $x \to 0$ 극한을 취해주면, $\lim\limits_{x \to 0} f(x+a) = \lim\limits_{x \to 0} f(x) + f(a)$이다.

[1]에서 $\lim\limits_{x \to 0} f(x) = 0$임을 알았으므로 $\lim\limits_{x \to 0} f(x+a) = f(a)$이다.

따라서 함수 $f(x)$는 임의의 실수 $x = a$에서 연속이다.

위의 예제로 알 수 있듯이, 하나의 연속성의 정의식에 매몰되지 않고 문제의 상황에 맞춰 유동적으로 정의식을 선택할 수 있어야 한다. 스스로의 시야를 가두고 좁히는 행동은 수학을 학습하는 데에 최악의 자세임을 꼭 명심하자.

최대최소 정리의 기본과 활용

1. 최대최소 정리의 기본

| 최대최소 정리란?

함수 $f(x)$가 닫힌구간 $[a, b]$에서 연속이면 (전제)

함수 $f(x)$는 이 구간에서 반드시 최댓값(M)과 최솟값(m)을 갖는다. (결론)

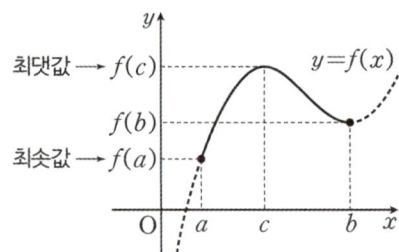

이처럼 정의를 그대로 외우는 것도 좋다. 최대/최소 정리를 모르는 사람을 잘 없을테니,

조금 더 수리논술 지향적인 정의를 외워보자. (해설을 읽다보면 가끔 암살자 마냥 뜬금 등장하는 바로 그 부등식..!)

$$f(x) \text{ 가 연속이면, 부등식 } m \le f(x) \le M \text{을 항상 등장시킬 수 있다.}$$

이때, $f(x)$의 모양에 따라 위의 부등식을 두 가지 관점으로 해석할 수 있겠다.

    ① $f(x)$의 관찰이 쉬운 경우   : 부등식의 제작보다, 우선 m과 M의 값에 집중해야 한다.[48]

    ② $f(x)$의 관찰이 어려운 경우   : m과 M의 값보다, 우선 부등식의 제작에 집중해야 한다.

①의 경우는 이미 수능에서도 많이 접해봤던 만큼, 본인도 모르게 m과 M의 값에 집중하고 있을 것이다.

따라서 우리는 ②의 경우에서 $f(x)$를 해석하는 도구로 '부등식'이 존재함을 인지하는 것이 중요하겠다.

> **TIP**
>
> **| ②의 경우에서 m과 M의 값이 갖는 의미**
>
> ②의 경우의 대부분에서 m과 M의 값은 구할 수도 없고 필요조차 없는 경우가 많다.
>
> 이는 당연한 것이, 애초에 주어진 $f(x)$의 정보를 구하는 것이 어렵기에 부등식의 제작에만 집중할 수 밖에 없다.
>
> 따라서 문제에서 m과 M을 문자 그대로 두는것에 조금의 두려움도 가지지 말자!

---

48) m과 M의 값을 우선적으로 집중해야 한다는 것이지, 부등식의 제작을 무시하라는 것은 아니다. (둘 다 사용됨..!)

2. 수리논술용 최대최소 정리의 활용

❘ 곱함수에서의 최대최소 정리 부분 적용

두 연속함수 $f(x)$, $g(x)$에 대하여 함수 $f(x)$의 최댓값과 최솟값을 각각 M, m이라 하자.
이때, $f(x)$의 최대최소 부등식 $m \leq f(x) \leq M$으로부터 다음 부등식이 등장한다.

$$g(x) > 0 일 때 \quad \rightarrow \quad m \times g(x) \leq f(x)g(x) \leq M \times g(x)$$
$$g(x) < 0 일 때 \quad \rightarrow \quad m \times g(x) \geq f(x)g(x) \geq M \times g(x)$$

이를 통하여 문제의 관점을 원래의 식(= $f(x)g(x)$)에서 다른 식(= 원래의 식의 일부분 = $g(x)$)으로 전환하거나,
해석/사용하기 복잡한 식을 간단하게 m과 M으로 표현하여 해석의 대상에서 제외시킬 수 있다는 장점이 있다.

❘ 정적분 전 피적분함수에서의 최대최소 정리 선(先)적용

연속함수 $f(x)$에 대하여 $f(x)$의 최댓값과 최솟값을 각각 M, m이라 할 때,
다음과 같이 적분 전 피적분함수에 먼저 최대최소 정리를 적용하는 것이 풀이에 유리하다.

$$\text{Ver. ①} : \quad m(b-a) \leq \int_a^b f(x)\,dx \leq M(b-a)$$
$$\text{Ver. ②} : \quad m(h(x) - g(x)) \leq \int_{g(x)}^{h(x)} f(t)\,dt \leq M(h(x) - g(x))$$

위의 방법이 정적분의 결과에 최대최소 정리를 적용할 때보다 부등식의 범위를 더욱 조일 수 있기 때문이다.

> **✓ TIP**
>
> #### ❘ 보다 작은 단위에서 최대최소 정리를 사용해볼 것
>
> 어떤 식에 최대최소 정리를 적용했을 때 별다른 소득이 없다면, 다음과 같은 두 가지 경우를 고려해야한다.
>
> ① 애초에 최대최소 정리가 의미있게 사용되는 상황이 아닌 경우
>
> ② 최대최소 정리를 너무 큰 단위에서 사용하였기에,
>   부등식의 범위가 너무 넓어 이로부터 유의미한 정보가 등장하지 않는 경우
>
> ②의 경우, 위에서 배운 활용법을 떠올리며 보다 작은 단위에서 최대최소 정리를 사용해봐야한다.

[Comment]

위의 내용들은 적분 뿐 아니라 특히 샌드위치 정리의 '부등식 작성 방법 1'에서도 자주 등장함을 기억해두면 좋겠다.[49]
두 방법 모두 샌드위치 정리에서의 부등식의 범위를 더욱 조일 수 있다는 장점을 갖고 있기 때문이다.

---

49) 앞에서 이미 말했던 내용이다. '부등식 작성 방법 1'의 경우 최대최소 정리의 여러 가지 활용법들과 연계되며 출제된다.

임의의 자연수 k에 대하여 $\displaystyle\lim_{x \to 0+} \int_x^{3x} \frac{(\sin t)^k}{t^{k+1}}\, dt$ 의 값을 구하시오.

(단, $0 < x < \dfrac{\pi}{2}$ 일 때 $\sin x < x < \tan x$ 이 성립한다.)

연습지

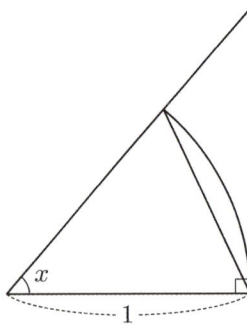

TIP

| $0 < x < \dfrac{\pi}{2}$ **에서의** $\sin x$, x, $\tan x$ **의 대소비교**

마침 문제로 나와서 적어두는데, 적어도 수리논술을 배우는 학생이라면 다음은 필수 교양으로 알고 있도록 하자.

이등변 삼각형 넓이 < 부채꼴 넓이 < 직각 삼각형 넓이

$$\frac{1}{2}\sin x < \frac{1}{2}x < \frac{1}{2}\tan x \text{ [50]} \text{ (단, } 0 < x < \frac{\pi}{2} \text{)}$$

---

50) 이를 통하여 부등식 $\cos x < \dfrac{\sin x}{x} < 1$ 이 성립한다는 것도 알 수 있다.

$0 < x < \dfrac{\pi}{2}$ 일 때 $\dfrac{1}{\tan x} < \dfrac{1}{x} < \dfrac{1}{\sin x}$ 이므로

$$\dfrac{\cos x}{\sin x} < \dfrac{1}{x} \;\Rightarrow\; x\cos x - \sin x < 0$$

이다. 따라서 $f(x) = \dfrac{\sin x}{x}$ 라 하면

$$f'(x) = \dfrac{x\cos x - \sin x}{x^2} < 0$$

이 성립하여 $f(x)$ 는 열린구간 $\left(0,\ \dfrac{\pi}{2}\right)$ 에서 감소한다.

이로부터 열린구간 $\left(0,\ \dfrac{\pi}{2}\right)$ 에서 $f(x) < 1$ 이고, $\displaystyle\lim_{x \to 0+} f(x) = 1$ 이다.

x 와 $3x$ 가 모두 열린구간 $\left(0,\ \dfrac{\pi}{2}\right)$ 에 포함된다고 하자. (= x 가 열린구간 $\left(0,\ \dfrac{\pi}{6}\right)$ 에 포함)

$f(t) = \dfrac{\sin t}{t}$ 가 열린구간 $\left(0,\ \dfrac{\pi}{2}\right)$ 에서 감소함은 위에서 보였으므로, $x \le t \le 3x$ 인 임의의 t 에 대하여

$$\dfrac{\sin 3x}{3x} \le \dfrac{\sin t}{t} \le \dfrac{\sin x}{x} < 1 \quad \text{(적분 전 최대최소 정리 선적용)}$$

이 성립한다. 따라서

$$\left(\dfrac{\sin 3x}{3x}\right)^k \times \dfrac{1}{t} \le \left(\dfrac{\sin t}{t}\right)^k \times \dfrac{1}{t} < (1)^k \times \dfrac{1}{t} \quad \text{($f(x)g(x)$ 의 일부분인 $f(x)$ 에 최대최소 정리 적용)}$$

이 성립함을 알 수 있다.

위의 부등식의 모든 변에 $\displaystyle\int_x^{3x}$ 를 취한 후 극한 $\displaystyle\lim_{x \to 0+}$ 을 보내면 $\displaystyle\lim_{x \to 0+} \left(\dfrac{\sin 3x}{3x}\right)^k = 1$ 이고

$\displaystyle\lim_{x \to 0+} \int_x^{3x} \dfrac{1}{t}\,dt = \ln 3$ 이므로 샌드위치 정리에 의하여 $\displaystyle\lim_{x \to 0+} \int_x^{3x} \dfrac{\sin^k t}{t^{k+1}}\,dt = \ln 3$ 임을 알 수 있다.

[Comment]

만약 본인이 $\dfrac{\sin t}{t}$ 가 아닌 $\dfrac{\sin^k t}{t^{k+1}}$ 에 최대최소 정리를 사용했다면, 이에 대한 결과를 보자마자 바로

'문제 푸는데 별 도움이 안되네... 더 작은 단위에서 최대최소 정리를 사용해야하나?'라는 생각을 했어야 한다.

| 최대최소 정리의 특이한 활용

앞에서 소개한 활용법과 별개로, 고교과정에서 증명은 불가능하지만 최댓값과 최솟값이 존재함을 매우 특이하게 쓰는 경우가 있다. 아래의 예제를 통해 이 활용법에 대한 예방주사를 맞아보자. (경험 늘리기)

제시문

(가) 함수 $f(x)$가 $x = a$를 포함하는 어떤 열린 구간에 속하는 모든 x에 대하여 $f(x) \leq f(a)$이면 $f(x)$는 $x = a$에서 극댓값을 가진다고 한다. 또한, $x = a$를 포함하는 어떤 열린 구간에 속하는 모든 x에 대하여 $f(x) \geq f(a)$이면 $f(x)$는 $x = a$에서 극솟값을 가진다고 한다. 극댓값과 극솟값을 통틀어 극값이라고 한다.

(나) 함수 $f(x)$가 닫힌 구간 $[a, b]$에서 연속이면 $f(x)$는 $[a, b]$에서 최댓값과 최솟값을 가진다.

실수 전체의 집합에서 정의된 함수

$$f(x) = \begin{cases} \sqrt{|x|}\,(e^x - 1)\cos \dfrac{1}{x} & (x \neq 0) \\ \\ 0 & (x = 0) \end{cases}$$

와 모든 자연수 n에 대하여 함수 $f(x)$가 열린 구간 $\left(\dfrac{2}{(2n+1)\pi},\ \dfrac{2}{\pi} \right)$에 속하는 적어도 n개의 점에서 극값을 가짐을 보여라.

연습지

(ⅰ) $n = 1$ 인 경우

함수 $f(x)$가 닫힌구간 $\left[\dfrac{2}{3\pi}, \dfrac{2}{\pi}\right]$에서 연속이므로, 최대최소 정리에 의하여 $\left[\dfrac{2}{3\pi}, \dfrac{2}{\pi}\right]$에서 최댓값과 최솟값을

가진다. 그런데, 구간의 양 끝점에서 함숫값이 $f\left(\dfrac{2}{3\pi}\right) = 0 = f\left(\dfrac{2}{\pi}\right)$로 같고 이 구간에서 $f(x) < 0$이므로,

열린구간 $\left(\dfrac{2}{3\pi}, \dfrac{2}{\pi}\right)$에 속하는 어떤 $x = c$에서 최솟값을 갖는다. 따라서, $f(x)$는 $x = c$에서 극값을 가진다.

따라서 함수 $f(x)$는 열린구간 $\left(\dfrac{2}{3\pi}, \dfrac{2}{\pi}\right)$의 적어도 한 점에서 극값을 가진다.

(ⅱ) $n = 2$ 인 경우

(ⅰ)에 의하여, 함수 $f(x)$는 열린구간 $\left(\dfrac{2}{3\pi}, \dfrac{2}{\pi}\right)$의 적어도 한 점에서 극값을 가진다. 또한 함수 $f(x)$가 닫힌구간

$\left[\dfrac{2}{5\pi}, \dfrac{2}{3\pi}\right]$에서 연속이므로, 최대최소 정리에 의하여 $\left[\dfrac{2}{5\pi}, \dfrac{2}{3\pi}\right]$에서 최댓값과 최솟값을 가진다. 그런데, 구간의

양 끝점에서 함숫값이 $f\left(\dfrac{2}{5\pi}\right) = 0 = f\left(\dfrac{2}{3\pi}\right)$로 같고 이 구간에서 $f(x) > 0$이므로, 열린구간 $\left(\dfrac{2}{5\pi}, \dfrac{2}{3\pi}\right)$에 속하는

어떤 $x = c$ 에서 최댓값을 갖는다. 따라서 $f(x)$는 $x = c$에서 극값을 가진다.

따라서 함수 $f(x)$는 열린구간 $\left(\dfrac{2}{5\pi}, \dfrac{2}{3\pi}\right)$의 적어도 한 점에서 극값을 가지며,

함수 $f(x)$는 구간 $\left(\dfrac{2}{5\pi}, \dfrac{2}{\pi}\right)$의 적어도 두 점에서 극값을 가진다.

위 과정을 반복하면, 함수 $f(x)$는 각 구간 $\left(\dfrac{2}{(2n+1)\pi}, \dfrac{2}{(2n-1)\pi}\right)$, $\cdots$, $\left(\dfrac{2}{5\pi}, \dfrac{2}{3\pi}\right)$, $\left(\dfrac{2}{3\pi}, \dfrac{2}{\pi}\right)$에서 적어도

하나의 극점씩을 가지므로, 열린구간 $\left(\dfrac{2}{(2n+1)\pi}, \dfrac{2}{\pi}\right)$에서 적어도 n개의 점에서 극값을 가진다.

대부분의 학생들이 '극값이기 위해선 $f'(x) = 0$이어야 함'에 익숙해져있기 때문에,
$f\left(\dfrac{2}{(2k+1)\pi}\right) = 0$, $f\left(\dfrac{2}{(2k-1)\pi}\right) = 0$ 임을 이용하여 롤의 정리를 통한 접근을 시도했을 가능성이 매우 높다.

하지만 롤의 정리만으로는 $f'(x) = 0$인 x에서 이 함수가 극값을 가짐을 보여낼 수 없다.
(논리가 보충되려면 x 좌우에서 f'의 부호변화가 있다던지 f''의 부호 관찰 등의 추가 논의가 필요하다.)

따라서 진짜 극값의 정의인 제시문 (가)와 이 문제의 킬링포인트인 최대최소정리를 첨가해야 완벽한 논리가 완성됨을 위의
해설을 통해 확인해볼 수 있었다.

Chapter 2. 함수의 극한과 연속

사잇값 정리와 활용

1. 사잇값 정리의 기본

사잇값 정리는 두 가지 버전이 있다. 사실 똑같은 말이긴 하지만, 문제에 따라 편한 버전으로 쓰면 된다.

사잇값 정리 Ver. ①
함수 $f(x)$가 닫힌구간 $[a, b]$에서 연속이고 $f(a) \neq f(b)$이면, (전제)
$f(c) = k$인 c가 열린구간 (a, b)에 적어도 하나 존재한다. (k는 $f(a)$와 $f(b)$ 사이의 임의의 값) (결론)

예제

연속함수 $f(x)$의 구간 $[0, 1]$에서의 최댓값과 최솟값을 각각 M, m이라 할 때, $M + m = 1$이 성립한다.
이 때, $0 \leq a \leq 1$이 되는 a에 대하여 $f(a) + f(b) = 1$를 만족시키는 b가 구간 $(0, 1)$에 적어도 하나 존재함을 증명하여라. (단, $m < \dfrac{1}{2}$이다.)

연습지

예제 해설

$m \leq f(a) \leq M \Leftrightarrow -M \leq -f(a) \leq -m \Leftrightarrow 1 - M \leq 1 - f(a) \leq 1 - m$ 이다.
한편 $1 = M + m$ 이므로 $1 - M = m$, $1 - m + M$ 이다. 즉, $m \leq 1 - f(a) \leq M$ 임을 알 수 있다.

따라서 $k = 1 - f(a)$는 연속함수 $f(x)$의 최솟값과 최댓값 사이의 값이므로,
사잇값 정리에 의하여 $f(b) = k(= 1 - f(a))$를 만족시키는 $x = b$가 구간 $[0, 1]$에 적어도 하나 존재한다.

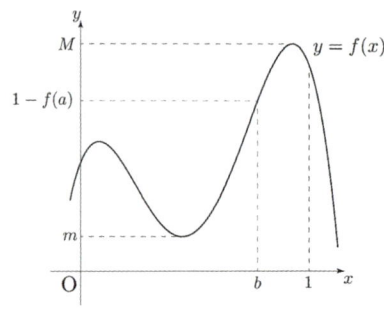

따라서 $f(a) + f(b) = 1$를 만족시키는 b가 구간 $(0, 1)$에 적어도 하나 존재한다.

| 사잇값 정리 Ver. ②

함수 $f(x)$가 닫힌구간 $[a, b]$에서 연속이고 $f(a)f(b) < 0$이면, (전제)

$f(c) = 0$인 c가 열린구간 (a, b)에 적어도 하나 존재한다. (결론)

예제

$\lim\limits_{x \to 2} \dfrac{f(x)}{x-2} = 4$, $\lim\limits_{x \to 4} \dfrac{f(x)}{x-4} = 2$를 만족시키고 최고차항의 계수가 음수인 오차함수 $f(x)$에 대하여

방정식 $f(x) = 0$의 실근의 개수를 논하시오.

연습지

예제 해설

최고차항의 계수가 음수인 삼차함수 $g(x)$에 대하여 $f(x) = (x-2)(x-4)g(x)$라 하면

$\lim\limits_{x \to 2} \dfrac{f(x)}{x-2} = 4$로부터 $\lim\limits_{x \to 2} g(x) = -2$이고, $\lim\limits_{x \to 4} \dfrac{f(x)}{x-4} = 2$로부터 $\lim\limits_{x \to 4} g(x) = 1$이다.

한편, 최고차항의 계수가 음수이므로 $\lim\limits_{x \to -\infty} g(x) = \infty$, $\lim\limits_{x \to \infty} g(x) = -\infty$이므로

$\lim\limits_{x \to -\infty} g(x) \times \lim\limits_{x \to 2} g(x) < 0$, $\lim\limits_{x \to 2} g(x) \times \lim\limits_{x \to 4} g(x) < 0$, $\lim\limits_{x \to 4} g(x) \times \lim\limits_{x \to \infty} g(x) < 0$이다.

따라서 세 구간 $(-\infty, 2)$, $(2, 4)$, $(4, \infty)$에서 각각 $g(x) = 0$의 실근이 적어도 하나씩 존재하므로

$g(x) = 0$의 실근은 적어도 3개 이상이다.

또한 $g(x) = 0$은 삼차방정식이므로 실근은 3개 이하이다.

이 두 사실로부터 방정식 $g(x) = 0$의 실근은 정확히 3개임을 알 수 있다.

따라서 $f(x) = 0$의 실근은 $x = 2, 4$를 포함하여 총 5개이다.

[Comment]

참고로 함숫값의 곱의 부호로 사잇값 정리를 적용하는게 일반적이지만, 극한값의 곱의 부호로 적용시켜도 무방하다.

(어차피 함수가 연속인 구간에서 적용시키는 정리니까)

2. 사잇값 정리의 잘못된 활용

사잇값 정리 Ver. ②를 변형하여 사용하면서 생기는 $1st$ 오개념이 있는데, 다음과 같다.

함수 $f(x)$가 닫힌구간 $[a, b]$에서 연속이고 $f(a)f(b) > 0$이면, (전제)
$f(c) = 0$인 c가 열린구간 (a, b)에 존재하지 않는다. (결론)

아래 예제를 풀면서 오개념을 적용 중인지 확인해 보자.

예제

$f(x) = x^3 - 3x - 1$에 대하여 구간 $(-1, 2)$에서의 방정식 $f(x) = 0$의 실근 존재성을 사잇값 정리를 이용하여 논하시오.

연습지

예제 해설

'$f(-1) = 1$, $f(2) = 1$ 이니까 부호가 똑같네~ 그럼 구간 $(-1, 2)$에서 $f(x) = 0$의 실근이 없겠어!'
라고 푸는 것이 $1st$ 오개념에 해당한다.

$f(0) = -1$이므로 $f(-1) \times f(0) < 0$, $f(0) \times f(2) < 0$ 이고,
사잇값 정리에 의하여 구간 $(-1, 0)$, $(0, 2)$ 사이에 $f(x) = 0$의 실근이 적어도 각각 하나씩 존재한다.

이러한 오개념을 피하기 위해선 다음과 같은 Algorithm을 따르는 것이 좋다.

✓ TIP

| 방정식 $f(x) = 0$ 의 실근 존재 여부를 사잇값 정리를 통해 보이는 Algorithm

① $f(a)f(b) < 0$이면?
사잇값 정리를 적용하여 방정식 $f(x) = 0$ 근이 구간 (a, b) 사이에 존재함을 보인다.

② $f(a)f(b) > 0$이면?
구간을 적절히 재설정하여 사잇값 정리를 재적용시켜준다.
만약 사잇값 정리가 적용되는 구간을 못 찾겠다면, 사잇값 정리가 아닌 완전히 다른 방식으로 푼다.
이때, 구간을 적절히 재설정하지 못해서 증명을 못했을 수도 있음을 인지할 수 있도록 하자.

또다른 $2nd$ 오개념은 다음과 같다.

연속함수 $f(x)$에 대하여 $f(c) = 0$인 c가 열린구간 (a, b)에 적어도 하나 존재하면, (전제)
$$f(a)f(b) < 0 \text{ 이다. (결론)}$$

이 역시 잘못된 활용이다. 아래 예제를 풀면서 오개념을 적용 중인지 확인해 보자.

예제

함수 $f(x) = x^2 - 8x + a$에 대하여 함수 $g(x)$를

$$g(x) = \begin{cases} 2x + 5a & (x \geq a) \\ f(x+4) & (x < a) \end{cases}$$

라 할 때, 다음 조건을 만족시키는 ~~모든 실수 a의 값의 곱을 구하시오.~~
(아래 Box의 (가)조건을 어떻게 해석할지만 생각해봅시다.)

┌───┐
│ (가) 방정식 $f(x) = 0$의 열린구간 $(0, 2)$에서 적어도 하나의 실근을 갖는다. │
│ ~~(나) 함수 $f(x)g(x)$는 $x = a$에서 연속이다.~~ │
└───┘

예제 해설

(가)를 읽고 $f(0) \times f(2) < 0$으로 바로 해석해선 안된다. 아래 그림 같은 케이스가 있을 수 있다.

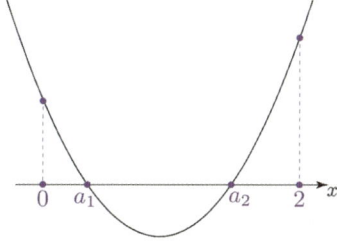

따라서

$$\text{Case 1} : f(0) > 0 \text{ and } f(2) > 0$$
$$\text{Case 2} : f(0) \times f(2) < 0$$

인 케이스로 나눠서 풀어줘야 한다.[51]

물론 문제를 다 풀고 나면 결론적으로 혹은 우연적으로 $f(0) \times f(2) < 0$가 정답케이스일 순 있다.
하지만 처음부터 이 조건을 확정하면 안된다는 뜻이다. (이후 해설 생략)

---

51) 당연히 일반적인 문제에선 $f(0) < 0$ and $f(2) < 0$인 케이스도 다뤄야하지만, 이차함수인 $f(x)$ 특성상 이런 케이스는 (가)조건을 만족못시키기 때문에 생략한 것이다.

3. 사잇값정리 심화 활용

| $f(x) = 0$ 의 실근이 적어도 m 개 이상임을 보이는 문제

주어진 구간을 m개로 잘 나누어 사잇값 정리를 각각 적용시킨다.

이때, 사잇값 정리에 의하여 $f(x) = 0$인 실근이 각 구간(= m 개의 구간)에서 적어도 한 개씩 존재한다. 즉,

'사잇값 정리가 먹히는 구간 m개를 합치면, 적어도 m개의 실근이 있다고 할 수 있겠다.'

라는 논리가 Key Point 이다.

 **TIP**

| 실근이 적어도 m 개 이상임을 보이는 과정

① 이 m개의 구간들은 사잇값 정리가 적용되는 열린구간으로 잡아준다.
② 이 m개의 구간들은 겹치는 구간이 없도록 잡아준다.
③ 만약 근의 개수가 부족하다면, 사잇값 정리가 적용되는 구간이더라도 더 잘게 쪼개볼 생각을 하자.

| 실근이 정확히 m 개임을 보이는 문제

위의 방법으로 실근이 적어도 m개 이상임을 먼저 보인다.

이후, 이에 추가하여 실근이 많아야 m개라는 것을 증명해주면 실근이 정확히 m개임을 보일 수 있다. 즉,

'm개 이상이어야 하고, m개 이하여야 하니까... 결국 m개일 수 밖에 없다!'

라는 논리가 Key Point 이다.

TIP

| 실근이 많아야 m 개임을 보이는 대표적인 방법

실근이 많아야 m개라는 것을 보이는 방법들이 너무 많아서 본 교재에서 전부 다룰 순 없다.
따라서 당장은 아래의 대표적인 방법들만 기억해둬도 충분하다.

① 귀류법
근이 $(m + 1)$개 이상 존재한다고 가정 후에 모순을 보이는 방법

② 증가/감소 조사
사잇값 정리가 적용되도록 나눈 구간 각각에서 증가/감소 경향성이 유지가 될 때 (다음 페이지 예제 참고)

③ 다항방정식 한정 방법
m차 방정식의 근은 항상 m개이며, 이 중 실근은 항상 m개 이하(대수학의 기본정리)임을 활용한다.
예를 들어, 삼차방정식 $f(x) = 0$의 근은 항상 3개이고 그 구성은 실근 3개거나 실근/허근 각각 1, 2개이므로
실근은 3개 이하이다.

자연수 n에 대하여 방정식 $\dfrac{1}{x-1} + \dfrac{1}{x-2} + \cdots + \dfrac{1}{x-n} = 0$ 의 실근의 개수는 $n-1$ 임을 보이시오.

$f(x) = \dfrac{1}{x-1} + \dfrac{1}{x-2} + \cdots + \dfrac{1}{x-n}$ 에 대하여 $x < 1$일 때 $f(x) < 0$, $x > n$일 때 $f(x) > 0$이다.

또한 구간 $(1, 2)$에서 연속인 함수이고 $\displaystyle\lim_{x \to 1+} f(x) = \infty$, $\displaystyle\lim_{x \to 2-} f(x) = -\infty$ 이므로 사잇값 정리에 의하여 $f(x) = 0$인 x가 구간 $(1, 2)$에 적어도 하나 존재한다.

마찬가지 방법으로 구간 $(2, 3)$, $(3, 4)$, $\cdots$, $(n-1, n)$에서 각각 $f(x) = 0$인 x가 적어도 하나씩 존재하므로 $f(x) = 0$의 실근은 적어도 $(n-1)$개 존재한다. $\cdots\cdots$ ①

$\dfrac{1}{x-1} + \dfrac{1}{x-2} + \cdots + \dfrac{1}{x-n}$ 을 통분하면 분자에 $(n-1)$차 함수인 $g(x)$가 만들어진다. (단, $x = 1, 2, \cdots, n$ 일 때 $g(x) \neq 0$)

따라서 방정식 $\dfrac{1}{x-1} + \dfrac{1}{x-2} + \cdots + \dfrac{1}{x-n} = 0$ 의 실근은 많아야 $(n-1)$개 이하이다. $\cdots\cdots$ ②

종합하면 ①, ②에 의하여 $\dfrac{1}{x-1} + \dfrac{1}{x-2} + \cdots + \dfrac{1}{x-n} = 0$ 의 실근은 정확히 $(n-1)$개이다.

[Comment]

각 구간 $(1, 2)$, $(2, 3)$, $(3, 4)$, $\cdots$, $(n-1, n)$에서 $f'(x) = -\left\{ \dfrac{1}{(x-1)^2} + \cdots + \dfrac{1}{(x-n)^2} \right\} < 0$

(단, $x \neq 1, 2, \cdots, n$)로부터 미분가능한 구간에서는 $f(x)$가 감소함수임과 $f(x)$의 점근선을 포함한 개형을 잘 섞어 설명하면 ②의 사실을 대체설명할 수 있다.

│ 부분적으로 사잇값 정리가 등장하는 문제

대부분의 사잇값 정리 문제는 발문에서 '존재성' 혹은 '근의 개수'에 대한 언급이 존재한다.

하지만 가끔씩 이런 키워드에 대한 언급 없이 사잇값 정리가 사용되는 문제가 등장한다.[52]

보통 문제의 Main이 사잇값 정리였던 앞의 예제들과 다르게, 풀이의 논리를 뒷받침하기 위해 사잇값 정리가 부분적으로 쓰이는 문제인데, 아래의 예제로 확인해보자.

예제 　　　　　　　　　　　　　　　　　　　　　　　　　　　　　　　 인하대 메디컬

제시문 일부

(가) 함수 $f(x)$ 가 구간 $[a, b]$ 에서 연속이고 $f(a) \neq f(b)$ 이면 $f(a)$ 와 $f(b)$ 사이의 임의의 값 k 에 대하여

$$f(x) = k \ (a < c < b)$$

인 c 가 적어도 하나 존재한다.

상수 $a \ (a > 0)$ 와 함수 $f(x) = x^2(x+a)$ 에 대하여 실수 전체의 집합에서 미분가능한 함수 $g(x)$ 가 $g'(-1) > 0$ 이고, 모든 실수 x 에 대하여 $f(g(x)) = x^2(x+3)^2 e^x$ 을 만족시킨다.

[1] 상수 a 의 값을 구하시오.

[2] $g(0)$ 의 값을 구하시오.

연습지

---

52) 물론 이런 경우는 대부분 제시문에 사잇값 정리가 있을 것이다.

[1]

합성함수 미분법에 의해 $f'(g(-1))g'(-1)=0$ 이고 $g'(-1)>0$ 이므로 $f'(g(-1))=0$ 이다.

또한 $f'(x)=x(3x+2a)$ 이므로, $g(-1)=0$ 이거나 $g(-1)=-\dfrac{2a}{3}$ 이다.

하지만 $f(g(-1))=4e^{-1}$ 이므로 $g(-1)\neq 0$ 이다.

따라서 $g(-1)=-\dfrac{2a}{3}$ 이고 $\dfrac{4}{27}a^3=f(g(-1))=4e^{-1}$ 이므로 $a=3e^{-\frac{1}{3}}$ 이다.

[2]

$e^a(a+3)^2>a$ 이므로 $f(g(a))=e^a a^2(a+3)^2>a^3>\dfrac{4a^3}{27}$ 이다.

함수 f 의 극댓값이 $\dfrac{4a^3}{27}$ 이므로 $g(a)$ 는 유일하게 결정되고, $g(a)>0$ 이다.

또한 $f(g(0))=0$ 이므로 $g(0)=0$ 이거나 $g(0)=-a$ 이다.

만약 $g(0)=-a<0$ 이면 사잇값정리에 의해 $g(s)=0$ 인 s 가 0 과 a 사이에 존재한다.

그러면 $0=f(g(s))=e^s s^2(s+3)^2>0$ 이므로 모순이다.[53] 따라서 $g(0)=0$ 이다.

[참고]

문제의 미분가능한 함수 g 는 존재한다. 함수 f_1, f_2, f_3 을 다음과 같이 정의한다.

$$f_1(x)=x^2\!\left(x+3e^{-\frac{1}{3}}\right)\ \left(x<-2e^{-\frac{1}{3}}\right)$$

$$f_2(x)=x^2\!\left(x+3e^{-\frac{1}{3}}\right)\ \left(-2e^{-\frac{1}{3}}\leq x<0\right)$$

$$f_3(x)=x^2\!\left(x+3e^{-\frac{1}{3}}\right)\ (x\geq 0)$$

함수 $h(x)=x^2(x+3)^2 e^x$ 에 대하여

$$g(x)=\begin{cases} f_1^{-1}(h(x)) & (x<-1) \\ f_2^{-1}(h(x)) & (-1\leq x<0) \\ f_3^{-1}(h(x)) & (x\geq 0) \end{cases}$$

로 두면 함수 g 는 문제의 조건을 만족한다.

---

53) 수능 수2 그래프 추론문제에서 흔히 등장하는 귀류법(= Case 분류 후, 모순을 통한 Case 삭제)과 비슷하다.

실전 논제 풀어보기

제시문

(가) 두 함수 $f(x) = x^2 + 2nx + 1$ 과 $g(x) = ke^x$ 에 대하여 점 A 와 직선 l 은 다음을 만족한다. (단, n 은 1 보다 큰 자연수, k 는 0 보다 작은 상수)

두 곡선 $y = f(x)$ 와 $y = g(x)$ 는 한 점 A 에서 만나고 점 A 에서 공통인 접선 l 을 가진다.

(나) 제시문 (가)의 직선 l 이 x 축, y 축과 만나는 점을 각각 B, C 라 하자.

(다) 제시문 (가)의 점 A 를 지나고 직선 l 에 수직인 직선 m 이 x 축과 만나는 점을 D 라 하자.

(라) 제시문 (가), (나), (다)의 점 A, B, C, D 에 대하여 삼각형 OBC 와 삼각형 ABD 의 넓이를 각각 a_n, b_n 이라 하자. (단, O 는 원점이다.)

제시문 (라)의 a_n, b_n 에 대하여 $\displaystyle\lim_{n \to \infty} \frac{a_n - b_n}{n^2}$ 의 값을 구하고 그 근거를 논술하시오.

연습지

제시문 일부

(가) $x = a$에서 $x = b$까지의 곡선 $y = f(x)$의 길이 l은 다음과 같다.

$$l = \int_a^b \sqrt{1 + \{f'(x)\}^2}\, dx$$

양의 실수 전체의 집합에서 정의된 미분가능한 함수 $p(t)$가 다음 조건을 만족시킨다.

(i) $t < p(t)$

(ii) $x = t$에서 $x = p(t)$까지의 곡선 $y = x^2$의 길이는 1이다.

다음 물음에 답하시오.

[1] $\lim\limits_{t \to \infty} \{p(t) - t\} = 0$임을 보이시오.

[2] $\lim\limits_{t \to \infty} t\{p(t) - t\}$의 값을 구하시오.

[3] $\lim\limits_{t \to \infty} t^2\{1 - (p'(t))^2\}$의 값을 구하시오.

연습지

점 $A\left(a, \dfrac{1}{a}\right)(a > 0)$ 을 지나고 기울기가 음수인 직선이 곡선 $y = \dfrac{1}{x}$ 과 접하지 않는다. 이 직선이 y 축과 만나는 점을 P , x 축과 만나는 점을 Q , 곡선 $y = \dfrac{1}{x}$ 과 만나는 점 중 A 가 아닌 점을 B 라 하고, 원점을 O 라 하자. $\overline{AB} = 1$ 일 때, 삼각형 OPQ 의 넓이 $S(a)$ 에 대하여 $\displaystyle\lim_{a \to \infty} S(a)$ 와 $\displaystyle\lim_{a \to 0} S(a)$ 의 값을 구하고, 그 근거를 논술하시오.

연습지

제시문 일부

(가) 미분가능한 함수 $f(x)$의 역함수 $f^{-1}(x)$가 존재하고 미분가능할 때, $y = f^{-1}(x)$의 도함수는

$$(f^{-1})'(x) = \frac{1}{f'(y)} \ (단, \ f'(y) \neq 0)$$

(나) 미분가능한 함수 $t = g(x)$의 도함수 $g'(x)$가 닫힌구간 $[\alpha, \beta]$에서 연속이고, 함수 $f(t)$가 닫힌구간 $[a, b]$에서 연속일 때, $g(\alpha) = a$, $g(\beta) = b$이면

$$\int_a^b f(t)dt = \int_\alpha^\beta f(g(x))g'(x)dx$$

(마) 두 함수 $y = f(u)$, $u = g(x)$가 미분가능할 때, 합성함수 $y = f(g(x))$의 도함수는

$$\{f(g(x))\}' = f'(g(x))g'(x)$$

(바) 세 함수 $f(x)$, $g(x)$, $h(x)$에 대하여 $f(x) \leq h(x) \leq g(x)$이고 $\lim\limits_{x \to \infty} f(x) = \lim\limits_{x \to \infty} g(x) = \alpha$

(α는 실수)이면

$$\lim_{x \to \infty} h(x) = \alpha$$

실수 전체 집합에서 정의된 함수 $f(x)$는 이계도함수를 갖는 증가함수이고, $f(0) = 0$이다. $f(x)$의 역함수를 $g(x)$라고 할 때, $g(x)$는 실수 전체 집합에서 정의되고 이계도함수를 갖는다. 실수 전체 집합에서 정의된 함수 $h(x) = \int_0^x \{1 + (g'(t))^4\}^{\frac{1}{4}} dt - \int_0^x \{1 + (f'(t))^4\}^{\frac{1}{4}} dt$에 대하여 다음 물음에 답하시오.

[1] $h(\alpha) = 0$을 만족하는 양의 실수 α에 대하여 $f(\alpha) = \alpha$임을 증명하시오.

[2] $\lim\limits_{x \to \infty} \dfrac{f(x)}{x} = 1$일 때, $\lim\limits_{x \to \infty} \dfrac{h(x)}{x} = 0$임을 보이시오.

연습지

모든 자연수 n 에 대하여 다음 부등식이 성립함을 보여라. (Hint : $\ln(n+1)$ 을 $\displaystyle\sum_{k=1}^{n} f(k)$ 꼴로 나타내시오.)

$$\sum_{k=1}^{n}\left\{\frac{1}{k+1}+\frac{1}{2(k+1)^2}\right\} \leq \ln(n+1) \leq \sum_{k=1}^{n}\frac{1}{2}\left(\frac{1}{k}+\frac{1}{k+1}\right)$$

연습지

제시문

(가) 연속함수 $f(x)$에 대하여 곡선 $y = f(x)$와 x축 및 두 직선 $x = a$, $x = b$로 둘러싸인 도형의 넓이 S는 다음과 같다.

$$S = \int_a^b f(x)dx$$

(나) 양의 실수 x에 대하여 다음이 성립한다.

$$\int_1^x \frac{1}{t}dt = \ln x$$

(다) 명제 A는 다음과 같다.

모든 자연수 n에 대하여 $\sqrt{e} < \left(1 + \frac{1}{n}\right)^n < e$ 이다.

(라) 자연수 n에 대하여 다음 집합 B의 원소 중 가장 큰 수를 a_n이라고 하자.

$$B = \left\{ \alpha \mid \alpha \text{는 방정식 } x^3 - \left(1 + \frac{1}{n}\right)^n x^2 + x - e = 0\text{의 실근} \right\} \cup \left\{ \sqrt{e} \right\}$$

[1] 제시문 (가), (나)을 이용하여 제시문 (다)의 명제 A의 참, 거짓을 판별하고 그 근거를 논술하시오.

[2] 제시문 (라)의 수열 $\{a_n\}$에 대하여 극한값 $\lim_{n \to \infty} a_n$을 구하고 그 근거를 논술하시오.

연습지

제시문

(가) 두 함수 $f(x)$, $g(x)$에서 $\lim\limits_{x \to a} f(x) = \alpha$, $\lim\limits_{x \to a} g(x) = \beta$ (α, β는 실수)일 때, a에 가까운 모든 x의

값에서 $f(x) \leq g(x)$이면 $\alpha \leq \beta$이다.

함수의 극한의 대소 관계는 $x \to a+$, $x \to a-$, $x \to \infty$, $x \to -\infty$인 경우에도 성립한다.

(나) 집합 $X = \{x \,|\, 0 \leq x \leq 4\}$에 대하여 X에서 X로의 함수 $g(x)$는 $x = 1$에서 연속이고,

함수 $h(x) = x^3 - 6x^2 + 8x + 5$와 $0 \leq x \leq 4$인 모든 실수 x에 대하여 다음이 성립한다.

$$h(g(x)) = x^2 - 4x + 8$$

제시문 (나)의 함수 $g(x)$에 대하여 $g(1)$의 값을 구하고 그 과정을 논술하시오.

연습지

두 곡선 $y = x^4 - 2x^2 + 1$과 $y = -x^2 + x + 2$가 만나는 두 점 중 x좌표가 음수인 점을 P, x좌표가 양수인 점을 Q라 하자. 점 $A(0, -1)$에 대하여 $k \leq \overrightarrow{PQ} \cdot \overrightarrow{PA} < k+1$을 만족시키는 정수 k를 구하여라.

(기하 기본 개념을 모르는 학생은 아래의 〈TIP〉을 참고 후 문제를 풀어보세요 :D)

연습지

☒ TIP

│ 기하 개념 Pass 하기

점 P와 Q의 좌표를 각각 (x_1, y_1), (x_2, y_2)라 할 때, 점 $A(0, -1)$에 대하여

$$\overrightarrow{PQ} = (x_2 - x_1, \ y_2 - y_1), \ \overrightarrow{PA} = (0 - x_1, \ (-1) - y_1)$$
$$\overrightarrow{PQ} \cdot \overrightarrow{PA} = (x_2 - x_1)(0 - x_1) + (y_2 - y_1)((-1) - y_1)$$

와 같이 계산한다. 이것만 알면 기하를 아예 모르는 학생들도 문제를 풀 수 있다.

자연수 n 에 대하여

$$c_n = (n-2026)\int_0^1 x^n\left\{e^x + x\ln(x+1) + x^2\cos^{2026}\pi x\right\}dx$$

일 때, 극한값 $\displaystyle\lim_{n\to\infty} c_n$ 을 구하시오. (Hint : 부분적분)

연습지

닫힌구간 $[0,\ 1]$에서 두 함수 $f(x) = \dfrac{1}{m}x^m$과 $g(x) = 1 - \sqrt{1-x^2}$이 주어져 있다. 곡선 $y = f(x)$와 곡선 $y = g(x)$가 오직 한 개의 점에서만 만나기 위한 양의 실수 m의 범위를 구하시오.

연습지

Show
and
Prove

기대T 수리논술 수업 상세안내

정규반	수업 상세 안내 (지난 수업 영상수강 가능)
정규반 – Set 1 (1주차~4주차)	- 수리논술만의 특징인 '답안작성 능력'과 '증명 능력'을 향상시키는 수업 - 수능/내신 공부와 다른 수리논술 공부의 결 & 방향성을 잡아주는 수업 - 수험생은 물론 강사조차 가지고 있는 '오개념'을 타파시키는 수학 전공자의 수업 - 무언가가 어려우면 쉽게 포기하는 성향을 가진 학생의 경우, 　문제풀이가 위주인 Set 2부터 학습한 후 Set 1 학습 추천 (단순 난이도 : Set 1 〉 Set 2)
정규반 – Set 2 (5주차~8주차)	- 만만해 보이는 과목인 수학 1이 수리논술에서 어떻게 나오는지 배워보는 강의 - 삼각함수 & 수열의 콜라보 등 수학1의 논술형 발전성을 체감해볼 수 있는 실전 내용 수업 - 다른 Set에 비하여 난이도가 쉬운 편 : 수리논술에 입문하기 좋은 강의 Set
정규반 – Set 3 (9주차~12주차)	- 수리논술에서 50% 이상의 비중을 차지하는 수리논술용 미적분을 집중 해석하는 수업 - 수리논술에도 존재하는 행동 영역을 통해 고난도 문제의 체감 난이도를 낮춰주는 수업 - 대학의 모범답안을 보고도 '이런 아이디어를 내가 어떻게 생각해내지?' 　라는 생각이 드는 학생들도, 납득 가능하고 감탄할 만한 문제 접근법을 제시해주는 수업
정규반 – Set 4 (13주차~16주차)	- 상위권 대학의 합격 당락을 가르는 고난도 주제들을 총정리하는 수업 - 출제 난이도가 높은 학교의 수리논술 합격을 바라는 학생이라면 강추
첨삭 및 자료	- 수강 형태 (현장 vs 온라인) / 수업 종류 상관없이, 모든 학생들에게 첨삭 제공 - 복습 시트, 손글씨 답안, 다채로운 자료 등등 오른쪽 QR코드에서 확인 가능

실전반 & Final	수업 상세 안내 (지난 수업 영상수강 가능)
실전반 – Set 1 (1주차~5주차)	- 수리논술 전용 확통/기하 Theme에 대하여 학습하는 강의 - 수능/내신의 빈출 Point와의 괴리감이 제일 큰 두 과목인 확통/기하의 내용을 　철저히 수리논술 빈출 Point에 맞게 제단된 내용만을 다루는 Compact 강의
실전반 – Set 2 (6주차~10주차)	- 상위권 학교 지원자들은 꼭 알아야 하는 필수내용만 다루는 강의 - 본인에게 유리한 출제 스타일인 학교를 탐색하여 원서 지원부터 이기고 들어갈 수 있도록 하는, 　대학별 출제경향 파악 수업 (모든 대학을 A그룹~D그룹으로 분류 후 분석) - 최신기출 (작년 기출+올해 모의) 중 주요 문항 선별 통해 주요대학 최근 출제 경향 파악
Semi Final **고/서/성/경 반** (수능전 & 직후)	- 수능 직후 시험 보는 학교를 중점직으로 미리 공부해두기 위한 수업 - 전형적인 고난도 문제부터, 창의적인 신유형 문제까지 다양하게 만나볼 수 있는 수업 - 수능 끝나고, 주력으로 준비할 학교 선택하면 해당 학교 모의고사 1~2회분 및 해설강의 　당일 제공
학교별 Final (수능전 / 수능후)	- 학교별 고유 출제 스타일에 맞는 문제들만 정조준하여 분석해주는 Final 수업 - 빈출 주제 특강 + 예상 문제 모의고사 응시 후 해설 & 첨삭 - 고승률 문제접근 Tip을 파악하기 쉽도록 기출 선별 자료집 제공 (학교별 교재 상이)

CHAPTER

3

미분과 여러 가지 활용

미분가능성과 관련된 오개념을 고치고, 미분의 활용 뿐 아니라
수리논술을 출제하는 대부분의 학교들의 최애 소재인
평균값의 정리의 다양한 활용법을 익혀보자.

3-1

Chapter 3. 미분과 여러 가지 활용

미분가능성

1. 미분계수의 정의

다음 극한값이 존재하면[54] 그 값을 $f'(a)$라 하고, 함수 $f(x)$는 $x = a$에서 미분가능하다고 한다.

> 미분계수의 정의 ver. ① : $\displaystyle\lim_{x \to a} \frac{f(x) - f(a)}{x - a} = f'(a)$
>
> 미분계수의 정의 ver. ② : $\displaystyle\lim_{h \to 0} \frac{f(a+h) - f(a)}{h} = f'(a)$

✓ TIP

'미분계수의 정의'를 단순히 '평균변화율의 극한'이라고 생각하면 안된다. 다음 두 Point에 주의하여 활용하자.

| Point. 1

그냥 평균변화율이면 안된다. 평균변화율을 구성하는 한 점이 반드시 극한과 관계없는 '**정점**'이어야 한다.

| Point. 2

수능에선 아무렇지도 않게 쓰이는 $\displaystyle\lim_{h \to 0} \frac{f(a+sh) - f(a+th)}{(s-t)h} = f'(a)$ 같은 간단공식은

$f(x)$가 $x = a$에서 미분가능함을 확인한 후에 쓸 수 있다는 것을 반드시 인지하자.

답안을 쓸 때 '나 미분가능성 개념 잘 알고 있어!'를 뽐내주면 좋은데, 아래 두 문장의 미묘한 뉘앙스 차이를 느껴보자.

| '함수 $f(x)$가 $x = a$에서 미분가능하므로 $\displaystyle\lim_{h \to 0} \frac{f(a+2h) - f(a+h)}{h} = f'(a)$ 이다.' (O 적절한 표현)

워낙 흔한 상황이므로 매번 증명 해줄 필요는 없다. 미분가능하기 때문에 쓸 수 있는 Skill 정도로 인식되는 답안이다. 만약 이 등식을 보여줘야 하는 문제가 있다면,

$$\lim_{h \to 0} \frac{f(a+2h) - f(a+h)}{h} = \lim_{h \to 0}\left\{ 2 \times \frac{f(a+2h) - f(a)}{2h} - \frac{f(a+h) - f(a)}{h} \right\} = f'(a)$$

와 같은 식조작을 해서 증명해보이면 된다.

| '미분계수 정의에 의하여 $\displaystyle\lim_{h \to 0} \frac{f(a+2h) - f(a+h)}{h} = f'(a)$ 이다.' (△ 애매한 표현)

극한 안의 식이 미분계수 정의에 부합하는 평균변화율 식이 아니기[55] 때문에,
'저는 미분계수 정의를 오개념으로 알고 있어요'라는 약간의 오해를 제공하는 계기가 될 수 있다.

---

54) 대부분의 미분가능성 답안이 $f'(a)$ 가 아닌 $\lim$(= 극한 식)부터 시작하는 이유다. $f'(a)$ 의 값이 아직 존재하는지 모르기 때문!

55) $(a+h,\ f(a+h))$, $(a+2h,\ f(a+2h))$는 둘 다 h에 대하여 움직이는 점이라 정점이 없다.

함수 $f(x)$ 에 대하여 $\lim\limits_{x \to 2} \dfrac{f(x)-1}{x-2} = 3$ 일 때, $f'(2)$ 의 값을 구하시오.

존재하지 않는다면 어떤 추가 조건이 있어야 $f'(2)$ 가 존재할지 논하시오.

연습지

예제
해설

이 문제의 정답은 '$f'(2)$ 는 존재하지 않는다.'이다.

아무 과정 없이 $f'(2) = 3$ 이라고 바로 했다면, 본 책의 극한 파트부터 다시 복습하고 와야 한다.

$\lim\limits_{x \to 2} \dfrac{f(x)-1}{x-2} = 3$ 에서 알 수 있는 사실은 $f(2) = 1$ 이 아니라 $\lim\limits_{x \to 2} f(x) = 1$ 라고 분명히 얘기했다.

왜냐하면 $\lim\limits_{x \to 2} \dfrac{f(x)-1}{x-2}$ 이 미분계수 정의에 맞으려면, $\lim\limits_{x \to 2} \dfrac{f(x)-f(2)}{x-2}$ 형태가 완성돼야만 하기 때문이다.

따라서 $\lim\limits_{x \to 2} f(x) = 1$ 로부터 $f(2) = 1$ 을 이끌어내기 위해서는 함수 $f(x)$ 가 $x = 2$ 에서 연속이라는 조건이 추가로

필요하다. 이 조건이 있다면 $f(2) = 1$ 이므로, $\lim\limits_{x \to 2} \dfrac{f(x)-1}{x-2} = \lim\limits_{x \to 2} \dfrac{f(x)-f(2)}{x-2} = 3$ 에서 $f'(2) = 3$ 임을 알 수

있다.

연속조건을 추가했더니 비로소 미분계수 정의의 완전체가 완성된 것이다.

수능 미적분으로부터 학생들이 갖고 있는 오개념 1위 명제는

'함수 $f(x)$가 미분가능한 함수이면 도함수 $f'(x)$는 <u>Always 연속함수이다.</u>'

라는 명제이다. 이 명제는 $f(x)$가 다항함수일 땐 맞지만, 일반적인 함수 $f(x)$에 대해서는 반례가 있는 명제다.
반례인 함수가 이미 수리논술에 자주 출제됐는데, 아래 예제에서 구경해보자.

예제 서울대, 한양대, 성균관대 등등

함수 $f(x) = \begin{cases} x^2 \sin \dfrac{1}{x} & (x \neq 0) \\ 0 & (x = 0) \end{cases}$ 에 대하여 다음 물음에 답하시오.

[1] 함수 $f(x)$의 $x = 0$에서의 미분가능성을 논하시오.

[2] $\displaystyle\lim_{x \to 0} f'(x)$의 값을 구하시오.

[3] 함수 $f'(x)$의 $x = 0$에서의 연속성을 논하시오.

연습지

[1]

$\left| \sin \dfrac{1}{x} \right| \le 1$ 이므로 $|x| \times \left| \sin \dfrac{1}{x} \right| = \left| x \sin \dfrac{1}{x} \right| \le |x|$ 이다.

따라서 $\displaystyle\lim_{x \to 0} \left| x \sin \dfrac{1}{x} \right| \le \lim_{x \to 0} |x| = 0$ 에서 $\displaystyle\lim_{x \to 0} \left| x \sin \dfrac{1}{x} \right| = 0$, $\displaystyle\lim_{x \to 0} x \sin \dfrac{1}{x} = 0$ …… ① 임을 알 수 있다.

$$\lim_{x \to 0} \frac{f(x) - f(0)}{x - 0} = \lim_{x \to 0} \frac{x^2 \sin \dfrac{1}{x}}{x} = \lim_{x \to 0} x \sin \dfrac{1}{x} = 0 \quad (\because ①)$$

이므로 $f'(0) = 0$ 이다. 따라서 함수 $f(x)$ 는 $x = 0$ 에서 미분가능하다.

[2]

$f'(x) = \begin{cases} 2x \sin \dfrac{1}{x} - \cos \dfrac{1}{x} & (x \ne 0) \\ 0 & (x = 0) \end{cases}$ 이므로 $\displaystyle\lim_{x \to 0} f'(x) = \lim_{x \to 0} \left(2x \sin \dfrac{1}{x} - \cos \dfrac{1}{x} \right)$ 인데,

①에 의해 $\displaystyle\lim_{x \to 0} 2x \sin \dfrac{1}{x} = 0$ 이고 $\displaystyle\lim_{x \to 0} \cos \dfrac{1}{x}$ 가 발산(진동)하므로, $\displaystyle\lim_{x \to 0} f'(x)$ 의 값은 존재하지 않는다.

[3]

$\displaystyle\lim_{x \to 0} f'(x) \ne f'(0)$ 이므로, 함수 $f'(x)$ 는 $x = 0$ 에서 불연속이다.

| 도함수 연속성에 대한 첨언

간혹 '이런 상황에서는 도함수의 연속성으로 미분가능성을 증명할 수 있어!'라며 미분계수의 존재성을 배제하고,
오로지 도함수의 연속성을 통해 미분가능성을 해결하려는 시도들이 몇몇 보인다.

심지어 이러한 시도들을 강력하게 뒷받침 하는 근거도 있다. '다르부의 정리'라는 대학 수학 내용을 잘 포장해서 '딸깍'으로 정답이 나오도록 한다는 것이다. 즉, 수능에서는 강력한 스킬이 될 수 있는 것이 Fact. 리스펙 하는 부분이다.

But, 어차피 과정을 서술해야 하는 수리논술 답안에선 이 내용을 함부로 쓰지 못한다.
저 '딸깍' 스킬을 답안에 쓰려면, 전제되어야 하는 '다르부의 정리'를 먼저 증명해야 하기 때문이다.

즉, 배보다 배꼽이 큰 상황이 되는 것이다.

따라서 답안에서 미분가능성에 대한 내용을 작성할 때는 항상 '미분계수의 정의'를 이용하도록 하자.[56]

---

56) '미분가능성의 증명 = 미분계수 정의식의 사용'이라고 머릿속에 잘 각인시켜둘 것!

미분의 여러 가지 활용

1. 특이한 미분법

| 로그 미분법

다수의 항이 곱해져 있거나 지수에 x에 대한 함수가 있을 때 사용하는 미분법이다.

예를 들어, $y = x^x$를 미분하고 싶으면 양변에 $\ln$을 취하여 $\ln y = x \ln x$로 만들어준 후 미분을 진행하면

$$\frac{1}{y} \times y' = \ln x + 1, \ y' = x^x (\ln x + 1)$$

임을 알 수 있다. 아래의 예제에선 다수의 항이 곱해져 있는 전자의 상황에 대한 문제를 풀어보도록 하자.

예제   한양대

다항함수 $p(x)$를 다음과 같이 일차식 n개의 곱으로 정의한다.

$$p(x) = (1+x)(1+2x) \cdots (1+nx)$$

이때 $p''(0)$을 n에 대한 식으로 표현하시오.

연습지

먼저 $p(0)=1$ 임과 $x > -\dfrac{1}{n}$ 의 범위에서 $p(x)$ 가 양수임은 쉽게 알 수 있다. 이제 $x=0$ 을 포함하는

$x > -\dfrac{1}{n}$ 의 범위로 $p(x)$ 의 정의역을 제한하면 아무 문제없이[57] $\ln p(x)$ 를 생각할 수 있고,

$$\ln p(x) = \sum_{k=1}^{n} \ln(1+kx)$$

를 얻는다. 양변을 미분하면

$$\frac{p'(x)}{p(x)} = \sum_{k=1}^{n} \frac{k}{1+kx}$$

이므로 $p'(0) = \sum_{k=1}^{n} k = \dfrac{n(n+1)}{2}$ 를 얻는다. 다시 한 번 위 식에서 양변을 미분하면

$$\frac{p''(x)}{p(x)} - \frac{\{p'(x)\}^2}{\{p(x)\}^2} = -\sum_{k=1}^{n} \frac{k^2}{(1+kx)^2}$$

이므로 $p''(0) = \{p'(0)\}^2 - \sum_{k=1}^{n} k^2$ 을 얻는다.

따라서 $p''(0) = \dfrac{n^2(n+1)^2}{4} - \dfrac{n(n+1)(2n+1)}{6} = \dfrac{n(n+1)(n-1)(3n+2)}{12}$ 이다.

⌄ TIP

| 지수함수 성질 이용하여 로그 미분법 대체하기 (cf. 인하대 제시문[58]에서 제시해준 테크닉)

로그를 취할 땐 항상 진수가 양수여야한다는 조건을 명심해야하며, 수리논술 답안에 조건을 매번 작성해줘야하는 번거로움이 있다. 하지만 이것을 지수함수의 성질을 이용하여 피할 수 있는 방법이 있다.

함수 $y = x^x$ 를 미분 할 때, $x = e^{\ln x}$ 이므로 $y = x^x = (e^{\ln x})^x = e^{x \ln x}$ 로 변형하여 해석하면 로그미분법 없이 합성함수의 미분법으로 해석할 수 있다.

확장하면, $y = x^{f(x)}$ 꼴일 때에도 $x = e^{\ln x}$ 이므로 $y = x^{f(x)} = (e^{\ln x})^{f(x)} = e^{f(x)\ln x}$ 로 변형하여 미분하면 되겠다.

---

57) 로그의 진수 조건을 해결할 수 있다.
58) 궁금한 학생들을 위해 출처를 밝히자면, 2022학년도 인하대학교 수시 오후 3번 문제이다.

| 합성함수의 미분 또는 합성함수의 활용

'합성함수 보이지? 이거 미분 해봐!' 처럼 시켜서 하는 미분은 누구나 다 할 줄 안다. 그런데,

'이 문제를 깡으로 미분하기 보다는, 합성함수 미분으로 생각했을 때 유리하겠네?'

란 생각은 흔한 생각이 아니다.

즉, 본인이 합성함수를 직접 만들어내서 계산상의 이점을 가져가는 판단을 할 수 있냐 없냐가 중요한 포인트다.

아래 문제를 풀어보고 바로 다음 페이지에 있는 대학 예시 답안의 일부를 보도록 하자.

예제 한양대

좌표평면 위를 움직이는 점 $P(x, y)$ 의 시각 t 에서의 위치가

$$x = 2\cos t, \ y = \sin t$$

일 때, 시각 t 에서의 점 P 의 속력을 $f(t)$, 가속도의 크기를 $g(t)$ 라 하자.

$0 \le t \le 2$ 인 t 에 대하여 $\dfrac{f(t)}{g(t)}$ 의 최댓값과 최솟값을 구하시오.

연습지

[대학 예시답안 일부]

$$f(t) = \sqrt{(-2\sin t)^2 + (\cos t)^2} = \sqrt{1 + 3\sin^2 t} \, , \, g(t) = \sqrt{(-2\cos t)^2 + (-\sin t)^2} = \sqrt{1 + 3\cos^2 t} \text{ 이다.}$$

$$h(t) = \frac{f(t)}{g(t)} = \frac{\sqrt{1 + 3\sin^2 t}}{\sqrt{1 + 3\cos^2 t}} \text{ 라 하자.}$$

$$h'(t) = \frac{\dfrac{6\sin t \cos t}{2\sqrt{1 + 3\sin^2 t}} \sqrt{1 + 3\cos^2 t} - \sqrt{1 + 3\sin^2 t} \, \dfrac{(-6\cos t \sin t)}{2\sqrt{1 + 3\cos^2 t}}}{1 + 3\cos^2 t}$$

$$= \frac{3\sin t \cos t \left(1 + 3\cos^2 t + 1 + 3\sin^2 t\right)}{\left(1 + 3\cos^2 t\right)\sqrt{1 + 3\sin^2 t}\sqrt{1 + 3\cos^2 t}} = \frac{15\sin t \cos t}{\left(1 + 3\cos^2 t\right)\sqrt{1 + 3\sin^2 t}\sqrt{1 + 3\cos^2 t}}$$

……

……

… 눈 아프니까 그만 읽어보자.

[Comment]
[Show and Prove 1편]에서부터 알 수 있다시피, 대학 예시답안을 맹신하는 것은 실력향상에 그리 도움되지 않는다. 따라서 모범답안과 예시답안은 항상 독자입장에서 비판적으로 활용하기 바란다.[59]

위의 대학 예시답안을 보면 알 수 있다시피, 있는 그대로의 $h(t)$를 미분하려면 계산이 상당히 살벌하다. 따라서 우리는 가상의 함수들을 도입하여 주어진 함수를 합성함수로 이해해주도록 하자.

$$f_1(t) = \sqrt{t} \, , \, g_1(t) = \frac{1 + 3t^2}{4 - 3t^2} = -1 + \frac{5}{4 - 3t^2} \, , \, h_1(t) = \sin t \, (0 \leq t \leq 2)$$

라 하면

$$h(t) = \sqrt{\frac{1 + 3\sin^2 t}{1 + 3\cos^2 t}} = \sqrt{\frac{1 + 3\sin^2 t}{1 + 3(1 - \sin^2 t)}} = \sqrt{\frac{1 + 3\sin^2 t}{4 - 3\sin^2 t}} = f_1(g_1(h_1(t)))$$

으로 정리되는데, $f_1(t)$는 증가함수이고 $g_1(t)$는 $0 \leq t \leq 1$에서[60] 증가함수이므로 $f_1(g_1(t))$역시 증가함수이다.

따라서 $h_1(t) = 0$, 즉 $t = 0$일 때 $h(t)$는 최솟값 $\dfrac{1}{2}$를 갖고 $h_1(t) = 1$, 즉 $t = \dfrac{\pi}{2}$일 때 $h(t)$는 최댓값 2를 가짐을 미분을 하지 않고도 쉽게 알 수 있다. (함수 관찰의 중요성!)

---

59) 더 나아가서, 세상의 모든 수학 풀이에 대하여 이런 자세면 좋겠다.
60) g_1에 h_1이 합성될 예정이므로, h_1의 치역에 대해서만 적어준 것이다.

수리논술에서 등식이나 부등식을 증명/제작할 때 유독 특이하게 사용되는 테크닉이 있다.
바로 적절한 함수를 도입한 후, 이 함수의 함숫값의 형태를 빌려 주어진 등식이나 부등식을 증명하는 것이다.

일단 위의 아이디어를 아래의 예제에 그대로 적용시켜보자.
'이렇게 풀어보면 좋겠다!'가 없는 굉장히 추상적인 주제이므로 아이디어 흡수에 중점을 둬서 학습하자.

예제
한양대

$a^b = b^a$ 을 만족시키는 서로 다른 자연수 a , b 의 순서쌍 (a, b) 를 모두 구하시오.

연습지

예제 해설

$a < b$ 라 해도 일반성을 잃지 않는다. $f(x) = \dfrac{\ln x}{x}$ 라 하면 $f'(x) = \dfrac{1 - \ln x}{x^2}$ 를 얻는다.

따라서 $f(x)$ 는 $x < e$ 에서는 증가, $x > e$ 에서는 감소하므로, $x = e$ 에서 극댓값이자 최댓값을 갖는다. $\cdots$ ①

$a^b = b^a \Leftrightarrow f(a) = f(b)$ 이려면 ①에 의하여 $a < e < b$ 여야 하는데, $e = 2.71 \cdots$ 이므로 이보다 작은 자연수 a 는 1 또는 2 만 가능하다.

(i) $a = 1$ 이면, 항상 $f(1) = 0 < f(b)$ 이므로 $f(a) = f(b)$ 일 수 없다.

(ii) $a = 2$ 이면, $b = 4$ 일 때, $a^b = b^a$ 를 만족함을 알 수 있다.

4 보다 큰 값 b' 에 대해서는 $f(2) = f(4) > f(b')$ 임을 $y = \dfrac{\ln x}{x}$ 그래프로 확인할 수 있으므로,

$(a, b) = (2, 4)$ 가 유일한 순서쌍이다.

마찬가지 방식으로, $b < a$ 일 때 (a, b) 는 $(4, 2)$ 뿐임을 알 수 있다.
따라서 $a^b = b^a$ 을 만족시키는 서로 다른 자연수 a , b 의 순서쌍 (a, b) 는 $(2, 4)$, $(4, 2)$ 뿐이다.

앞의 예제를 풀어봤으면 알 수 있다시피, 문제에서 풀이에 도움되는 이 적절한 함수라는 것을 찾는게 꽤 어렵고 뭔가 이렇다 할 방법론도 존재하지 않는다. 기껏 해봐야

'주어진 식이 어떤 함숫값(= 합성)의 형태로 나타난 것은 아닐까?'

라는 의심을 해보는 것 뿐이다.

하지만 다행히도, 요즘 수리논술 문제에서는 위와 같은 경험(= 학습)으로부터 나온 의심의 버거움을 해소시켜주기 위해 '함숫값으로 포장'이라는 아이디어를 제시문과 소문항에 녹여두는 경우가 많다. 아래의 예제를 통하여 연습해보자.

예제

제시문

(가) 곡선 $y = e^x$ (e는 자연상수) 위의 점 $(0, 1)$에서의 접선의 방정식을 $y = f(x)$라고 하자.

(나) 수렴하는 두 수열 $\{a_n\}, \{b_n\}$에 대하여 $\lim\limits_{n \to \infty} a_n = \lim\limits_{n \to \infty} b_n = \alpha$ 이고, 수열 $\{c_n\}$이 모든 자연수 n에 대하여 $a_n \le c_n \le b_n$ 이면 $\lim\limits_{n \to \infty} c_n = \alpha$ 이다.

[1] 제시문 (가)의 $f(x)$에 대하여 $e^x - f(x)$의 최솟값을 구하시오.

[2] $0 \le x \le 1$에서 $2x^2 + x + 1 - e^x$의 최솟값을 구하시오.

[3] 문항 **[2]**를 이용하여 모든 자연수 n에 대하여 다음 부등식이 성립함을 보이시오.

$$\sqrt[n]{e} \le 1 + \frac{1}{n} + \frac{2}{n^2}$$

[4] 문항 **[1]**, **[3]**과 제시문 (나)를 이용하여 다음 극한값을 구하시오.

$$\lim_{n \to \infty} n(\sqrt[n]{e} - 1)$$

연습지

[1]

$y = e^x$ 를 미분하면 $y' = e^x$ 이므로 점 $(0,1)$에서 접선의 기울기는 1 이다. 따라서 $f(x) = x + 1$ 이다.

$g(x) = e^x - x - 1$ 이라고 하자. $g(x)$를 미분하면 $g'(x) = e^x - 1$ 이므로 $g(x)$의 증가와 감소를 표로 나타내면 다음과 같다.

x	$\cdots$	0	$\cdots$
$g'(x)$	$-$	0	$+$
$g(x)$	$\searrow$	0 (극소)	$\nearrow$

따라서 $g(0) = 0$은 극솟값이자 최솟값이다.

[2]

$h(x) = 2x^2 + x + 1 - e^x$ 이라고 하면 $h'(x) = 4x + 1 - e^x$, $h''(x) = 4 - e^x$ 이다.

열린 구간 $(0, 1)$에서 $h''(x) > 0$이므로 $h'(x)$는 구간 $(0,1)$에서 증가한다.

한편 $h'(0) = 0$이므로 $0 < x < 1$에서 $h'(x) > 0$이다.

따라서 $h(x)$는 열린 구간 $(0, 1)$에서 극값을 가지지 않으므로, $h(x)$는 경계에서 최대, 최소를 가진다.

여기서 $h(0) = 0$, $h(1) > 0$이므로 함수 $h(x)$의 최솟값은 0이다.

[3]

문항 **[2]**에 의해서 $0 \leq x \leq 1$에서 $2x^2 + x + 1 - e^x \geq 0$이므로 부등식 $e^x \leq 1 + x + 2x^2$ 이 성립한다.

모든 자연수 n에 대하여 $0 < \dfrac{1}{n} \leq 1$이므로 $x = \dfrac{1}{n}$을 위 부등식에 대입(= 함숫값)하면 $\sqrt[n]{e} \leq 1 + \dfrac{1}{n} + \dfrac{2}{n^2}$가 성립한다.

[4]

문항 **[1]**에 의해서 $e^x \geq 1 + x$가 성립한다. 여기서 $x = \dfrac{1}{n}$을 대입하면, 모든 자연수 n에 대하여 $\dfrac{1}{n} \leq \sqrt[n]{e} - 1$이 성립함을 알 수 있다. 또한 문항 **[3]**에 의하여 $\sqrt[n]{e} - 1 \leq \dfrac{1}{n} + \dfrac{2}{n^2}$가 모든 자연수 n에 대하여 성립한다.

$c_n = n(\sqrt[n]{e} - 1)$이라고 하면 모든 자연수 n에 대하여 $1 \leq c_n \leq 1 + \dfrac{2}{n}$가 성립한다.

따라서 제시문 (나)에 의하여 $\displaystyle\lim_{n \to \infty} n(\sqrt[n]{e} - 1) = 1$이다.

이번 칼럼의 주제가 '미분을 도입하여 부등식을 제작(= 증명)하기'라 몇몇 독자들은

'아하! 이번 칼럼은 '미분'이 Main 이구나~!'

라고 생각할 수 있는데, 이보다는 '부등식 제작의 도구 중 하나로 '미분'이 사용된다.'라고 생각하는 것이 좋겠다.

3. 부등식의 증명 : 식의 일부분을 단계적으로 바꿔나가기

수리논술에서 미분을 이용하여 부등식을 증명(= 제작)할 때, 다음 두 가지 방법을 이용한다.

① 함수를 설정하고, 그 함수의 증감과 최댓값, 최솟값(= 극댓값, 극솟값)을 이용하기
② 주어진 식의 일부분을 단계적으로 바꿔나가며 이어진 부등식 제작하기

먼저 ①의 방법이 사용되는 문제를 하나 살펴보자. (너무 쉬워서 연습용으로 쓰기에도 민망하다.)

예제   성균관대

$a > 1$ 에서 정의된 함수 $h(a) = \ln a + \dfrac{2}{a} - 2$ 가 $a > 1$ 에서 $h(a) < 2\sqrt{a}$ 를 만족함을 보이시오.

연습지

예제 해설

$k(a) = 2\sqrt{a} - h(a) = 2\sqrt{a} - \ln a - \dfrac{2}{a} + 2$ 라 두자.

$a > 1$ 이므로 $k'(a) = \dfrac{a^{\frac{3}{2}} - a + 2}{a^2} = \dfrac{a(\sqrt{a} - 1) + 2}{a^2} > 0$ 이다.

이때 $k(1) = 2 > 0$ 이므로 $k(a) = 2\sqrt{a} - h(a) > k(1) > 0$ 이다.
따라서 $a > 1$ 에서 $h(a) < 2\sqrt{a}$ 가 성립함을 알 수 있다.

앞 예제와 같이 어떤 함수의 구간 내 최댓값과 최솟값을 이용하여 부등식을 증명하는 것은 그리 어렵지 않다.

하지만, 대다수의 학생들은 위의 방법이 먹히지 않는 부등식 증명 문제에서 큰 어려움을 겪는다.
이와 같은 어려움을 겪는 이유는 아마 다음 두 가지 때문일 것이다.

　　㉠ 방법 ①로 부등식이 증명되지 않을 때, 어떤 방법을 시도해야 하는지 모르기 때문
　　㉡ ㉠의 해답이 방법 ②임을 알고 있지만, 주어진 식의 어떤 부분을 무엇으로 바꿔야 하는지 모르기 때문

우선 ㉡의 경우는 해결책이 생각보다 매우 간단하다. 부등식 증명을 어떻게 해야 하는지에 대한 목적 의식은 분명하니,
제시문과 소문항에 더욱 집중하고 여러 문제를 풀어가며 경험치를 쌓기만 하면, 자연히 해결되기 때문이다.

따라서 본 교재에서는 ㉠을 해결하기 위한 방법(= ②)을 소개해보려고 한다.

 **TIP**

| **바꿔나가야 하는 식의 일부분에 대한 Hint**

　　바꿔나가야 하는 식의 일부분은 제시문과 소문항에서 드러날 확률이 매우 높음을 꼭 인지하자.[61]

| **주어진 식의 일부분을 단계적으로 바꿔나가는 방법**
방법은 사실 별거 없다. 앞에도 적어놨다시피

주어진 식의 일부분 $g(x)$를 $g(x) \leq h(x)$를 만족하는 $h(x)$로 바꿔나가는 과정을 반복하며
주어진 식부터 비교해야 하는 식까지 이어진 부등식을 제작한다.

(이때, $g(x) \leq h(x)$를 만족하는 $h(x)$는 제시문과 소문항 그리고 경험에 의거한다.)

이다. 예를 들자면 다음과 같은 식조작으로 부등식을 제작해나간다는 것이다.

Ex 1 : $g(x) \leq h(x)$를 발견하여

$$x^2 + \cos^{2026}x + g(x) \xrightarrow{\ g(x)\ change\ } \leq x^2 + \cos^{2026}x + h(x) \xrightarrow{\ \cos^{2026}x\ change\ } \leq x^2 + 1 + h(x)$$

Ex 2 : $g(x) \geq h(x) > 0$를 발견하여

$$\frac{(x^2+1)\sin^2 x}{e^x + g(x)} \xrightarrow{\ g(x)\ change\ } \leq \frac{(x^2+1)\sin^2 x}{e^x + h(x)} \xrightarrow{\ \sin x\ change\ } \leq \frac{x^4 + x^2}{e^x + h(x)}$$

위의 예시를 보고도 '뭔소리야?' 싶은 학생이 많을 것이다. 개념학습은 이 정도로 충분하니, 바로 다음 예제에서 이를 적용해보
며 스스로 깨닫는 시간을 가져보자. (예제를 푼 뒤 해설까지 확인하면 비로소 위의 내용이 이해가 될 것..!)

---

61) 최근 문제에서는 바꿔나가야하는 식의 일부분을 제시문과 소문항에서 제시해주는 경우가 대다수이다. 저자의 뇌피셜로,
　　문제를 출제하시는 교수님들도 이를 제공해주지 않으면 학생들이 엄청난 시행착오를 거칠 것을 알고있기 때문인 듯 하다.

제시문

(가) $0 < x < 1$ 일 때 $0 < \sin x < x$ 이므로

$$\cos x = \sqrt{1 - \sin^2 x} > \sqrt{1 - x^2}$$

이다.

(나) 함수 $f(x)$ 가 닫힌구간 $[a, b]$ 에서 연속이고

$$f(a) < 0 < f(b)$$

이면 $f(c) = 0$ 인 c 가 a 와 b 사이에 존재한다.

※ 자연수 n 에 대하여 함수 $y = \dfrac{1}{x+n}$ 의 그래프와 함수 $y = \sin x \left(0 \le x \le \dfrac{\pi}{2} \right)$ 의 그래프의 교점의 x 좌표를 a_n 이라고 하자.

[1] 구간 $(0, 1)$ 에서 함수 $g(x) = \sin x - \dfrac{x}{1 + x^2}$ 가 증가함을 보이시오.

[2] 모든 자연수 n 에 대하여 부등식

$$\frac{1}{n + \sqrt{n}} < a_n < \frac{1}{n}$$

이 성립함을 보이시오.

연습지

[1]

함수 $g(x)$를 미분하면 $g'(x) = \cos x - \dfrac{1 \times (1+x^2) - x \times 2x}{(1+x^2)^2} = \cos x - \dfrac{1-x^2}{(1+x^2)^2}$ 이다.

제시문 (가)를 이용하면, $0 < x < 1$ 일 때

$$g'(x) = \cos x - \frac{1-x^2}{(1+x^2)^2} > \sqrt{1-x^2} - \frac{1-x^2}{(1+x^2)^2} = \sqrt{1-x^2}\left(1 - \frac{\sqrt{1-x^2}}{(1+x^2)^2}\right) > 0 \ (\text{식 바꾸기})$$

이므로 $g(x)$는 증가한다.

[2]

함수 $h(x) = \sin x - \dfrac{1}{x+n}$ 에 대하여 제시문 (가)의 $\sin x < x \, (0 < x < 1)$을 이용하면

$$h\left(\frac{1}{n+\sqrt{n}}\right) = \sin\left(\frac{1}{n+\sqrt{n}}\right) - \frac{1}{\dfrac{1}{n+\sqrt{n}}+n} < \frac{1}{n+\sqrt{n}} - \frac{1}{\dfrac{1}{n+\sqrt{n}}+n} < 0 \ (\text{식 바꾸기})$$

임을 알 수 있다.

문제 **[1]**의 결과와 $g(0) = 0$ 인 사실을 이용하면,

$0 < x \leq 1$ 일 때 $g(x) > 0$ 이므로 $\sin x > \dfrac{x}{1+x^2}$ 이다. 이 부등식을 이용하면

$$h\left(\frac{1}{n}\right) = \sin\left(\frac{1}{n}\right) - \frac{1}{\dfrac{1}{n}+n} > \frac{\dfrac{1}{n}}{1+\left(\dfrac{1}{n}\right)^2} - \frac{1}{\dfrac{1}{n}+n} = 0 \ (\text{식 바꾸기})$$

이다. 따라서 제시문 (나)에 의해 $\dfrac{1}{n+\sqrt{n}} < a_n < \dfrac{1}{n}$ 임을 알 수 있다.

[Comment]

식을 바꿔나갈 때, '얘를 어떤걸로 바꿔야 식의 활용이 편해질까?'를 항상 고민하자. 예를 들자면 **[1]**에서

'$\cos$ 을 $(1-x^2)$ 이 포함된 식으로 바꾸면, 전체식이 $(1-x^2)$ 로 묶어서 편하겠네?'

와 같은 생각을 하자는 것이다.

3-3

Chapter 3. 미분과 여러 가지 활용

평균값의 정리의 기본

1. 롤의 정리와 평균값의 정리

본격적인 학습에 앞서, 수능에서 거의 쓰이지 않는 롤의 정리와 평균값의 정리의 제대로 된 정의부터 알아보자.

| 롤의 정리란?

열린구간 (a, b)에서 미분가능하고 닫힌구간 $[a, b]$에서 연속인 함수 $f(x)$에 대하여
$f(a) = f(b)$이면 $f'(c) = 0$인 c가 열린구간 (a, b)에 적어도 하나 존재한다.

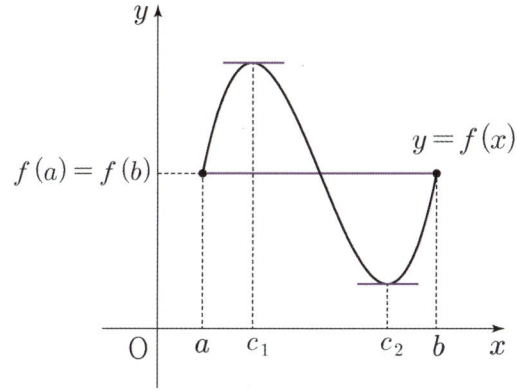

즉, 그래프의 관점에서 롤의 정리는 열린구간 (a, b)에서 곡선 $y = f(x)$에 접하고 x축에 평행하게 되는 직선이 적어도 하나 존재한다는 것을 의미한다.

| 평균값의 정리란?

열린구간 (a, b)에서 미분가능하고 닫힌구간 $[a, b]$에서 연속인 함수 $f(x)$에 대하여
$\dfrac{f(b) - f(a)}{b - a} = f'(c)$인 c가 열린구간 (a, b)에 적어도 하나 존재한다.

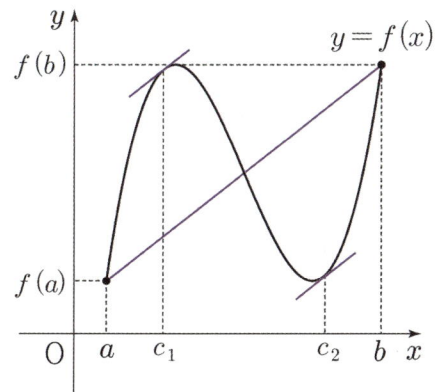

즉, 그래프의 관점에서 평균값 정리는 직선 AB와 평행하도록 열린구간 (a, b)에서 곡선 $y = f(x)$ 위의 어느 점에서의 접선을 반드시 하나 이상 그을 수 있다는 것을 의미한다.

[Show and Prove 1편]에서 '본 교재에 등장하는 증명은 되도록 모두 외울 것.'이라고 했었다.
롤의 정리와 평균값의 정리의 증명 또한 수록해두었으니, 적어도 이 두 가지는 암기할 것을 권장한다.

증명 🖊

| 롤의 정리 증명

(i) 함수 $f(x)$가 상수함수인 경우
열린구간 (a, b)에 속하는 모든 c에 대하여 $f'(c) = 0$이다.

(ii) 함수 $f(x)$가 상수함수가 아닌 경우
함수 $f(x)$가 닫힌구간 $[a, b]$에서 연속이므로 최대최소 정리[62]에 의하여 최댓값과 최솟값을 갖는다.
그런데 $f(a) = f(b)$이고 함수 $f(x)$가 상수함수가 아니므로 열린구간 (a, b)에 속하는 어떤 점 c에서 최댓값 또는 최솟값을 갖는다.

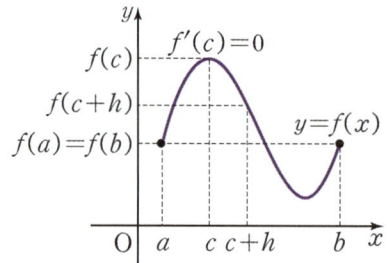

함수 $f(x)$가 $x = c$에서 최댓값 $f(c)$를 갖는다고 하면 절댓값이 충분히 작은 수[63] $h \, (h \neq 0)$에 대하여
$f(c+h) - f(c) \leq 0$이므로

$$\lim_{h \to 0-} \frac{f(c+h) - f(c)}{h} \geq 0 \, , \; \lim_{h \to 0+} \frac{f(c+h) - f(c)}{h} \leq 0$$

이다.

그런데 함수 $f(x)$는 $x = c$에서 미분가능하므로 좌극한과 우극한이 같아야 한다.
따라서 $f'(c) = \lim_{h \to 0} \dfrac{f(c+h) - f(c)}{h} = 0$이다.

같은 방법으로 함수 $f(x)$가 $x = c$에서 최솟값을 갖는 경우에도 $f'(c) = 0$임을 증명할 수 있다.

---

62) 롤의 정리 증명에 최대최소 정리가 필요한지도 모르는 경우도 많다. 이번 기회에 알아둘 것.
63) 0에 매우 가까운 수를 상상하면 된다.

│ 평균값의 정리 증명

두 점 $A(a, f(a))$, $B(b, f(b))$를 지나는 직선의 방정식을 $y = g(x)$라고 하면

$$g(x) = \frac{f(b) - f(a)}{b - a}(x - a) + f(a)$$

이다. 이때

$$h(x) = f(x) - g(x) \text{라고 하자.}^{64)}$$

함수 $h(x)$는 닫힌구간 $[a, b]$에서 연속이고, 열린구간 (a, b)에서 미분가능하며 $h(a) = h(b) = 0$이기 때문에
롤의 정리에 의하여

$$h'(c) = f'(c) - g'(c) = f'(c) - \frac{f(b) - f(a)}{b - a} = 0$$

인 c가 열린구간 (a, b)에 적어도 하나 존재함을 알 수 있다. 즉,

$$\frac{f(b) - f(a)}{b - a} = f'(c)$$

인 c가 열린구간 (a, b)에 적어도 하나 존재한다.

[Comment 1]
평균값의 정리의 증명과정에서 알 수 있다시피, 롤의 정리의 증명이 선행되어야 평균값의 정리 또한 증명할 수 있다.
(두 증명을 암기할 때, 선후관계를 떠올리며 함께 암기하는 것을 추천한다.)

[Comment 2]
우리가 낯설게 느끼는 Idea나 증명은 이미 교과서나 기출에서 경험했었던 Idea나 증명에서부터 시작되는 경우가 종종 있음을
기억하자. 그러니 '굳이 이런 것까지 외워야하나..?'와 같은 생각은 금지!!

---

64) 함수 치환이 평균값의 정리의 핵심 아이디어이다. (인하대에서 출제한 이력 존재)

2. 다양한 증명에 적용하기

직관적으로 당연한 사실이라 증명해볼 시도조차 해보지 않았을 수 있는 예제들을 풀어본 후 해설지를 확인해보자.
(증명이 막힌다면 해설에서 '어떤 식으로 평균값의 정리가 사용되는지' 확인해보는 것만으로도 충분하다.)

추후 학습을 위해 미리 언질을 해주자면, 예제의 **[3]**을 잘 기억해두는 것이 좋을 것이다.[65]

예제

[1] 함수 $f(x)$가 닫힌구간 $[a, b]$에서 연속이고 열린구간 (a, b)에서 미분가능하며 $f'(x) = 0$이면 함수 $f(x)$는 닫힌구간 $[a, b]$에서 상수함수임을 보이시오.

[2] 실수 전체의 집합에서 $f''(x) > 0$인 곡선 $y = f(x)$이 임의의 직선과 만나는 교점은 많아야 2개임을 보이시오.

[3] 미분가능한 함수 $f(x)$에 대하여 $\lim_{x \to \infty} f'(x) = k$일 때, $\lim_{x \to \infty} \{f(x+a) - f(x)\}$을 구하시오. (단, $a > 0$)

연습지

---

65) 이유는 뒷 쪽을 공부하며 차차 알게될 것이다. 우선은 문제의 '$f(x+a) - f(x)$'라는 식을 눈에 익혀둘 것.

[1]

$f(x)$가 닫힌 구간 $[a,\,b]$에서 연속이고, 열린구간 $(a,\,b)$에서 미분가능하므로

평균값 정리에 의해 이 구간에 속하는 임의의 실수 $x_1,\,x_2\,(x_1 < x_2)$에 대하여,

$$\frac{f(x_1) - f(x_2)}{x_1 - x_2} = f'(c)$$을 만족시키는 $c\,(x_1 < c < x_2)$가 존재한다.

그런데 항상 $f'(c) = 0$이므로 $\dfrac{f(x_1) - f(x_2)}{x_1 - x_2} = 0$이다.

따라서 $f(x_1) = f(x_2)$이고, 결국 $f(x)$는 상수함수임을 알 수 있다.

[2]

직선과 곡선 $y = f(x)$ 사이의 교점이 3개 이상이라고 가정하자.

그 교점들을 각각 $A(x_1,\,y_1)$, $B(x_2,\,y_2)$, $C(x_3,\,y_3)$ (단, $x_1 < x_2 < x_3$)라 하면 두 선분 AB, BC 의 기울기는 모두 같다. 두 선분의 기울기의 값을 m 이라 하자.

평균값 정리에 의하여 열린구간 $(x_1,\,x_2)$에서 $m = f'(c_1)$를 만족하는 $c_1\,(x_1 < c_1 < x_2)$,

열린구간 $(x_2,\,x_3)$에서 $m = f'(c_2)$를 만족하는 $c_2\,(x_2 < c_2 < x_3)$가 존재하므로 $f'(c_1) = m = f'(c_2)$이다.

하지만 $f''(x) > 0$이므로 $f'(x)$는 증가함수가 되어 $f'(c_1) = f'(c_2)$인 c_1, c_2가 존재한다는 것은 모순이다.

따라서 교점은 많아야 2개다. ($f''(x) < 0$인 곡선에 대해서도 마찬가지 논리로 증명 가능)

[3]

닫힌구간 $[x,\,x+a]$에서 평균값 정리를 적용하면 $\dfrac{f(x+a) - f(x)}{(x+a) - x} = f'(c)\,(x < c < x+a)$인 c가 존재한다.

즉, $f(x+a) - f(x) = af'(c)$인 c가 존재가 존재한다.

$$\therefore \lim_{x \to \infty}\{f(x+a) - f(x)\} = \lim_{c \to \infty} af'(c) = \lim_{x \to \infty} af'(x) = ak$$

이번에 소개할 TIP은, 기대T의 수리논술 강의 내용 중 시그니처로 생각되는 파트다. 적어도 저자진이 아는 선에선 이런 디테일을 가르쳐주는 강의/교재는 없었고, 심지어 대학마저도 예시답안에서 놓친 디테일이기 때문이다.

우선 한 문제를 풀어보고 나서 얘기할 건데, 바로 풀기에는 어려울 수 있는 힘숨찐 문제다.[66]
10분 안에 풀리지 않으면 해설을 바로 보아도 좋다.

예제   한양대

$0 \leq a < b \leq \pi$ 인 상수 a , b 에 대하여 다음 부등식이 성립함을 보이시오.

$$\frac{1}{2}(b-a)^2 \cos b \leq \int_a^b (\sin b - \sin x)dx \leq \frac{1}{2}(b-a)^2 \cos a$$

연습지

---

66) Hint를 살짝 던져주자면... 당연하게도 '평균값의 정리'로 해결되는 문제이다.

[SaP 추천 답안] – 기대T 정규반 수업 中 일부

함수 $f(x) = \sin x$ 는 미분가능한 함수이므로, 평균값 정리에 의해

$$\underline{\sin b - \sin x = \cos\{\alpha(x)\} \times (b-x) \text{인 } \alpha(x)\text{가 } x\text{와 } b \text{ 사이에 항상 존재한다.}}$$

또한 $f'(x) = \cos x$ 는 구간 $[0, \pi]$ 에서 감소하므로, $0 \le a \le x \le b \le \pi$ 일 때 다음이 성립한다.

$$\cos b \le \cos\{\alpha(x)\} \le \cos a$$

따라서 $(b-x)\cos b \le (b-x)\cos\{\alpha(x)\} = \sin b - \sin x \le (b-x)\cos a$ 이고,
각 변을 a 부터 b 까지 적분하면 다음과 같다.

$$\int_a^b (b-x)\cos b\, dx \le \int_a^b (\sin b - \sin x)dx \le \int_a^b (b-x)\cos a\, dx$$

그러므로 $\dfrac{1}{2}(b-a)^2 \cos b \le \displaystyle\int_a^b (\sin b - \sin x)dx \le \dfrac{1}{2}(b-a)^2 \cos a$ 이다.

이 문제의 해설에서 주목해볼만한 포인트는 두 번째 줄의 밑줄 쳐진 부분

$$\underline{\sin b - \sin x = \cos\{\alpha(x)\} \times (b-x) \text{인 } \alpha(x)\text{가 } x\text{와 } b \text{ 사이에 항상 존재한다.}}$$

이다. 일반적인 평균값의 정리 문법이라면 $\dfrac{\sin b - \sin x}{b-x} = \cos\{\alpha(x)\}$ 로 썼을 텐데,
굳이 $\sin b - \sin x = \cos\{\alpha(x)\} \times (b-x)$ 로 쓴 이유가 무엇일까?
정답은 각주에 써둘테니 잠시 생각해 본 후 페이지 맨 아래를 보자.[67]

일반적인 평균값의 정리 문법에 의하면, 분모가 0이 되면 안되므로 $x \ne b$ 여야 한다.
그런데 이 해설의 뒷부분에서 닫힌구간 $[a, b]$ 에서의 x 에 대한 적분을 해야하기 때문에, $x = b$ 일 때도 성립하는 식을
이용하여 문제를 풀어야 한다. 그래서 분모에 제약이 없는 식(= 위에서 밑줄친 식)으로 해설에서 바꿔 쓴 것이다.

'별거 아닌데?'라고 생각할 수 있지만, 이런 사소한 디테일을 살리는 답안이 채점자에게 더 좋은 인상을 주는 것은 사실이다.
(수학전공 채점자에게 주는 합법적 뇌물인 셈이다.) 결론을 지으면,

> ⌄ **TIP**
>
> 평균값의 정리를 적용시키는 구간에 변수 x 를 달고 있는 경우, 교과서에 나온 대로 $\dfrac{f(b) - f(x)}{b-x} = f'(\alpha)$ 로 쓰는
> 것보다 $f(b) - f(x) = f'(\alpha) \times (b-x)$ 로 쓰는 것이 답안 내의 논리에서 조금 더 유리하다.

---

67) $x = b$ 인 상황을 포함하기 위함이다.

다음 OX 퀴즈를 풀어보자.

> Q. : '실수 전체의 집합에서 미분가능한 함수 $f(x)$에 대하여
>
> $f'(0) = 1$이면 $\dfrac{f(b) - f(a)}{b - a} = 1$인 순서쌍 (a, b)가 항상 존재한다.'

정답은 페이지 아래 각주에 있다.[68]
지겹도록 읽은 평균값의 정리, 한 번만 더 또박또박 정독해보자. 본인이 왜 틀렸는지 눈치챌 수 있다.

| 평균값의 정리란?

> '열린구간 (a, b)에서 미분가능하고 닫힌구간 $[a, b]$에서 연속인 함수 $f(x)$에 대하여
>
> $\dfrac{f(b) - f(a)}{b - a} = f'(c)$인 c가 열린구간 (a, b)에 적어도 하나 존재한다.'

| 유의사항 Point

문제에 있거나, 풀이를 위해 적절히 잡은 함수 $f(x)$ 및 열린구간 (a, b)에다가 평균값의 정리를 적용시킴으로써 c 의 값이 탄생된 것이다.

즉, 'c는 $a, b, f(x)$에 대한 함수'[69]라는 뜻이다. 그런데 이 말이

> $\dfrac{f(b) - f(a)}{b - a} = f'(c)$를 만족시키는 c가 우리가
>
> 원하는 값으로 나오도록 하는 적절한 $a, b, f(x)$가 항상 존재한다.

와는 다른 말임을 이해해야 한다. 위 OX 퀴즈에서 틀린 학생들은

> 이 c값이 0이라는 원하는 값[70]으로 탄생되도록 하는 (a, b)가 존재할 것이다.

라고 추측했기 때문에 O라 했고, 틀린 것이다. 즉, 평균값의 정리의 선후관계[71]를 역전시켰기에 오답을 낸 것.
텍스트로 아직 감이 잘 안오는 학생들은 다음 예제를 푼 뒤, 예제 아래의 내용을 읽어보도록 하자.

---

68) X : $f(x) = x^3 + x$ 라 하면 $\dfrac{f(b) - f(a)}{b - a} = b^2 + ba + a^2 + 1 > 1$이므로 $\dfrac{f(b) - f(a)}{b - a} = 1$ 일 수 없다.

69) 말이 너무 어려우면, $a, b, f(x)$에 따라 달라지는 값 정도로 이해하자.

70) $c = 0$이길 바랬던 것. 그러면 $\dfrac{f(b) - f(a)}{b - a} = f'(c) = f'(0) = 1$로 문제조건을 만족시킬 수 있다.

71) $f(x)$와 열린구간 (a, b)에 평균값의 정리 적용 (선행) $\rightarrow$ 적절한 c의 값 탄생 (후행)

어떤 양수 k에 대하여 함수 $f(x) = k(x^2 - 2x - 1)e^x$ 은 다음 조건을 만족시킨다.

> $0 \le a < b$ 인 임의의 두 실수 a, b에 대하여 $f(b) - f(a) + b - a \ge 0$이다.

가능한 k의 범위를 구하시오.

연습지

위의 문제에 대한 한 학생의 잘못된 풀이다.

조건의 부등식을 변형하면

$$f(b) - f(a) + b - a \ge 0 \iff \frac{f(b) - f(a)}{b - a} + 1 \ge 0 \iff \frac{f(b) - f(a)}{b - a} \ge -1$$

평균값의 정리에 의하여 $\frac{f(a) - f(a)}{b - a} = f'(c)$인 c가 구간 (a, b) 사이에 적어도 하나 존재하므로 $f'(c) \ge -1$ 임을 알 수 있다. 이때 $0 \le a < c < b$ 이므로, $f'(c) \ge -1$라는 조건은 $x > 0$일 때 $f'(x) \ge -1$과 동치이다.

위 풀이를 뒷받침하는 논리는

위 부등식이 $0 \le a < b$인 임의의 두 실수 a, b에 대하여 성립하므로, a, b의 모든 조합을 통해 모든 양수의 값을 c의 값으로 만들어 낼 수 있다. 따라서, $f'(c) \ge -1$는 $f'(x) \ge -1$가 된다.

라는 논리다. 얼핏 보면 맞는 말 같지만, 앞 페이지에서 오개념이라고 했던 문장과 정확히 일맥상통한다.

Chapter 3. 미분과 여러 가지 활용

평균값 정리의 실전 활용 Tip

| 평균값의 정리의 관계식에서 의미 찾기

평균값의 정리는 결국 관계식 $\dfrac{f(b)-f(a)}{b-a}=f'(c)$ (혹은 $f(b)-f(a)=f'(c)(b-a)$)을 활용하는 것이다.

즉, 우변과 좌변의 상호전환(= 등호가 성립) 그 자체를 활용하는 것이 곧 핵심이다. 따라서 우리는

> ① 좌변에 집중하여 함숫값의 차를 이용하기 위해 평균값의 정리를 사용
> ② 우변에 집중하여 미분계수 꼴을 등장시키기 위해 평균값의 정리를 사용

와 같이 두 가지의 관점으로 분리하여 평균값의 정리를 활용/해석해볼만 하다.
이는 평균값의 정리의 실전 활용/해석법 중 가장 근본적인 두 가지 방법이므로 머릿속에 잘 각인시켜두자.

그렇다면 먼저, ①의 경우에 대하여 알아보자.

1. 관계식의 좌변에 집중 : 함숫값의 차 형태를 이용

문제에서 $f(b)-f(a)$ 와 같이 함숫값의 차 형태가 등장했을 때, 우리는 합리적으로 평균값의 정리를 의심[72]해볼 수 있다.
(평균값의 정리의 Signal)

하지만 몇몇 문제들은 대놓고 함숫값의 차 형태를 드러내지 않는다. 우리가 직접 열심히 식 조작을 한 후, 거기에서 비로소 평균값의 정리를 떠올려 사용하는 것이 출제자들이 원하는 방향이기 때문이다.

따라서 우리는 지금까지 등장했던 여러 학교들의 기출문제로부터 '출제자가 어떻게 함숫값의 차 형태를 숨기는지' 알아 둘 필요가 있겠다. 그 방법은 대부분 다음 두 가지 중 하나[73]이다.

> ① 함숫값의 형태는 등장하지만 그것을 차의 형태로 드러내지 않는 경우 (Easy)
> ② 차 형태는 등장하지만 그것이 어떤 함숫값의 차 형태인지 드러내지 않는 경우 (Hard)

①의 경우, 주어진 식의 일부분을 적절히 이항시키면 바로 함숫값의 차 형태가 등장하므로 그리 어렵지 않다.
문제는 ②의 경우이다. 이 어떤 함수라는 것을 직접 발견하는 것이 여간 어려운게 아니다.

따라서 우리는 문제에서 이를 발견하는 연습을 미리 해둘 필요가 있겠다.
(미분의 활용 파트에서 배웠던 '주어진 식을 함숫값으로 포장하기'와 꽤 비슷하다)

---

72) '이 문제는 함숫값의 차 형태가 등장했으니 무조건 평균값의 정리를 사용하는 문제야!'라고 단정 짓지 말라는 것이다.
   '이 상황에서는 무조건 이 풀이를 선택해야해' 같은건 없다! 만약 이렇게 됐다면 수학은 애당초 암기 과목이 되었을 것...
   하지만 어떤 상황 아래 합리적으로 '의심'하고 '시도'해볼 만한 풀이는 충분히 존재할 수 있음을 인지하자.
73) $\ln(n+1)=\ln(n+1)-\ln(1)$와 같이 ①과 ②가 동시에 사용되는 경우가 드물게 출제된다.

[1] 함수 $f(x) = \displaystyle\int_0^x \dfrac{\ln(t+1)+1}{t+1}\,dt$ 에 대하여 $x > 0$ 일 때 다음 부등식이 성립함을 보이시오.

$$2f\left(\dfrac{2}{x}\right) > f\left(\dfrac{1}{x}\right) + f\left(\dfrac{3}{x}\right)$$

[2] 열린구간 $(-1,\ 1)$ 에 속하는 임의의 실수 x 에 대하여, 아래 관계식을 만족하는 실수 w 가 열린구간 $(-1,\ 1)$ 에 적어도 하나 존재함을 보이시오.

$$(x+1)w + \left(\sqrt{4-x^2} - \sqrt{3}\right)\sqrt{4-w^2} = 0$$

연습지

[1]

주어진 부등식을 정리하면 다음과 같다.

$$f\left(\frac{2}{x}\right) - f\left(\frac{1}{x}\right) > f\left(\frac{3}{x}\right) - f\left(\frac{2}{x}\right)$$

위의 좌변과 우변의 식에 각각 평균값의 정리를 사용하면

$$f\left(\frac{2}{x}\right) - f\left(\frac{1}{x}\right) = \frac{f'(c_1)}{x}$$ 인 c_1 이 열린구간 $\left(\frac{1}{x}, \frac{2}{x}\right)$ 에 적어도 하나 존재한다.

$$f\left(\frac{3}{x}\right) - f\left(\frac{2}{x}\right) = \frac{f'(c_2)}{x}$$ 인 c_2 가 열린구간 $\left(\frac{2}{x}, \frac{3}{x}\right)$ 에 적어도 하나 존재한다.

한편, $f'(x) = \dfrac{\ln(x+1)+1}{x+1}$, $f''(x) = \dfrac{-\ln(x+1)}{(x+1)^2}$ 이므로 $x > 0$ 에서 $f'(x)$ 는 감소한다.
그러므로 $c_1 < c_2$ 에서 $f'(c_1) > f'(c_2)$ 이다.

따라서 문제에서 주어진 부등식 $2f\left(\dfrac{2}{x}\right) > f\left(\dfrac{1}{x}\right) + f\left(\dfrac{3}{x}\right)$ 이 성립함을 알 수 있다.

[2]

함수 $f(x) = \sqrt{4-x^2}$ $(-1 < x < 1)$ 를 도입하자.
함수 $f(x)$ 에 대하여 -1 과 열린구간 $(-1, 1)$ 에 속하는 x 에 관해 평균값의 정리를 적용하면

$$\frac{f(x) - f(-1)}{x+1} = f'(w) \quad \cdots\cdots \bigcirc$$

을 만족하는 w 가 열린구간 $(-1, x)$ 에 적어도 하나 존재한다.
이때, $x < 1$ 이므로 $\bigcirc$ 을 만족시키는 c 가 열린구간 $(-1, 1)$ 에 적어도 하나 존재함을 알 수 있다.

따라서 문제의 관계식

$$\frac{f(x) - f(-1)}{x+1} = \frac{\sqrt{4-x^2} - \sqrt{3}}{x+1} = -\frac{w}{\sqrt{4-w^2}} = f'(w)$$

을 만족시키는 w 가 열린구간 $(-1, 1)$ 에 적어도 하나 존재함을 알 수 있다.

2. 관계식의 우변에 집중 : 미분된(= 차수가 낮아진) 형태를 이용

다시 한번 평균값의 정리의 관계식 $\dfrac{f(b)-f(a)}{b-a}=f'(c)$ (혹은 $f(b)-f(a)=f'(c)(b-a)$)을 바라보자.

좌변이 우변으로 바뀌면, 즉 $f(x)$ 의 정보가 $f'(x)$ 의 정보로 바뀔 때 어떤 이점이 존재할까? 바로

① 도함수에 관한 문제조건을 활용하기 쉽다.
② 적분에 용이한 형태가 만들어질 가능성이 높다.

이다. ②는 너무 다양한 활용이 가능해서 유형화하기 힘들기 때문에 기대T 현강에서도 잠깐만 소개하는 것으로 하고,[74] 본 교재에서는 ①에 집중하여 문제를 풀어보자.

예제　　　　　　　　　　　　　　　　　　　　　　　　　　　　　　　　연세대

미분가능한 함수 $f(x)$ 에 대하여 $I=\displaystyle\int_{-1}^{-b}\dfrac{f(a+x)}{x}dx+\int_{b}^{1}\dfrac{f(a+x)}{x}dx$ 라 하자.

모든 실수 x 에 대하여 $f(x)$ 의 도함수가 $|f'(x)|\le 1$ 을 만족시킬 때, a 와 b 의 값에 관계없이 $|I|\le 2$ 임을 보이시오. (단, a 와 b 는 실수이고, $0<b<1$ 이다.)

연습지

---

74) '적분 전 평균값의 정리 선적용'이라는 활용법이 있다는 것을 기억해두면 좋겠다.

치환하여 정리하면

$$I = \int_{-1}^{-b} \frac{f(a+x)}{x}dx + \int_{b}^{1} \frac{f(a+x)}{x}dx = \int_{b}^{1} \frac{f(a+x)-f(a-x)}{x}dx$$

이다.

평균값의 정리에 의해 함수 $f(x)$ 가 닫힌구간 $[a-x,\ a+x]$ 에서 연속이고 열린구간 $(a-x,\ a+x)$ 에서 미분가능하므로 $\dfrac{f(a+x)-f(a-x)}{2x}=f'(c)$ 인 c 가 열린구간 $(a-x,\ a+x)$에 존재한다.

즉, $\dfrac{f(a+x)-f(a-x)}{x}=2f'(c)$ 이므로

$$-2 \leq \frac{f(a+x)-f(a-x)}{x} \leq 2$$

이다.

각변을 b 에서부터 1 까지 적분하면 다음과 같다.

$$\int_{b}^{1}(-2)\,dx \leq \int_{b}^{1}\frac{f(a+x)-f(a-x)}{x}dx \leq \int_{b}^{1}2\,dx$$
$$\Rightarrow -2(1-b) \leq \int_{b}^{1}\frac{f(a+x)-f(a-x)}{x}dx \leq 2(1-b)$$

따라서 $0 < b < 1$ 이므로 $-2 \leq \displaystyle\int_{b}^{1}\frac{f(a+x)-f(a-x)}{x}dx \leq 2$ 이다.

[Comment 1]
우변에 집중하며 평균값의 정리를 해석하면 결국 $f'(x)$ (= 도함수, 미분계수)가 문제의 Main이 될 수 밖에 없다.

[Comment 2]
평균값의 정리는 $f(x)$ 와 $f'(x)$ 의 정보를 상호전환시킬 수 있는 도구임을 Remind 하자.

3. 평균값의 정리의 정의에 집중 : 문제 발문과 원문의 비교

문제에서 평균값의 정리의 원문과 비슷한 양상의 발문을 제시할 때가 있다. 즉, 문제를 읽었을 때

'(함숫값의 차 형태) $=$ (미분된 형태)인 (상수$_1$)가 (상수$_2$)와 (상수$_3$) 사이에 존재'

와 같은 문장을 찾을 수 있는 경우를 말하는 것이다. (평균값의 정리 Signal)
우리는 이때 문제의 정보를 평균값의 정리 원문 순서에 맞춰 그대로 일대일대응 시킬 수 있어야 한다.

예제

인하대

제시문

(가) 함수 $f(x)$가 닫힌구간 $[a, b]$에서 연속이고 열린구간 (a, b)에서 미분가능하면

$$\frac{f(b) - f(a)}{b - a} = f'(c)$$

를 만족하는 c가 a와 b 사이에 적어도 하나 존재한다.

※ 자연수 n에 대하여 방정식 $\sin x = \dfrac{1}{x}$는 열린구간 $\left(2n\pi, \ 2n\pi + \dfrac{\pi}{2}\right)$에서 유일한 해 $x = a_n$을 갖는다.
또한, 모든 자연수 n에 대하여 부등식 $2n\pi < a_{n+1} - 2\pi < a_n$이 성립한다.

이때, 각 자연수 n에 대하여

$$a_n - a_{n+1} + 2\pi = \frac{1}{\cos b_n}\left(\frac{1}{a_n} - \frac{1}{a_{n+1}}\right)$$

을 만족하는 b_n이 $a_{n+1} - 2\pi$와 a_n 사이에 존재함을 보이시오.

예제 해설

닫힌구간 $[a_{n+1} - 2\pi, \ a_n]$에서 함수 $f(x) = \sin x$에 평균값 정리를 적용하면
$\dfrac{\sin a_n - \sin(a_{n+1} - 2\pi)}{a_n - a_{n+1} + 2\pi} = \cos b_n$ 인 b_n이 $a_{n+1} - 2\pi$와 a_n 사이에 적어도 하나 존재한다.

즉, $a_n - a_{n+1} + 2\pi = \dfrac{\sin a_n - \sin(a_{n+1} - 2\pi)}{\cos b_n} = \dfrac{\sin a_n - \sin a_{n+1}}{\cos b_n} = \dfrac{1}{\cos b_n}\left(\dfrac{1}{a_n} - \dfrac{1}{a_{n+1}}\right)$ 을 얻는다.

문제의 해설이 짧고 대놓고 제시문에 평균값의 정리가 있어서 쉬운 문제처럼 보이는 것이지,
풀이과정에서 $[a_{n+1} - 2\pi, \, a_n]$ 라는 구간과 $f(x) = \sin x$ 라는 함수를 떠올리는 것이 여간 어려운게 아니다.

이때, 이런 어려움을 해결하는 방법이 바로 문제의 정보를 평균값의 정리 원문에 일대일대응 시키는 것이다.
이걸로 어려움이 해결되냐고? 당연히 해결된다. 왜?

출제자 또한 평균값의 정리 원문과 기본 구조를 훼손하며 문제를 출제할 수 없기 때문이다.[75]

따라서 우리는 이 점을 역으로 이용하여 문제를 해결해 나갈 수 있겠다.

| **문제의** $\boxed{b_n \text{이 } a_{n+1} - 2\pi \text{와 } a_n \text{ 사이에 존재함}}$ **이라는 문장을 통해 의심하기**

이 어구를 통해 '사잇값 정리' 혹은 '평균값의 정리'를 의심해볼 수 있다.
근데 사실 답은 평균값의 정리로 정해져 있었다. 제시문에 있는데 이걸 놓쳤다면... (반성!)

| **평균값의 정리의 원문** $\boxed{\dfrac{f(b) - f(a)}{b - a} = f'(c) \text{ 인 } c\text{가 } a\text{와 } b \text{ 사이에 존재}}$ **과 문제의 정보 비교하기**

다음 두 문장을 문장을 구성하는 각각의 단어들에 집중하며 살펴보자.

정리원문: $\dfrac{f(b) - f(a)}{b - a} = f'(c)$ 인 $\underline{c}$ 가 $\underline{a}$ 와 $\underline{b}$ 사이에 존재

문제정보: $a_n - a_{n+1} + 2\pi = \dfrac{1}{\cos b_n}\left(\dfrac{1}{a_n} - \dfrac{1}{a_{n+1}}\right)$ 인 b_n 가 $a_{n+1} - 2\pi$ 와 a_n 사이에 존재

밑줄 친 부분들을 그대로 아랫줄과 일치시켜보면 $c = b_n$, $a = a_{n+1} - 2\pi$, $b = a_n$ 이 되고,

이를 정리원문의 맨 첫 밑줄에 대입해보면 $\dfrac{f(a_n) - f(a_{n+1} - 2\pi)}{a_n - (a_{n+1} - 2\pi)} = f'(b_n)$이 된다.

이것과 문제조건의 밑줄 식이 일치하도록 하는 적당한 함수 $f(x)$를 찾으면 문제접근이 끝난다.

$\cos b_n$이 있으니 이것은 $f'(b_n)$와 관련이 있을 것 같아서 $f'(x) = \cos x$로 합리적 의심을 해보고!

a_n, a_{n+1}은 방정식 $\sin x = \dfrac{1}{x}$의 해니까... 관계식 $\sin a_n = \dfrac{1}{a_n}$, $\sin a_{n+1} = \dfrac{1}{a_{n+1}}$ 이 쓰일 것으로 합리적 의심!

방정식에 $\sin x$가 있으니까... $f(x) = \sin x$라 합리적 의심하면? 역시는 역시이다. $(\sin x)' = \cos x$이 등장!

이렇게 세 의심이 하나의 결과로 귀결돼서, 문제접근이 완료되게 된다.
우연히 맞은 이디리리고 생각할 수 있지만, 이것이 어려운 평균값이 정리 문제를 뚫는 필살기[76]다.

그리고 노파심에 말하지만 위 과정은 문제풀이 접근방법일 뿐이므로, 답안은 다른 방식으로 써줘야 한다.

---

[75] 따라서 평균값의 정리의 원문을 달달 외워서 머릿속에 담아두도록 하자.
[76] 남들은 '이걸 어떻게 생각해'하고 있을 때 우리는 문제 출제의 구조를 이해하여 역으로 힌트를 얻어나가는 과정인 셈

4. 형태가 약간 뒤틀린 평균값의 정리 눈에 익혀두기

| 적분의 평균값의 정리 ver. ①

$f(x)$가 닫힌구간 $[a, b]$에서 연속일 때, $\dfrac{\displaystyle\int_a^b f(x)dx}{b-a} = f(c)$를 만족시키는 $c\,(a < c < b)$가 적어도 하나 존재한다.

증명 ✏️

> $f(x)$의 부정적분을 $F(x)$라 하면 $\displaystyle\int_a^b f(x)dx = F(b) - F(a)$이므로
>
> $\dfrac{\displaystyle\int_a^b f(x)dx}{b-a} = f(c) \iff \dfrac{F(b)-F(a)}{b-a} = f(c)$ 이다.
>
> 따라서 함수 $F(x)$에 대한 평균값의 정리를 증명하면 되는데, 앞서 롤의 정리를 이용하여 증명했었다.

굳이 적분의 평균값 정리 ver. ①을 기존의 평균값의 정리와 구분하여 사용하진 말자.

적분 기호만 쓰였을 뿐, 함수 $F(x) = \displaystyle\int f(x)dx$에 대한 평균값의 정리 모양과 다를 바가 없기 때문이다.

| 적분의 평균값의 정리의 그래프적 의미 (참고)

위의 식을 정리하면 $\displaystyle\int_a^b f(x)dx = f(c)(b-a)$이다. 좌변은 $y = f(x)$의 그래프와 x축 사이의 넓이를 의미하고,

우변은 $b-a$와 $f(c)$를 각각 가로 길이, 세로 길이로 하는 직사각형 넓이를 의미한다.

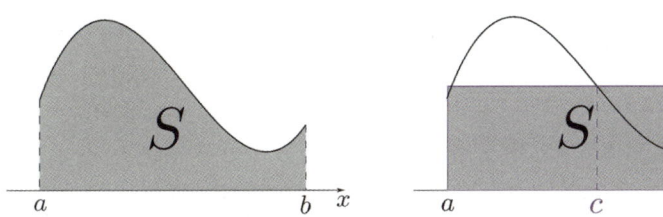

예제
서울과기대

> 자연수 n에 대하여 0이 아닌 실수 a_0, a_1, $\cdots$, a_n이 $\dfrac{a_0}{1} + \dfrac{a_1}{3} + \dfrac{a_2}{5} + \cdots + \dfrac{a_n}{2n+1} = 0$을 만족시킨다.
>
> 이때, 방정식 $a_0 + a_1 x^2 + a_2 x^4 + \cdots + a_n x^{2n} = 0$의 실근의 개수가 2 이상임을 보이시오.

연습지

$f(x) = a_0 x + \dfrac{a_1}{3} x^3 + \dfrac{a_2}{5} x^5 + \cdots + \dfrac{a_n}{2n+1} x^{2n+1}$ 이라 하면, $f(0) = 0$ 이고 문제조건에 의하여 $f(1) = 0$ 이다.

따라서 롤의 정리에 의하여 방정식 $f'(x) = 0$의 해 $x = c$가 0과 1 사이에 존재한다.

한편 $f'(x) = a_0 + a_1 x^2 + a_2 x^4 + \cdots + a_n x^{2n}$에 대하여 $f'(c) = f'(-c)$이므로,

$x = -c$ 역시 방정식 $f'(x) = 0$의 해이다.

따라서 방정식 $a_0 + a_1 x^2 + a_2 x^4 + \cdots + a_n x^{2n} = 0$ 의 실근의 개수는 2 이상이다.

| 적분의 평균값 정리 ver. ②

두 함수 $f(x)$, $g(x)$가 닫힌구간 $[a, b]$에서 연속이고 $g(x) > 0$일 때,

$$\int_a^b f(x)g(x)dx = f(c) \times \int_a^b g(x)dx$$

를 만족시키는 $c\,(a < c < b)$가 적어도 하나 존재한다.

증명

최대최소정리에 의하여 함수 $f(x)$는 최솟값 $m = f(c_1)$과 최댓값 $M = f(c_2)$을 갖는다.[77]

따라서 $m \leq f(x) \leq M$ 이고, 양변에 $g(x)$를 곱한 후 닫힌구간 $[a, b]$에서 정적분을 하면

$$m \int_a^b g(x)dx \leq \int_a^b f(x)g(x)dx \leq M \int_a^b g(x)dx$$

이고, 양변을 $\displaystyle\int_a^b g(x)dx$로 나누면 $f(c_1) = m \leq \dfrac{\displaystyle\int_a^b f(x)g(x)dx}{\displaystyle\int_a^b g(x)dx} \leq M = f(c_2)$ 임을 알 수 있다.

사잇값 정리에 의하여 $\dfrac{\displaystyle\int_a^b f(x)g(x)dx}{\displaystyle\int_a^b g(x)dx} = f(c)$인 c가 c_1, c_2 사이에 존재하므로, 이를 정리하면

$\displaystyle\int_a^b f(x)g(x)dx = f(c) \times \int_a^b g(x)dx$ 인 $c\,(a < c < b)$ 가 적어도 하나 존재함을 알 수 있다.[78]

---

77) 원래는 롤의 정리 증명 때처럼 $f(x)$가 상수함수인 케이스도 나눠서 증명해주는 것이 일반적인 증명이나, 이 증명이 부족하진 않다.

78) 참고로 인하대에서 이 증명 자체를 문제로 출제한 적이 있다. 여러 가지 증명들... 외워야겠지..?

증명과정을 아래처럼 간단히 정리해두면 좋다.

최대최소정리 → $g(x)$ 곱하기 → 정적분 → 적분값 나누기 → 사잇값 정리

또한 $g(x) = 1$일 때, 적분의 평균값 정리 ver. ②의 식은

$$\int_a^b f(x)dx = f(c) \times \int_a^b 1dx = f(c) \times (b-a) \Leftrightarrow \frac{\int_a^b f(x)dx}{b-a} = f(c)$$

로, 적분의 평균값 정리 ver. ①이 나온다.

예제

이화여대

[1] 평균값의 정리를 이용하여

$$\int_0^\pi e^x \sin x\, dx = \pi e^c \sin c$$

를 만족하는 실수 c가 구간 $(0, \pi)$에 존재함을 보이시오.

[2] 사잇값 정리를 이용하여

$$\int_0^\pi e^x \sin x\, dx = \sin c \int_0^\pi e^x dx$$

를 만족하는 실수 c가 구간 $(0, \pi)$에 존재함을 보이시오.

[3] $\int_0^\pi e^x \sin x\, dx = \pi e^c \sin c$을 만족하고 구간 $(0, \pi)$에 존재하는 모든 실수 c의 합을 구하시오.

연습지

[1]

$[a, b]$ 에 속하는 x 에 대하여 $F(x) = \displaystyle\int_a^x e^t \sin t\, dt$ 는 미분가능하고 $F'(x) = e^x \sin x$ 로 주어진다.

그러므로 $\displaystyle\int_0^\pi f(x)dx = F(\pi) - F(0)$ 이고 평균값의 정리에 의하여

$$\frac{F(\pi) - F(0)}{\pi - 0} = F'(c) = e^c \sin c$$

가 성립하는 c 가 $(0, \pi)$ 에 적어도 하나 존재한다.

[2]

구간 $[0, \pi]$ 에서 $e^x \times 0 < e^x \times \sin x < e^x \times 1$ 이므로 $0 \times \displaystyle\int_0^\pi e^x dx < \int_0^\pi e^x \sin x\, dx < 1 \times \int_0^\pi e^x dx$ 이다.

따라서 0과 1 사이의 어떤 실수 k 에 대하여 $\displaystyle\int_0^\pi e^x \sin x\, dx = k \times \int_0^\pi e^x dx$ 이 성립하고 $\sin c = k$ 인 c 가 구간 반드시

존재하므로, $\displaystyle\int_0^\pi e^x \sin x\, dx = \sin c \times \int_0^\pi e^x dx$ 인 c 가 구간 $(0, \pi)$ 에 존재한다.

[3]

부분적분에 의하여 $\displaystyle\int e^x \sin x\, dx = \frac{1}{2} e^x (\sin x - \cos x) + C$ 이므로

$$\int_{-\pi}^\pi e^x \sin x\, dx = \left[\frac{1}{2} e^x (\sin x - \cos x) \right]_{-\pi}^\pi = \frac{-e^\pi \cos \pi + e^{-\pi} \cos(-\pi)}{2} = \frac{1}{2}\left(e^\pi - e^{-\pi} \right)$$

이고,

$$\sin c = \frac{\displaystyle\int_{-\pi}^\pi e^x \sin x\, dx}{\displaystyle\int_{-\pi}^\pi e^x dx} = \frac{1}{2} \times \frac{e^\pi - e^{-\pi}}{e^\pi - e^{-\pi}} = \frac{1}{2}$$

이다. 그러므로 $c = \dfrac{1}{6}\pi,\ \dfrac{5}{6}\pi$ 이고 그 합은 π 이다.

즉, 이 문제는 사실 c 가 구체적으로 나오는 문제이기 때문에 평균값의 정리를 쓸 필요가 없었던 문제였다.

┃ 코시의 평균값의 정리

다음 명제를 코시의 평균값정리라고 한다.

> 두 함수 f, g가 닫힌구간 $[a, b]$에서 연속이고 열린구간 (a, b)에서 미분가능할 때,
>
> $\dfrac{f(b) - f(a)}{g(b) - g(a)} = \dfrac{f'(c)}{g'(c)}$인 c가 열린구간 (a, b)에 적어도 하나 존재한다.
>
> (단, 열린구간 (a, b)에서 $g'(x) \neq 0$)

증명 ✎

[잘못된 증명]

평균값의 정리에 의하여 $\dfrac{f(b) - f(a)}{b - a} = f'(c)$인 c … ① 가 존재하며,

마찬가지로 평균값의 정리에 의하여 $\dfrac{g(b) - g(a)}{b - a} = g'(c)$인 c … ② 가 존재한다.

따라서 $\dfrac{\dfrac{f(b) - f(a)}{b - a}}{\dfrac{g(b) - g(a)}{b - a}} = \dfrac{f'(c)}{g'(c)}$인 c가 존재한다.

이 증명이 잘못된 이유는, ①과 ②의 c가 서로 일치하리라는 보장이 없기 때문이다.

사실 ①에서 c를 썼으면, ②에서는 $\dfrac{g(b) - g(a)}{b - a} = g'(d)$인 d와 같이 다른 문자를 사용해주는 것이 맞다.

증명 ✎

[제대로 된 증명]

함수설정이 Main Idea다. $F(x) = f(x) - f(a) - \dfrac{f(b) - f(a)}{g(b) - g(a)}\{g(x) - g(a)\}$라 두자.

$F(a) = 0$, $F(b) = 0$이므로 롤의 정리에 의하여 $F'(c) = 0$인 c가 존재한다.

따라서 어떤 c에 대하여 $F'(c) = f'(c) - \dfrac{f(b) - f(a)}{g(b) - g(a)} g'(c) = 0$이고, 이를 정리하면

$\dfrac{f(b) - f(a)}{g(b) - g(a)} = \dfrac{f'(c)}{g'(c)}$인 c가 열린구간 (a, b)에 적어도 하나 존재함을 알 수 있다.

이 증명에서 $F(x)$의 형태를 아무런 힌트 없이 바로 떠올릴 수 있는 학생은 단 1%도 없다.

어려운 아이디어임이 당연한 사실이고, 만약 실전에서 등장한다면 제시문으로 힌트를 줄 가능성이 매우 높다.

그래도 혹시 나올 수 있기 때문에, 형태를 한 번만 더 스캔하고 넘어가자.[79]

$$F(x) = f(x) - f(a) - \frac{f(b) - f(a)}{g(b) - g(a)}\{g(x) - g(a)\}$$

---

79) 외울 수 있으면 외우는데, 굳이 억지로 외울 필요는 전혀전혀전혀전혀전혀 없다!

실전 논제 풀어보기

논제 **1** ★★★★☆ 인하대 메디컬

제시문

함수 $y = f(x)$에서 x의 값이 a에서 $a + \Delta x$까지 변할 때의 평균변화율 $\dfrac{\Delta y}{\Delta x} = \dfrac{f(a + \Delta x) - f(a)}{\Delta x}$에 대하여 $\Delta x \to 0$일 때 평균변화율의 극한값

$$\lim_{\Delta x \to 0} \frac{\Delta y}{\Delta x} = \lim_{\Delta x \to 0} \frac{f(a + \Delta x) - f(a)}{\Delta x}$$

가 존재하면, 함수 $y = f(x)$는 $x = a$에서 미분가능하다고 한다.

[1] 열린구간 $(0,\ 2\pi)$에서 정의된 함수 $f(x) = |\sin(3x)|$가 점 $x = a$에서 미분가능하지 않도록 하는 실수 $s\,(0 < s < 2\pi)$를 모두 구하시오.

[2] 열린구간 $(0,\ 2\pi)$에서 정의된 함수 $f(x) = |\sin(x)| - \dfrac{1}{3}|\sin(3x)|$가 점 $x = a$에서 미분가능하지 않도록 하는 실수 $s\,(0 < s < 2\pi)$의 개수를 구하시오.

[3] 열린구간 $(0,\ 2\pi)$에서 정의된 함수

$$f(x) = \frac{1}{36}|\sin(36x)| - \frac{1}{42}|\sin(42x)|$$

가 점 $x = a$에서 미분가능하지 않도록 하는 실수 $s\,(0 < s < 2\pi)$의 개수를 구하시오.

연습지

다음과 같이 닫힌구간 $\left[0,\ \pi^2+2\pi\right]$에서 정의된 함수 $f(x)$

$$f(x)=\frac{\sqrt{x+1}+1}{x+2(\sqrt{x+1}+1)\cos(\sqrt{x+1}-1)}$$

가 최댓값을 갖게 하는 x를 구하시오.

연습지

제시문

(가) 두 함수 $f(x)$, $g(x)$ 가 미분가능할 때 $\{f(x)g(x)\}' = f'(x)g(x) + f(x)g'(x)$ 이다.

(나) 미분가능한 두 함수 $y = f(u)$, $u = g(x)$ 에 대하여 합성함수 $y = f(g(x))$ 의 도함수는
$\{f(g(x))\}' = f'(g(x))g'(x)$ 이다.

(다) 함수 $f(x)$ 가 임의의 세 실수 a, b, c 를 포함하는 열린구간에서 연속일 때 다음 식이 성립한다.

$$\int_a^c f(x)dx + \int_c^b f(x)dx = \int_a^b f(x)dx$$

(라) 미분가능한 함수 $g(x)$ 의 도함수 $g'(x)$ 가 닫힌구간 $[a, b]$ 를 포함하는 열린구간에서 연속이고, $g(a) = \alpha$, $g(b) = \beta$ 에 대하여 함수 $f(x)$ 가 α 와 β 를 양끝으로 하는 닫힌구간에서 연속일 때 다음 식이 성립한다.

$$\int_a^b f(g(x))\,g'(x)\,dx = \int_\alpha^\beta f(t)dt$$

양의 실수 α 에 대하여, 곡선

$$y = \sqrt[3]{\alpha + \frac{x}{1 \times 2 \times 3}} \times \sqrt[3]{\left(\alpha + \frac{x}{2 \times 3 \times 4}\right)^2} \times \left(\alpha + \frac{x}{3 \times 4 \times 5}\right)$$

위의 점 $(0, \alpha^2)$ 에서의 접선이 점 $(5, 1)$ 을 지난다고 할 때, α 의 값을 구하시오.

연습지

답안지

〈그림1〉과 같이 모든 항이 양수인 수열 $\{a_n\}$ 에 대하여 쌍곡선 $\dfrac{x^2}{(a_{n+1})^2} - y^2 = 1\ (x \geq a_{n+1})$과

함수 $y = \ln(1+x)$ 의 그래프는 한 점에서 만난다. 이 점의 x 좌표를 b_n 이라 할 때,

아래 제시문을 참고하여 다음 물음에 답하시오. (기하의 개념이 1도 쓰이지 않는 순수 미적분 문제입니다.)

제시문

(가) $x > 0$ 인 실수 x 에 대하여 $\ln(1+x) < x$ 가 성립한다.

(나) 자연수 n 에 대하여 $\left(1 + \dfrac{1}{n}\right)^n \leq \left(1 + \dfrac{1}{n+1}\right)^{n+1}$ 이 성립한다.

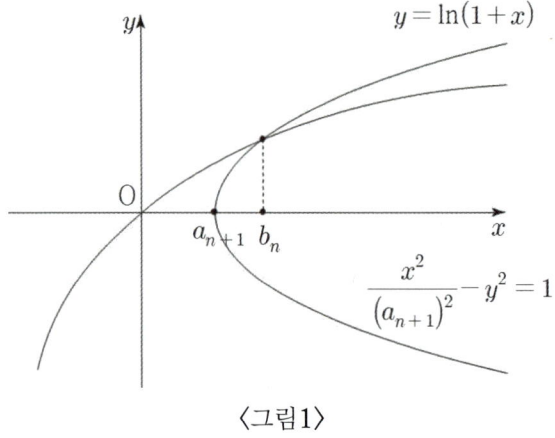

〈그림1〉

[1] 수열 $\{a_n\}$ 이 $1 + \dfrac{1}{(a_n)^2} \leq \dfrac{1}{(a_{n+1})^2}$ 을 만족시킬 때, $a_{n+1} < b_n < a_n$ 이 성립함을 보이시오.

[2] $a_n = \dfrac{1}{\sqrt{n}}\left(1 + \dfrac{1}{n}\right)^{-\frac{n}{2}}$ 일 때, $\displaystyle\lim_{n \to \infty} \sqrt{n}\,\ln(1+b_n)$ 의 값을 구하시오.

연습지

제시문

세 함수 $p(x)$, $q(x)$, $r(x)$ 가 모든 실수 x 에 대하여 $p(x) \leq q(x) \leq r(x)$ 이고,
$\lim\limits_{x \to a} p(x) = \lim\limits_{x \to a} r(x) = \alpha$ 이면 $\lim\limits_{x \to a} q(x) = \alpha$ 이다. (단, α 는 실수이다.)

모든 실수 x 에 대하여 $g(x) \geq 0$ 인 함수 $g(x)$ 가 다음 두 조건을 만족시킨다.

(가) 모든 실수 x_1, x_2 에 대하여 $x_1 < x_2$ 이면 $g(x_1) \leq g(x_2)$ 이다.

(나) 모든 자연수 n 에 대하여 $g\left(\dfrac{1}{2^n}\right) \leq \dfrac{n}{2(n+1)} \times g\left(\dfrac{1}{2^{n-1}}\right)$ 이다.

[1] $g(0)$ 의 값을 구하시오.

[2] $\lim\limits_{m \to \infty} \dfrac{g\left(\dfrac{1}{m}\right) - g(0)}{\dfrac{1}{m}}$ 의 값을 구하시오. (단, m 은 자연수이다.)

연습지

제시문

(가) $a > 0$, $0 \leq b \leq 1$ 인 상수 a, b에 대하여 함수

$$f(x) = a\sqrt{1+e^x} + \ln\left(\frac{\sqrt{1+e^x} - b}{\sqrt{1+e^x} + b}\right)$$

의 도함수가 $f'(x) = \sqrt{1+e^x}$ 이다.

(나) 곡선 $h(x)$ $(c \leq x \leq d)$의 길이는 $\displaystyle\int_c^d \sqrt{1+\{h'(x)\}^2}\,dx$ 이다.

(다) 수열 $\{\alpha_n\}$, $\{\beta_n\}$, $\{\gamma_n\}$에 대하여 $\displaystyle\lim_{n\to\infty}\alpha_n = \lim_{n\to\infty}\beta_n = L$ 이고, 모든 자연수 n에 대하여

$\alpha_n \leq \beta_n \leq \gamma_n$ 이면, $\displaystyle\lim_{n\to\infty}\gamma_n = L$ 이다.

(라) 연속함수 $p(x)$, $q(x)$, $r(x)$에 대하여 닫힌구간 $[c, d]$에서 $p(x) \leq q(x) \leq r(x)$이면

$$\int_c^d p(x)\,dx \leq \int_c^d q(x)\,dx \leq \int_c^d r(x)\,dx$$

이다.

[1] $a + b$의 값을 구하시오.

[2] 실수 k에 대하여 곡선 $y = e^x$ $\left(k \leq x \leq k + \dfrac{1}{e^k}\right)$의 길이를 $g(k)$라 할 때, $\displaystyle\lim_{k\to\infty} g(k)$의 값을 구하시오.

[3] 함수 $f(x)$의 한 부정적분을 $F(x)$라 할 때, $\displaystyle\lim_{x\to\infty}\frac{F(2x)}{e^x}$의 값을 구하시오. (단, $\displaystyle\lim_{x\to\infty}\frac{x}{e^x} = 0$)

[1] $a^2 > b > 0$일 때, 다음 세 실수의 크기를 비교하시오.

$$a - \sqrt{a^2 - b} \; , \; \sqrt{a^2 + b} - a \; , \; \frac{b}{2a}$$

[2] $a^3 > b > 0$일 때, 다음 부등식이 성립함을 보이시오.

$$\sqrt[3]{a^3 + b} - a < a - \sqrt[3]{a^3 - b}$$

[3] 두 절댓값 $\left| 75 - \sqrt{5627} \right|$ 과 $\left| 7 - \sqrt[3]{341} \right|$ 의 크기를 비교하시오.

연습지

함수 $f(x) = \ln\{\ln(x+e)\}$ 와 양의 실수 a, b에 대하여 부등식

$$f(a+b) < f(a) + f(b)$$

가 항상 성립함을 보이시오.

연습지

함수 $f(x) = \ln\{\ln(x+e)\}$ 와 양의 실수 a, b에 대하여 부등식

제시문

(가) 함수 $f(x)$ 가 닫힌구간 $[a, b]$ 에서 연속이고 열린구간 (a, b) 에서 미분가능하면

$$\frac{f(b)-f(a)}{b-a}=f'(c) \text{ 인 } c \text{ 가 열린구간 } (a, b) \text{ 에 적어도 하나 존재한다.}$$

(나) 두 함수 $f(x)$, $g(x)$ 가 닫힌구간 $[a, b]$ 에서 미분가능하고, $f'(x)$, $g'(x)$ 가 연속일 때, 다음 등식이 성립한다.

$$\int_a^b f(x)g'(x)\,dx = \left[\, f(x)g(x) \,\right]_a^b - \int_a^b f'(x)g(x)\,dx$$

[1] 함수 $f(x)=\sqrt{1+x}$ 에 제시문 (가)를 적용하여 $-1 < x < 0$ 일 때 부등식 $\sqrt{1+x} < 1+\dfrac{x}{2}$ 이 성립함을 보이시오.

[2] 닫힌구간 $[a, b]$ 에서 연속이고 열린구간 (a, b) 에서 미분가능한 함수 $f(x)$ 가 모든 $x \in (a, b)$ 에 대하여 $f(x) > 0$ 을 만족할 때, $\dfrac{1}{a-c}+\dfrac{1}{b-c}=\dfrac{f'(c)}{f(c)}$ 인 c 가 열린구간 (a, b) 에 적어도 하나 존재함을 보이시오.

연습지

제시문

(가) 함수 $f(x)$가 닫힌구간 $[a, b]$에서 연속이고 열린구간 (a, b)에서 미분가능할 때,

$f'(c) = \dfrac{f(b) - f(a)}{b - a}$ 인 c가 열린구간 (a, b)에 적어도 하나 존재한다.

(나) 함수 $f(x)$가 어떤 구간에 속하는 임의의 두 실수 x_1, x_2에 대하여 $x_1 < x_2$일 때 $f(x_1) < f(x_2)$이면 $f(x)$는 이 구간에서 증가한다고 한다. 또 $x_1 < x_2$일 때 $f(x_1) > f(x_2)$이면 $f(x)$는 이 구간에서 감소한다고 한다. 함수 $f(x)$가 닫힌구간 $[a, b]$에서 연속이고 열린구간 (a, b)에서 미분가능할 때, 구간 (a, b)의 모든 x에 대하여 $f'(x) > 0$이면 $f(x)$는 $[a, b]$서 증가한다.

※ 함수 $f(x) = \begin{cases} x^2 - 4x + 3 & (x \geq 0) \\ x^2 + 4x + 3 & (x < 0) \end{cases}$ 에 대하여 다음 질문에 답하시오.

[1] 다음 명제가 참이 되도록 하는 실수 a의 값의 집합을 구하시오.

$t > a$인 어떤 실수 t에 대하여 $f(t) < f(a)$가 성립한다.

[2-1] 실수 전체의 집합에서 정의된 함수 $g(x)$가 다음 조건을 만족할 때, 함수 $g(x)$의 그래프의 개형을 그리시오.

모든 실수 a에 대하여 $g(a) = \lim\limits_{x \to a+} f'(x)$이다.

[2-2] 다음 명제는 거짓이다. 이 명제가 성립하지 않는 a, b의 예를 찾으시오.

모든 실수 a, b에 대하여 $\dfrac{f(b) - f(a)}{b - a} = \lim\limits_{x \to c+} f'(x)$이고 $a < c < b$인 실수 c가 존재한다.

[3] 다음 명제가 참이 되도록 하는 상수 k의 최솟값을 구하시오.

$b - a > k$인 임의의 실수 a, b에 대하여
$\dfrac{f(b) - f(a)}{b - a} = \lim\limits_{x \to c+} f'(x)$이고 $a < c < b$인 실수 c가 존재한다.

3-6

Chapter 3.5. 잠시 쉬어가는 시간

Show and Prove 2편을 마치며

1. Show and Prove 3편에 대하여

이렇게, 수리논술에서 필요한 미분 고난도 개념까지 마무리했다.[80] 이어 출판될 **[Show and Prove 3편]**에서는

수리논술용 적분 & Advanced 미적분[81] & Advanced Theme[82]

이 수록될 예정이다.

이 중 수리논술 적분에 대한 맛보기 문제를 바로 다음 페이지부터 일부 수록해두었다. 이 문제들은 수리논술 적분에서 기본 of 기본에 해당하는 내용이므로, 이 중 풀리지 않는 문제가 보인다면 **[Show and Prove 3편]**의 적분 파트를 반드시 학습하기 바란다.

---

80) 그동안 어려운 내용 공부하느라 고생했어요~ 축하합니다 짝짝짝~
81) 젠센부등식, 미분방정식 등
82) 정수론, 더블카운팅 등

| [Show and Prove 3편]의 적분 맛보기 : 구간유지 치환적분

예제

[1] 정적분 $\displaystyle\int_0^\pi \frac{e^{\cos t}}{1+e^{\cos t}}dt$의 값을 구하시오.

[2] 정적분 $\displaystyle\int_0^\pi \sin(\pi\cos t)dt$의 값을 구하시오.

연습지

예제 해설

[1]

$$\int_0^\pi \frac{e^{\cos t}}{1+e^{\cos t}}dt = \int_0^\pi \frac{e^{\cos(\pi-x)}}{1+e^{\cos(\pi-x)}}dx = \int_0^\pi \frac{e^{-\cos x}}{1+e^{-\cos x}}dx = \int_0^\pi \frac{1}{e^{\cos x}+1}dx \text{ 이므로}$$

$$2\times\int_0^\pi \frac{e^{\cos t}}{1+e^{\cos t}}dt = \int_0^\pi \frac{e^{\cos x}+1}{e^{\cos x}+1}dx = \int_0^\pi 1\,dx = \pi \;\Rightarrow\; \int_0^\pi \frac{e^{\cos t}}{1+e^{\cos t}}dt = \frac{1}{2}\times\pi = \frac{\pi}{2}$$

[2]

$$\int_0^\pi \sin(\pi\cos t)dt = \int_0^\pi \sin(\pi\cos(\pi-x))dx = \int_0^\pi \sin(-\pi\cos x)dx = -\int_0^\pi \sin(\pi\cos x)dx \text{ 이므로}$$

$$2\times\int_0^\pi \sin(\pi\cos t)dt = 0 \;\Rightarrow\; \int_0^\pi \sin(\pi\cos t)dt = \frac{1}{2}\times 0 = 0$$

예제

정수 $n \geq 0$ 에 대하여 아래와 같이 표현된 수열 $\{I_n\}$ 이 있다.

$$I_n = \int_0^{\frac{\pi}{2}} \sin^n x \, dx$$

다음 물음에 답하시오.

[1] 정수 $n \geq 0$ 에 대하여 $I_{n+1} \leq I_n$ 이 성립함을 보이시오.

[2] 자연수 $n \geq 2$ 에 대하여 $I_n = \dfrac{n-1}{n} I_{n-2}$ 가 성립함을 보이시오.

[3] 자연수 n 에 대하여 $\dfrac{2n}{2n+1} = \dfrac{I_{2n+1}}{I_{2n-1}} \leq \dfrac{I_{2n+1}}{I_{2n}} \leq 1$ 이. 성립함을 보이시오.

[4] 극한값 $\displaystyle\lim_{n \to \infty} \dfrac{I_{2n+1}}{I_{2n}}$ 을 구하시오.

연습지

[1]

구간 $\left[0, \dfrac{\pi}{2}\right]$ 에서 $0 \leq \sin x \leq 1$ 이기 때문에 $\sin^{n+1} x \leq \sin^n x$ 이다. 그러므로

$$I_{n+1} = \int_0^{\frac{\pi}{2}} \sin^{n+1} x\, dx \leq \int_0^{\frac{\pi}{2}} \sin^n x\, dx = I_n$$

이 성립한다.

[2]

1 보다 큰 자연수 n 에 대하여 부분적분법을 이용하면

$$\begin{aligned}
I_n &= \int_0^{\frac{\pi}{2}} \sin^n x\, dx \\
&= \int_0^{\frac{\pi}{2}} \sin^{n-1} x \times \sin x\, dx \\
&= \left[\sin^{n-1} x(-\cos x)\right]_0^{\frac{\pi}{2}} + \int_0^{\frac{\pi}{2}} (n-1)\sin^{n-2} x \times \cos^2 x\, dx \\
&= (n-1)\int_0^{\frac{\pi}{2}} \sin^{n-2} x\, dx - (n-1)\int_0^{\frac{\pi}{2}} \sin^n x\, dx \\
&= (n-1)I_{n-2} - (n-1)I_n
\end{aligned}$$

이므로 $I_n = \dfrac{n-1}{n} I_{n-2}$ 이다.

[3]

[2]에 의하여 $\dfrac{2n}{2n+1} = \dfrac{I_{2n+1}}{I_{2n-1}}$ 이 성립하고, [1]에 의하여 $I_{2n} \leq I_{2n-1}$ 이므로 $\dfrac{I_{2n+1}}{I_{2n-1}} \leq \dfrac{I_{2n+1}}{I_{2n}}$ 이 되고,

또 [1]에 의하여 $I_{2n+1} \leq I_{2n}$ 이므로 $\dfrac{I_{2n+1}}{I_{2n}} \leq 1$ 이다.

[4]

[3]에 의하여 $\dfrac{2n}{2n+1} = \dfrac{I_{2n+1}}{I_{2n}} \leq 1$ 이 성립하고, 샌드위치 정리에 의하여

$1 = \displaystyle\lim_{n\to\infty} \dfrac{2n}{2n+1} \leq \lim_{n\to\infty} \dfrac{I_{2n+1}}{I_{2n}} \leq 1$ 이므로 $\displaystyle\lim_{n\to\infty} \dfrac{I_{2n+1}}{I_{2n}} = 1$ 이다.

예제

[1] p 가 자연수일 때, 다음 극한값을 구하시오.

$$\lim_{n \to \infty} \frac{1}{n^{p+1}} \sum_{k=1}^{n} k^p$$

[2] 다음 극한값을 구하시오.

$$\lim_{n \to \infty} \frac{1}{\sqrt{n}} \sum_{k=1}^{n} \frac{1}{\sqrt{k}}$$

연습지

[1]

$y = x^p$ 의 그래프를 생각하면 다음 부등식이 성립함을 알 수 있다.

$$\int_0^n x^p \, dx \leq \sum_{k=1}^n \frac{1}{\sqrt{x}} \leq \int_1^{n+1} x^p \, dx$$

각 변에 $\dfrac{1}{n^{p+1}}$ 을 곱한 후에 극한을 취하면, 샌드위치 정리에 의해 $\displaystyle\lim_{n \to \infty} \frac{1}{n^{p+1}} \sum_{k=1}^n k^p = \frac{1}{p+1}$

[2]

$y = \dfrac{1}{\sqrt{x}}$ 의 그래프를 생각하면 다음 부등식이 성립함을 알 수 있다.

$$\int_1^{n+1} \frac{1}{\sqrt{x}} \, dx \leq \sum_{k=1}^n \frac{1}{\sqrt{x}} \leq 1 + \int_1^n \frac{1}{\sqrt{x}} \, dx$$

각 변에 $\dfrac{1}{\sqrt{n}}$ 을 곱한 후에 극한을 취하면, 샌드위치 정리에 의해 $\displaystyle\lim_{n \to \infty} \frac{1}{\sqrt{n}} \sum_{k=1}^n \frac{1}{\sqrt{k}} = 2$

Show
and
Prove

기대T 수리논술 수업 상세안내

정규반	수업 상세 안내 (지난 수업 영상수강 가능)
정규반 – Set 1 (1주차~4주차)	- 수리논술만의 특징인 '답안작성 능력'과 '증명 능력'을 향상시키는 수업 - 수능/내신 공부와 다른 수리논술 공부의 결 & 방향성을 잡아주는 수업 - 수험생은 물론 강사조차 가지고 있는 '오개념'을 타파시키는 수학 전공자의 수업 - 무언가가 어려우면 쉽게 포기하는 성향을 가진 학생의 경우, 　문제풀이가 위주인 Set 2부터 학습한 후 Set 1 학습 추천 (단순 난이도 : Set 1 〉Set 2)
정규반 – Set 2 (5주차~8주차)	- 만만해 보이는 과목인 수학 1이 수리논술에서 어떻게 나오는지 배워보는 강의 - 삼각함수 & 수열의 콜라보 등 수학1의 논술형 발전성을 체감해볼 수 있는 실전 내용 수업 - 다른 Set에 비하여 난이도가 쉬운 편 : 수리논술에 입문하기 좋은 강의 Set
정규반 – Set 3 (9주차~12주차)	- 수리논술에서 50% 이상의 비중을 차지하는 수리논술용 미적분을 집중 해석하는 수업 - 수리논술에도 존재하는 행동 영역을 통해 고난도 문제의 체감 난이도를 낮춰주는 수업 - 대학의 모범답안을 보고도 '이런 아이디어를 내가 어떻게 생각해내지?' 　라는 생각이 드는 학생들도, 납득 가능하고 감탄할 만한 문제 접근법을 제시해주는 수업
정규반 – Set 4 (13주차~16주차)	- 상위권 대학의 합격 당락을 가르는 고난도 주제들을 총정리하는 수업 - 출제 난이도가 높은 학교의 수리논술 합격을 바라는 학생이라면 강추
첨삭 및 자료	- 수강 형태 (현장 vs 온라인) / 수업 종류 상관없이, 모든 학생들에게 첨삭 제공 - 복습 시트, 손글씨 답안, 다채로운 자료 등등 오른쪽 QR코드에서 확인 가능

실전반 & Final	수업 상세 안내 (지난 수업 영상수강 가능)
실전반 – Set 1 (1주차~5주차)	- 수리논술 전용 확통/기하 Theme에 대하여 학습하는 강의 - 수능/내신의 빈출 Point와의 괴리감이 제일 큰 두 과목인 확통/기하의 내용을 　철저히 수리논술 빈출 Point에 맞게 제단된 내용만을 다루는 Compact 강의
실전반 – Set 2 (6주차~10주차)	- 상위권 학교 지원자들은 꼭 알아야 하는 필수내용만 다루는 강의 - 본인에게 유리한 출제 스타일인 학교를 탐색하여 원서 지원부터 이기고 들어갈 수 있도록 하는, 　대학별 출제경향 파악 수업 (모든 대학을 A그룹~D그룹으로 분류 후 분석) - 최신기출 (작년 기출+올해 모의) 중 주요 문항 선별 통해 주요대학 최근 출제 경향 파악
Semi Final **고/서/성/경 반** (수능전 & 직후)	- 수능 직후 시험 보는 학교들을 중점적으로 미리 공부해두기 위한 수업 - 전형적인 고난도 문제부터, 창의적인 신유형 문제까지 다양하게 만나볼 수 있는 수업 - 수능 끝나고, 주력으로 준비할 학교 선택하면 해당 학교 모의고사 1~2회분 및 해설강의 　당일 제공
학교별 Final (수능전 / 수능후)	- 학교별 고유 출제 스타일에 맞는 문제들만 정조준하여 분석해주는 Final 수업 - 빈출 주제 특강 + 예상 문제 모의고사 응시 후 해설 & 첨삭 - 고승률 문제접근 Tip을 파악하기 쉽도록 기출 선별 자료집 제공 (학교별 교재 상이)

CHAPTER 4

고난도 추가 논제

지금까지 학습했던 모든 CHAPTER의 내용에 대한 고난도 추가 논제입니다.
저자진이 본 교재에서 공을 제일 많이 들인 것이 바로 본 챕터의 해설 파트입니다.
문제가 어렵더라도 해설을 참고하여 학습하신다면
수리논술 실력이 엄청나게 스텝-업할 것이라 확신합니다.

4-1

고난도 추가 논제 가이드

1. 논제 선정 기준과 해설 구성

추가 논제 6문항은 다음 두 가지를 기준으로 삼고 수록하였습니다.

1. 문제에서 배워야할 중요한 학습 Point가 대학 제공 해설에서 파악하기 힘든가?

그리고

2. 문제 자체의 발상이 어렵거나 난이도가 높은 문항, 또는 풀이 여부보다 도전과 배움 자체에 의의를 둔 문항인가?

위 두 기준의 특성상, 앞의 논제들[83] 과는 다른 해설 구성이 필요하다고 생각하여

대학 제공 해설 $\oplus$ Show and Prove's 해설 $\oplus$ Comment $\oplus$ 최종답안

로 해설을 구성하였습니다.

① 대학 제공 해설 : 오피셜 답안입니다. 정답, 구체적인 계산 과정 확인 등 단순 참고만 하면 되겠습니다.

② Show and Prove's 해설 : 문제를 완벽하게 이해할 수 있도록 저자가 직접 작성한 해설입니다.
추가 논제의 학습에서 Main을 담당하는 파트이니, 정답 여부에 상관없이 꼭 읽어보시길
바랍니다.

③ Comment : 문제를 마무리하며 읽어봤으면 하는 것들을 적어두었습니다.
이 또한 정답 여부에 상관없이 꼭 읽어보시길 바랍니다.

④ 최종답안 : 모든 Tip, 해설, Comment를 총망라한 완벽한 답안으로써, 지향하셔야할 미래의 실전 답안입니다.
다수의 문제를 손글씨 답안으로 구성하여 리얼함을 강조하였습니다.

---

83) 앞의 논제들은 대학 제공 해설만으로도 90% 이상의 학습이 가능하다고 판단한 문항들입니다.
나머지 10%에 대한 학습은 해설편을 보면 알 수 있다시피, 간단한 [Comment]를 수록하여 학습의 공백을 채웠습니다.

2. 고난도 추가 논제 학습 방법

아래의 과정을 논제 1개 단위로 반복하며 학습하면 좋습니다.

① 지금까지 배웠던 내용들을 떠올리며 시간 제약 없이 문제를 푼다.

② 문제를 완전히 못 풀었더라도, 충분히 시간을 투자했다는 생각이 들었을 때 해설편을 펼친다.

③ 정답 여부와 관계 없이, **[Show and Prove's 해설]**과 **[Comment]**를 정독한다.

고난도 추가 논제 풀어보기

논제 1 ★★★★☆ 한양대

미분가능한 함수 $f(x)$에 대하여 $f(0) = 0$, $f(1) = 1$일 때, 다음 두 물음에 답하시오.

[1] 방정식 $f(x) = \dfrac{1}{2}$은 열린구간 $(0, 1)$에서 적어도 하나의 실근을 가짐을 보이시오.

[2] $\dfrac{1}{f'(x_1)} + \dfrac{1}{f'(x_2)} = 2$를 만족시키는 서로 다른 두 x_1, x_2가 열린구간 $(0, 1)$에 존재함을 보이시오.

[3] 임의의 자연수 n에 대하여 $\dfrac{1}{f'(c_1)} + \cdots + \dfrac{1}{f'(c_n)} = n$이고 $0 \le c_1 < \cdots < c_n \le 1$인 $c_1, \cdots, c_n$이 존재함을 보이시오.

연습지

제시문 일부

(가) 모든 자연수 n에 대하여 $a_n \leq b_n \leq c_n$이고 $\lim\limits_{n \to \infty} a_n = \lim\limits_{n \to \infty} c_n = \alpha$이면 $\lim\limits_{n \to \infty} b_n = \alpha$이다.

(나) 닫힌구간 $[a,\ b]$에서 연속인 두 함수 $f(x)$, $g(x)$에 대하여 다음 두 부등식이 성립한다.

（ⅰ）$m \leq f(x) \leq M$이고 $g(x) \geq 0$이면

$$m\int_a^b g(x)dx \leq \int_a^b f(x)g(x)dx \leq M\int_a^b g(x)dx$$

（ⅱ）$m \leq f(x) \leq M$이고 $g(x) \leq 0$이면

$$M\int_a^b g(x)dx \leq \int_a^b f(x)g(x)dx \leq m\int_a^b g(x)dx$$

수열 $\{a_n\}$, $\{b_n\}$은 각각

$$a_n = \int_{n\pi}^{(n+1)\pi} \frac{|\sin x|}{x}dx,\ b_n = \int_{n\pi}^{(n+1)\pi} \frac{\cos x}{x^2}dx$$

로 주어진다.

[1] $\lim\limits_{n \to \infty} na_n$의 값을 구하시오.

[2] $\lim\limits_{n \to \infty} n^2 b_n$의 값을 구하시오.

연습지

제시문

(가) 첫째항이 a, 공비가 r인 등비수열 $\{a_n\}$의 일반항 a_n은 $a_n = ar^{n-1}$이다.

 $r \neq 1$일 때, 등비수열 $\{a_n\}$의 첫째항부터 제n항까지의 합은 $\dfrac{a(r^n - 1)}{r - 1}$이다.

(나) 구간 $[a, b]$ 위의 두 연속함수 $f(x)$와 $g(x)$에 대하여 $f(a) < g(a)$이고 $f(b) > g(b)$이면, $f(c) = g(c)$인 c가 구간 (a, b)에 반드시 존재한다.

※ 수열 $\{a_n\}$과 $\{x \,|\, x \geq 0\}$에서 정의된 연속함수 $f(x)$는 다음 세 조건을 만족한다.

(가) 구간 $[0, 1]$에서 $f(x) = x$이다.

(나) $a_1 = 1$이고, 모든 자연수 n에 대하여 구간 $[a_n, a_{n+1}]$에서 함수 $f(x)$의 그래프는 기울기가 $(-1)^n$인 직선의 일부이다.

(다) 모든 자연수 n에 대하여 $f(a_{n+1}) = -2f(a_n)$이다.

[1] 수열 $\{a_n\}$의 5번째 항 a_5의 값을 구하시오.

[2] $f(x) = 0$을 만족하는 x $(x > 0)$의 값을 작은 것부터 순서대로 $x_1, x_2, x_3, \ldots$이라고 할 때, x_{10}의 값을 구하시오.

[3] $\displaystyle\int_0^\alpha f(t)\,dt = 1000$인 가장 작은 양수 α의 값이 구간 (a_k, a_{k+1})에 속할 때, k의 값을 구하시오.

[4] $|m| \leq \dfrac{1}{10}$인 실수 m에 대하여, $\displaystyle\int_0^x (f(t) - mt)\,dt = 0$을 만족하는 양수 x의 값이 무한히 많음을 보이시오.

연습지

제시문

(가) 함수 $f(x)$ 가 구간 $[a, b]$ 에서 연속이고, $f(x) \geq 0$ 이면 정적분 $\int_a^b f(x)dx$ 는 곡선 $y = f(x)$ 와 x 축 및 두 직선 $x = a$, $x = b$ 로 둘러싸인 부분의 넓이를 나타낸다.

(나) $a_n \leq b_n \leq c_n$ 를 만족하는 수열 $\{a_n\}$, $\{b_n\}$, $\{c_n\}$ 에 대하여, $\lim\limits_{n \to \infty} a_n = \lim\limits_{n \to \infty} c_n = L$ 이면, $\lim\limits_{n \to \infty} b_n = L$ 이 성립한다. (단, n 은 자연수, L 은 상수)

(다) $y = g(x)$ 가 구간 $[a, b]$ 에서 증가함수이면 다음의 명제는 참인 명제이다.

$$a \leq c < d \leq b \text{ 이면 } g(c) < g(d) \text{ 이다.}$$

역으로 $\alpha, \beta \in [a, b]$ 인 α, β 에 대하여 $g(a) \leq g(\alpha) < g(\beta) \leq g(b)$ 이면 $a \leq \alpha < \beta \leq b$ 이다.

※ 함수 $f(x) = x^n$ 에 대하여 곡선 $y = f(x)$ 위의 점 $(t, 0)$, $(t, f(t))$, $(1, f(t))$, $(1, 0)$ 을 꼭짓점으로 하는 직사각형의 넓이를 $A_n(t)$ 라 하자. (단, n 은 자연수이고 $0 < t < 1$ 는 실수)

[1] 넓이 $A_n(t)$ 가 최대가 될 때 t 의 값을 t_n 이라 하고 곡선 $y = f(x)$ 와 두 직선 $y = 0$, $x = 1$ 로 둘러싸인 도형의 넓이를 B_n 이라 하자. 이 때, $\lim\limits_{n \to \infty} \dfrac{A_n(t_n)}{B_n}$ 의 값을 구하시오.

[2-1] $0 < x \leq 1$ 을 만족시키는 실수 x 와 임의의 자연수 n 에 대하여, 부등식

$$\frac{x}{n+1} < \ln\left(1 + \frac{x}{n}\right) < \frac{x}{n}$$

이 성립함을 보이시오.

[2-2] 임의의 자연수 k 에 대하여 자연수 m 이 $m > ke^{2k}$ 를 만족하면

$$\frac{1}{e^{2k}} < \left(1 - \frac{k}{m}\right)^m < \frac{1}{e^k}$$

가 성립함을 보이시오.

[2-3] $\lim\limits_{x \to \infty} \dfrac{x}{e^x} = 0$ 임을 보이시오.

※ $x^n = 1 - x$ 를 만족하는 x 를 s_n 이라 하고 점 $(s_n,\ 0),\ (s_n,\ f(s_n)),\ (1,\ f(s_n)),\ (1,\ 0)$ 들을 꼭짓점으로 하는 정사각형의 면적을 C_n 이라 하자.

[3] 앞의 [2-1] ~ [2-3]를 참고하여 $\lim\limits_{n \to \infty} \dfrac{C_n}{B_n}$ 을 구하시오.

답안지

제시문

(가) 구간 $[a, b]$에서 일대일인 연속함수 $g(x)$와 구간 $[c, d]$에서 정의된 연속함수 $h(x)$에 대하여, $h(x)$의 치역이 함수 $g(x)$의 치역의 부분집합이라고 하자. 이때, 구간 $[c, d]$에 속하는 모든 실수 α에 대하여 $f(\alpha)$를 $g(\beta) = h(\alpha)$가 성립하는 수 β $(a < \beta < b)$로 정의하면, $f(x)$는 구간 $[c, d]$에서 정의된 함수이다. 구간 $[c, d]$의 임의의 실수 α에 대하여, 함수 $f(x)$의 정의를 따르면 $g(f(\alpha)) = h(\alpha)$이고 함수 $g(x)$와 함수 $h(x)$는 연속함수이므로,

$$g\left(\lim_{x \to \alpha} f(x)\right) = \lim_{x \to \alpha} g(f(x)) = \lim_{x \to \alpha} h(x) = h(\alpha)$$

이고 $g(x)$가 일대일함수라는 사실로부터 $\lim_{x \to \alpha} f(x) = f(\alpha)$를 얻는다.

따라서 $f(x)$는 구간 $[c, d]$에서 연속이고 $(g \circ f)(x) = h(x)$이다.

(나) 함수 $f(x)$가 닫힌구간 $[a, b]$에서 연속이고 $f(a) \neq f(b)$일 때, $f(a)$와 $f(b)$ 사이의 임의의 값 k에 대하여 $f(c) = k$인 c가 열린구간 (a, b)에 적어도 하나 존재한다.

[1] 실수 전체의 집합에서 연속인 함수 $f(x)$가 모든 실수 x에 대하여 $0 \leq f(x) \leq 2\pi$이고 $\sin f(x) = \cos x$를 만족할 때, $f\left(\dfrac{5\pi}{2}\right)$의 값을 구하시오.

[2] 구간 $[a, b]$에서 연속인 함수 $f(x)$가 $\sin f(x) = |x| - |x-3| + |x-4| - 3$을 만족할 때, $b - a$의 최댓값을 구하시오.

[3] 실수 a_1, a_2, a_3, a_4가 다음 조건을 만족한다.

(i) $a_n < a_{n+1}$ $(n = 1, 2, 3)$
(ii) $a_n \leq x \leq a_{n+1}$인 실수 x에 대하여 $\sin f(x) = \cos(nx) + 1$ $(n = 1, 2, 3)$이고, 실수 전체의 집합에서 연속인 함수 $f(x)$가 존재한다.

$a_1 = \dfrac{\pi}{2}$일 때, a_2, a_3의 값을 구하고 a_4의 최댓값을 구하시오.

제시문 일부

(나) 최고차항의 계수가 1인 이차다항식 $p(x)$의 근이 α, β일 때,

$$p(x) = (x - \alpha)(x - \beta)$$

이다.

(다) 함수 $f(x)$가 닫힌 구간 $[a, b]$에서 연속이고 열린 구간 (a, b)에서 미분가능할 때, $f(a) = f(b)$이면 $f'(c) = 0$인 c가 열린 구간 (a, b)에 적어도 하나 존재한다.

실수 전체의 집합에서 이계도함수를 갖는 두 함수 $f(x), h(x)$와 세 실수 $a, b, c\,(a < b < c)$에 대하여, 다음 물음에 답하시오.

[1-1] 세 점 $(a, f(a))$, $(b, 0)$, $(c, 0)$은 이차함수 $y = q_1(x)$의 그래프 위의 점일 때

$$q_1(x) = \frac{f(a)(x - b)(x - c)}{(a + \boxed{①}\ b)(\boxed{②}\ a + \boxed{③}\ c)}$$ 이다. ①, ②, ③에 알맞은 값을 각각 구하시오.

[1-2] 세 점 $(a, 0)$, $(b, f(b))$, $(c, 0)$은 이차함수 $y = q_2(x)$의 그래프 위의 점일 때

$$q_2(x) = \frac{f(b)(x - c)(x - a)}{(a + \boxed{④}\ b)(\boxed{⑤}\ b + \boxed{⑥}\ c)}$$ 이다. ④, ⑤, ⑥에 알맞은 값을 각각 구하시오.

[2] 함수 $h(x)$가 $h(a) = h(b) = h(c)$을 만족시킬 때,

$$h''(d) = 0$$

인 실수 d가 열린 구간 (a, c)에 적어도 하나 존재함을 증명하시오.

[3] 등식

$$\frac{\left(\dfrac{f(c) - f(b)}{c - b}\right) - \left(\dfrac{f(b) - f(a)}{b - a}\right)}{c - a} = \frac{f''(d)}{2}$$

를 만족시키는 실수 d가 열린 구간 (a, c)에 적어도 하나 존재함을 증명하시오

Show and **P**rove

기대T 수리논술 수업 상세안내

정규반	수업 상세 안내 (지난 수업 영상수강 가능)
정규반 - Set 1 (1주차~4주차)	- 수리논술만의 특징인 '답안작성 능력'과 '증명 능력'을 향상시키는 수업 - 수능/내신 공부와 다른 수리논술 공부의 결 & 방향성을 잡아주는 수업 - 수험생은 물론 강사조차 가지고 있는 '오개념'을 타파시키는 수학 전공자의 수업 - 무언가가 어려우면 쉽게 포기하는 성향을 가진 학생의 경우, 문제풀이가 위주인 Set 2부터 학습한 후 Set 1 학습 추천 (단순 난이도 : Set 1 〉 Set 2)
정규반 - Set 2 (5주차~8주차)	- 만만해 보이는 과목인 수학 1이 수리논술에서 어떻게 나오는지 배워보는 강의 - 삼각함수 & 수열의 콜라보 등 수학1의 논술형 발전성을 체감해볼 수 있는 실전 내용 수업 - 다른 Set에 비하여 난이도가 쉬운 편 : 수리논술에 입문하기 좋은 강의 Set
정규반 - Set 3 (9주차~12주차)	- 수리논술에서 50% 이상의 비중을 차지하는 수리논술용 미적분을 집중 해석하는 수업 - 수리논술에도 존재하는 행동 영역을 통해 고난도 문제의 체감 난이도를 낮춰주는 수업 - 대학의 모범답안을 보고도 '이런 아이디어를 내가 어떻게 생각해내지?' 라는 생각이 드는 학생들도, 납득 가능하고 감탄할 만한 문제 접근법을 제시해주는 수업
정규반 - Set 4 (13주차~16주차)	- 상위권 대학의 합격 당락을 가르는 고난도 주제들을 총정리하는 수업 - 출제 난이도가 높은 학교의 수리논술 합격을 바라는 학생이라면 강추
첨삭 및 자료	- 수강 형태 (현장 vs 온라인) / 수업 종류 상관없이, 모든 학생들에게 첨삭 제공 - 복습 시트, 손글씨 답안, 다채로운 자료 등등 오른쪽 QR코드에서 확인 가능

실전반 & Final	수업 상세 안내 (지난 수업 영상수강 가능)
실전반 - Set 1 (1주차~5주차)	- 수리논술 전용 확통/기하 Theme에 대하여 학습하는 강의 - 수능/내신의 빈출 Point와의 괴리감이 제일 큰 두 과목인 확통/기하의 내용을 철저히 수리논술 빈출 Point에 맞게 제단된 내용만을 다루는 Compact 강의
실전반 - Set 2 (6주차~10주차)	- 상위권 학교 지원자들은 꼭 알아야 하는 필수내용만 다루는 강의 - 본인에게 유리한 출제 스타일인 학교를 탐색하여 원서 지원부터 이기고 들어갈 수 있도록 하는, 대학별 출제경향 파악 수업 (모든 대학을 A그룹~D그룹으로 분류 후 분석) - 최신기출 (작년 기출+올해 모의) 중 주요 문항 선별 통해 주요대학 최근 출제 경향 파악
Semi Final 고/서/성/경 반 (수능전 & 직후)	- 수능 직후 시험 보는 학교들을 중점적으로 미리 공부해두기 위한 수업 - 전형적인 고난도 문제부터, 창의적인 신유형 문제까지 다양하게 만나볼 수 있는 수업 - 수능 끝나고, 주력으로 준비할 학교 선택하면 해당 학교 모의고사 1~2회분 및 해설강의 당일 제공
학교별 Final (수능전 / 수능후)	- 학교별 고유 출제 스타일에 맞는 문제들만 정조준하여 분석해주는 Final 수업 - 빈출 주제 특강 + 예상 문제 모의고사 응시 후 해설 & 첨삭 - 고승률 문제접근 Tip을 파악하기 쉽도록 기출 선별 자료집 제공 (학교별 교재 상이)

CHAPTER

5

최신 기출 갈무리

해당 교재와 관련된 최신 기출문제들을 모았습니다.
올해 모의논술 등 출판 이후 생긴 기출 문제들은
아래 사이트에서 상시 업데이트 되므로 활용하시기 바랍니다.

최신 기출 논제 풀어보기

논제 1 ★★★☆☆ 연세대

$x \geq 1$ 인 실수 x 에 대하여 함수 $f(x)$ 를 $f(x) = \int_1^x \dfrac{t^{2025} + t^{2024} + 1}{t^{2025} + t^{1885} + 1}\, dt$ 라 할 때, 다음 극한값을 구하시오.

$$\lim_{n \to \infty} \sum_{k=2}^{10} \frac{f(n+2k) - f(n)}{(k-1)k(k+1)}$$

연습지

아래의 문제 **[1]**, **[2]**에서 주어진 함수 $f(x)$는 정의역에 속하는 모든 실수 x에 대하여 미분가능하고 $f'(x) \neq 0$이다. 이때 곡선 $y = f(x)$ 위의 점 P에서의 접선이 x축, y축과 만나는 점을 A, B라 하자. $\overrightarrow{OA} + \overrightarrow{OB} = \overrightarrow{OP} + \overrightarrow{OQ}$를 만족시키는 점 Q의 x좌표, y좌표를 각각 X, Y라 할 때, 다음 물음에 답하시오. (단, O는 원점이다.)

[1] 두 양수 a, b에 대하여 $f(x) = \sqrt{b^2\left(1 - \dfrac{x^2}{a^2}\right)}$ $(0 < x < a)$일 때, XY의 최댓값을 구하시오.

[2] 구간 $(0, \infty)$에서 정의된 함수 $f(x)$는 다음 조건을 만족시킨다. (단, 구간 $(0, \infty)$에서 $f(x) > 0$이다.)

(ⅰ) $f(1) = 3$
(ⅱ) 곡선 $y = f(x)$ 위의 임의의 점 P에 대하여 $XY = c$ (c는 상수)이다.

함수 $\{f(x)\}^2 + \dfrac{1}{f(x)}$이 $x = k$에서 최솟값을 가질 때, 실수 k의 값을 구하시오.

연습지

답안지

제시문

아래로 볼록인 곡선 $y = f(x) \, (0 \le x \le 1)$는 매개변수 t를 이용하여 다음과 같이 나타낼 수 있다.

$$x(t) = \cos^3 t, \; y(t) = 2\sin^3 t \; \left(0 \le t \le \frac{\pi}{2}\right)$$

실수 $a \, (0 < a < 1)$에 대하여 점 $A(a, \, 0)$를 지나고 이 곡선에 접하는 직선이 단 하나 존재한다. (단, 곡선의 두 끝점은 접점이 아니다.) 이 접선을 l_a라 하자.

[1] $a = \dfrac{1}{2}$일 때, 접선 l_a의 방정식을 구하고 그 이유를 설명하시오.

[2] 접선 l_a가 x축과 이루는 예각의 크기를 $g(a)$라 할 때, $a^3 \tan(g(a))$의 최댓값을 구하고, 그 이유를 논하시오.

[3] 곡선 $y = f(x)$와 직선 l_a, 그리고 직선 $y = 0$으로 둘러싸인 도형의 넓이를 $S_1(a)$라 하고, 곡선 $y = f(x)$와 직선 l_a, 그리고 직선 $x = 0$으로 둘러싸인 도형의 넓이를 $S_2(a)$라 하자. 이때, $S_1(a) + S_2(a)$가 최소가 되는 a의 값을 구하고, 그 이유를 설명하시오.

연습지

제시문

최고차항의 계수가 양수인 삼차함수 $f(x)$는 다음 조건을 만족시킨다.

(가) 곡선 $y = f(x)$는 $x = \dfrac{2}{3}$에서 변곡점을 갖는다.

(나) 다음과 같이 정의된 함수 $g(x)$가 $x = 0$에서 미분가능하다.

$$g(x) = \begin{cases} xf'(x) + f(x) & (x \geq 0) \\[2mm] (1-x)e^{-x} + \cos x & (x < 0) \end{cases}$$

(다) 곡선 $y = f(x)$ 위의 서로 다른 세 점에서 점 $(0, k)$를 지나는 접선을 그을 수 있는 k값의 범위는 $2 < k < \dfrac{62}{27}$이다.

[1] $f(x)$를 구하고, 그 이유를 설명하시오.

[2] $F(x) = \displaystyle\int_0^x |f(t)|\, dt$ 라 할 때, $\displaystyle\int_0^2 f(x)e^{F(x)}\, dx$의 값을 구하고 그 이유를 설명하시오.

연습지

제시문

(가) x의 값의 범위가 $\alpha \le x \le \beta$일 때, 이차함수 $f(x) = a(x-p)^2 + q$의 최댓값과 최솟값은 다음과 같다.

    ① 꼭짓점의 x좌표 p가 x의 값의 범위 $\alpha \le x \le \beta$에 속하면 $f(\alpha)$, $f(\beta)$, $f(p)$ 중 가장 큰 값이 최댓값, 가장 작은 값이 최솟값이다.

    ② 꼭짓점의 x좌표 p가 x의 값의 범위에 속하지 않으면 $f(\alpha)$, $f(\beta)$ 중 가장 큰 값이 최댓값, 가장 작은 값이 최솟값이다.

(나) 함수 $f(x)$의 $x = a$에서의 극한값이 L이면 $x = a$에서의 우극한과 좌극한이 모두 존재하고 그 값은 모두 L과 같다. 또 그 역도 성립한다. 즉, 다음이 성립한다.

$$\lim_{x \to a} f(x) = L \Leftrightarrow \lim_{x \to a+} f(x) = \lim_{x \to a-} f(x) = L$$

(다) 함수 $f(x)$가 $x = a$에서 정의되어 있고 $\lim_{x \to a} f(x)$가 존재하며 $\lim_{x \to a} f(x) = f(a)$일 때, 함수 $f(x)$는 $x = a$에서 연속이라고 한다. 함수 $f(x)$가 어떤 구간에 속하는 모든 x에서 연속이면 함수 $f(x)$는 그 구간에서 연속이라고 한다.

(라) 함수 $f(x)$에서 극한값

$$\lim_{x \to a} \frac{f(x) - f(a)}{x - a}$$

가 존재하면 함수 $f(x)$는 $x = a$에서 미분가능하다고 한다. 또한 함수 $f(x)$가 어떤 구간에 속하는 모든 x에서 미분가능하면 함수 $f(x)$는 그 구간에서 미분가능하다고 한다.

양의 실수 t에 대하여 함수 $g(\theta) = \sqrt{(4\cos\theta - 3t)^2 + 4t^2 \sin^2\theta}$ $(0 \le \theta < 2\pi)$의 최솟값을 $f(t)$라고 하자.

[1] $f(1)$의 값을 구하시오.

[2] $0 < t < 1$일 때, $f(t)$를 구하시오.

[3] $t > 1$일 때, $f(t)$를 구하시오.

[4] 함수 $f(t)$의 $t = 1$에서의 연속성과 미분가능성을 조사하시오.

제시문

(가) 함수 $f(x)$가 어떤 구간에 속하는 임의의 두 수 x_1, x_2에 대하여 $x_1 < x_2$일 때 $f(x_1) < f(x_2)$이면 함수 $f(x)$는 이 구간에서 증가한다고 한다. 또 $x_1 < x_2$일 때 $f(x_1) > f(x_2)$이면 함수 $f(x)$는 이 구간에서 감소한다고 한다.

(나) 함수 $f(x)$가 닫힌구간 $[a, b]$에서 연속이고 열린구간 (a, b)에서 미분가능할 때

① 열린구간 (a, b)에서 $f'(x) > 0$이면 함수 $f(x)$는 닫힌구간 $[a, b]$에서 증가한다.

② 열린구간 (a, b)에서 $f'(x) < 0$이면 함수 $f(x)$는 닫힌구간 $[a, b]$에서 감소한다.

(다) 함수 $y = f(x)$에서 x의 값이 a에서 $a + \Delta x$까지 변할 때, 평균변화율은

$$\frac{\Delta y}{\Delta x} = \frac{f(a + \Delta x) - f(a)}{\Delta x}$$

이다. 여기서 $\Delta x \to 0$일 때, 평균변화율의 극한값

$$\lim_{\Delta x \to 0} \frac{\Delta y}{\Delta x} = \lim_{\Delta x \to 0} \frac{f(a + \Delta x) - f(a)}{\Delta x}$$

가 존재하면 함수 $y = f(x)$는 $x = a$에서 미분가능하다고 한다. 또한 함수 $y = f(x)$가 어떤 구간에 속하는 모든 x에서 미분가능하면 함수 $y = f(x)$는 그 구간에서 미분가능하다고 한다.

두 함수 $f(x)$와 $g(x)$는 모든 실수 x에 대하여 다음 조건을 만족시킨다.

(i) $f(x) \le g(x)$	(ii) $\{g(x) - f(x)\}^2 + \sin^2 f(x) = 1$

[1] 함수 $f(x)$가 $f(x) = 10x$일 때, 정적분 $\displaystyle\int_0^\pi g(x)dx$의 값을 구하시오.

[2] 함수 $f(x)$가 $f(x) = x$일 때, 함수 $g(x)$가 열린구간 $(0, \pi)$에서 미분가능한지 조사하시오.
또한 함수 $g(x)$가 닫힌구간 $[0, \pi]$에서 증가함을 보이시오.

[3] 함수 $f(x)$가 $f(x) = x$일 때, 방정식 $g(x) - kx + \dfrac{\pi}{2}(k-1) = 0$이 $0 \le x \le \pi$에서 오직 하나의 실근을 갖도록 하는 양의 실수 k의 값의 범위를 구하시오.

[4] 함수 $g(x)$가 $g(x) = x$일 때, $f'(a) = \dfrac{2}{3}$를 만족시키는 실수 a의 값을 구하시오. (단, $\dfrac{\pi}{2} < a < \pi + 1$)

제시문

(가) 함수 $f(x)$ 가 미분가능하고 $f'(a) = 0$ 일 때, $x = a$ 의 좌우에서 $f'(a)$ 의 부호가

　　① 양에서 음으로 바뀌면, $f(x)$ 는 $x = a$ 에서 극대이고, 극댓값 $f(a)$ 를 갖는다.

　　② 음에서 양으로 바뀌면, $f(x)$ 는 $x = a$ 에서 극소이고, 극솟값 $f(a)$ 를 갖는다.

(나) 함수 $f(x)$ 가 $x = a$ 에서 미분가능하고 $x = a$ 에서 극값을 가지면 $f'(a) = 0$ 이다.

(다) 정수 a, b, c 에 대하여 삼차함수 $f(x) = 4x^3 + 3ax^2 + 2bx + c$ 가 다음의 두 조건을 모두 만족한다.

　　(i) 방정식 $f(x) = 0$ 은 서로 다른 세 실근 α_1, α_2, α_3 을 가진다. (단, $\alpha_1 < \alpha_2 < \alpha_3$)

　　(ii) 모든 정수 n 에 대하여 닫힌구간 $[n, n+1]$ 은 세 실근 α_1, α_2, α_3 중 많아야 하나를 포함한다.

[1] 제시문 (다)에서 $a = -1$, $b = -3$ 일 때, 가능한 모든 함수 $f(x)$ 의 개수를 구하고 그 이유를 논하시오.

[2] 제시문 (다)에서 $b = 0$ 이고 세 실근 α_1, α_2, α_3 중 두 수가 닫힌구간 $[0, 2]$ 에 포함될 때, 가능한 $|\alpha_1| + |\alpha_2| + |\alpha_3|$ 의 값을 모두 구하고 그 이유를 논하시오.

[3] **[2]**의 조건을 모두 만족하는 함수 $f(x)$ 에 대하여, 정수 계수를 갖는 사차함수 $y = g(x)$ 가 $g'(x) = f(x)$ 이고 사차방정식 $g(x) = 0$ 이 서로 다른 네 개의 실근을 가진다고 한다. 이때 가능한 함수 $g(x)$ 를 모두 구하고 그 이유를 논하시오.

연습지

제시문

(가) 함수 $y = f(x)$에서 x의 값이 a에서 $a + \Delta x$까지 변할 때의 평균변화율은 다음과 같다.

$$\frac{\Delta y}{\Delta x} = \frac{f(a + \Delta x) - f(a)}{\Delta x}$$

여기서 $\Delta x \to 0$일 때, 평균변화율의 극한값 $\displaystyle\lim_{\Delta x \to 0} \frac{\Delta y}{\Delta x} = \lim_{\Delta x \to 0} \frac{f(a + \Delta x) - f(a)}{\Delta x}$가 존재하면 함수 $y = f(x)$는 $x = a$에서 미분가능하다고 한다. 이때 이 극한값을 함수 $y = f(x)$의 $x = a$에서의 순간변화율 또는 미분계수라 하고, 기호로 $f'(a)$와 같이 나타낸다.

(나) 임의의 실수 a에 대하여, 곡선 $y = -x^2$과 직선 $y = ax + a$의 교점의 개수가 $f(a)$가 되도록 함수 $f(x)$를 정의하자.

(다) 최고차항의 계수가 1인 사차함수 $g(x)$와 제시문 (나)의 함수 $f(x)$는 다음 조건을 모두 만족한다.

- 사차방정식 $g(x) = 0$은 허근을 가지지 않는다.
- 함수 $h(x) = f(x)g(x)$는 모든 실수에서 연속이다.
- 함수 $h(x) = f(x)g(x)$는 열린구간 $(2, 10)$에서 미분가능하다.

[1] 제시문 (나)의 함수 $f(x)$에 대하여, $f(0) + f(1) + f(2) + f(3) + f(4) + f(5)$의 값을 구하고 그 이유를 논하시오.

[2] 제시문 (다)의 함수 $h(x)$에 대하여, 가능한 $h(-1) + 3h(2) + 5h(5)$의 값을 모두 구하고 그 이유를 논하시오.

[3] 제시문 (다)의 함수 $g(x)$에 대하여 두 방정식 $g(x) = 0$과 $g'(x) + 5x^3 - 20x^2 = 0$의 실근이 모두 정수이다. 이때 가능한 사차함수 $g(x)$의 개수를 구하고, 그 이유를 논하시오.

연습지

제시문

실수 전체의 집합에서 정의된 두 함수 $f(x)$와 $g(x)$는 다음 조건을 만족시킨다.

(가) $g(x)$는 삼차함수이고, $g(0) = g(3) = 0$, $g'(0) > 0$, $g'(0)g'(3) = 9$이다.

(나) 자연수 n에 대하여 $a_n = 9\left(1 - \left(\dfrac{2}{3}\right)^{n-1}\right)$이고,

$a_1 \leq x < a_2$일 때 $f(x) = g(x)$,

$a_n \leq x < a_{n+1} (n = 2, 3, 4)$일 때 $f(x) = \left(\dfrac{2}{3}\right)^{n-1} f\left(\left(\dfrac{3}{2}\right)^{n-1}(x - a_{n+1}) + 3\right)$이다.

(다) $f(x)$는 닫힌구간 $[a_1, a_5]$에서 연속이고, 열린구간 (a_1, a_5)에서 미분가능하다.

이때 $\displaystyle\int_{a_1}^{a_5} |f(x)|\, dx$의 값을 구하시오.

연습지

자연수 n에 대하여, $0 < x < \dfrac{\pi}{2}$일 때 두 곡선 $y = \sin x$와 $y = \dfrac{n}{n+1}\tan x$가 만나는 점을 P_n이라 하자.

점 P_n에서의 곡선 $y = \sin x$의 접선을 l_1, 점 P_n에서의 곡선 $y = \dfrac{n}{n+1}\tan x$의 접선을 l_2라 하자.

두 직선 l_1, l_2와 x축으로 둘러싸인 삼각형의 넓이를 S_n이라 할 때, $\displaystyle\lim_{n \to \infty} n^2 S_n$의 값을 구하시오.

연습지

제시문

(가) 함수 $y = f(x)$ 의 $x = a$ 에서의 미분계수는 다음과 같다.

$$f'(a) = \lim_{x \to a} \frac{f(x) - f(a)}{x - a}$$

(나) 함수 $f(x)$ 가 어떤 구간에서 $f''(x) > 0$ 이면 곡선 $y = f(x)$ 는 이 구간에서 아래로 볼록하다.

(다) 함수 $f(x)$ 가 $x = a$ 에서 미분가능할 때, 곡선 $y = f(x)$ 위의 점 $(a, f(a))$ 에서의 접선의 방정식은 다음과 같다.

$$y - f(a) = f'(a)(x - a)$$

(라) 두 수 α, β 를 근으로 하고 x^2 의 계수가 1 인 이차방정식은 다음과 같다.

$$x^2 - (\alpha + \beta)x + \alpha\beta = 0$$

(마) 미분가능한 함수 $g(t)$ 에 대하여 $x = g(t)$ 로 놓으면 다음과 같다.

$$\int f(x)\,dx = \int f(g(t))g'(t)\,dt$$

[1] 최고차항의 계수가 1 인 삼차함수 $f(x)$ 가 다음 조건을 만족시킬 때, $f'\left(\dfrac{1}{3}\right)$ 의 값을 구하시오.

(가) $\lim\limits_{x \to 1} \dfrac{e^{f(x)} - e}{x - 1} = 0$ 이다.

(나) $f''(-1) > 0$ 이다.

(다) 닫힌구간 $[-1, 0]$ 에서 곡선 $y = f(x)$ 위의 점 $(-1, f(-1))$ 에서의 접선과 곡선 $y = f(x)$ 및 y 축으로 둘러싸인 도형의 넓이는 $\dfrac{53}{12}$ 이다.

[2] 좌표평면 위의 곡선 $y = x^2$ 과 직선 $y = \dfrac{1}{t+1}x + e^{\frac{t^2 - 2}{t + 1}}$ (단, $t > -1$)가 만나는 서로 다른 두 점을 각각 P, Q 라 할 때, 선분 PQ 를 한 변으로 하는 정삼각형의 넓이를 $S(t)$ 라 하자. 정적분 $\displaystyle\int_0^1 S(t)\,dt$ 의 값을 구하시오.

모든 자연수 n에 대하여 수열 $\{a_n\}$, $\{b_n\}$, $\{c_n\}$을 다음과 같이 정의할 때,

$$a_n = \int_0^{\frac{\pi}{2}} \cos^{n-1} x \, dx \,, \quad b_n = \frac{a_{2n+1}}{a_{2n}} \,, \quad c_n = \frac{a_{2n-1}}{a_{2n}}$$

아래 물음에 답하시오.

[1] 모든 자연수 n에 대하여 $a_{n+2} = \dfrac{n}{n+1} a_n$ 임을 증명하시오.

[2] 수열 $\{b_n\}$이 수렴할 때, $\displaystyle\lim_{n \to \infty} b_n$의 값과 $\displaystyle\lim_{n \to \infty} c_n$의 값을 각각 구하시오.

[3] 수열 $\{b_n\}$이 수렴할 때, $\displaystyle\lim_{n \to \infty} \frac{1^2 \times 3^2 \times \cdots \times (2n-1)^2}{2^2 \times 4^2 \times \cdots \times (2n)^2} \times n$ 의 값을 구하시오.

연습지

제시문

(가) 곡선 $y = f(x)$ 위의 점 $(a, f(a))$에서의 접선의 방정식은

$$y - f(a) = f'(a)(x - a)$$

(나) 이차방정식 $ax^2 + bx + c = 0$ $(a \neq 0)$의 판별식은 $D = b^2 - 4ac$ 이다.

[1] 실수 a와 양의 실수 b에 대하여 점 $\mathrm{X}(a, 0)$에서 곡선 $f(x) = x^2 + b$에 그은 두 접선이 곡선과 만나는 접점을 각각 P, Q라 하자. 점 P, Q에서 x축에 내린 수선의 발을 각각 P′, Q′이라 할 때, 사다리꼴 PP′Q′Q의 넓이를 a와 b의 식으로 나타내시오.

※ $-2 < p < 2$인 실수 p에 대하여 $g(x) = x^2 + (p - 2)x + (p^3 - 4p + 4)$라 하자.

[2-1] 이차방정식 $g(x) = 0$의 판별식이 $(p + 2)h(p)$일 때, $h(p)$의 최댓값을 구하시오.

[2-2] 점 $\mathrm{A}(1, 0)$에서 $y = g(x)$에 그은 두 접선의 접점을 각각 B, C라 하고, 점 B, C에서 x축에 내린 수선의 발을 각각 B′, C′이라 하자. 사다리꼴 BB′C′C의 넓이를 S라 할 때, S를 p의 식으로 나타내시오.

[2-3] S의 최솟값을 구하시오.

연습지

답안지

제시문

(가) 삼각형 ABC에 대하여 $\overline{CA}=b$, $\overline{AB}=c$라 할 때, 삼각형 ABC의 넓이는 $S=\dfrac{1}{2}bc\sin A$이다.

(나) 함수 $f(x)$에서 $x=a$를 포함하는 어떤 열린구간에 속하는 모든 x에 대하여 $f(x) \le f(a)$일 때 $x=a$에서 극대라고 하며, $f(a)$를 극댓값이라고 한다. 또, $x=a$를 포함하는 어떤 열린구간에 속하는 모든 x에 대하여 $f(x) \ge f(a)$일 때 $x=a$에서 극소라고 하며, $f(a)$를 극솟값이라고 한다. 극댓값과 극솟값을 통틀어 극값이라고 한다.

※ 한 변의 길이가 10인 정사각형 ABCD에서 두 점 P, Q는 변 BC 또는 변 CD 위에 있으며 $\angle PAQ = \dfrac{\pi}{6}$이다.

(단, $\angle BAP < \angle BAQ$이고, 두 점 P, Q는 모두 변 BC 위에 있을 수도 있고 모두 변 CD 위에 있을 수도 있다.)
$\angle BAP = x$일 때, 삼각형 APQ의 넓이를 $S(x)$라 하자.

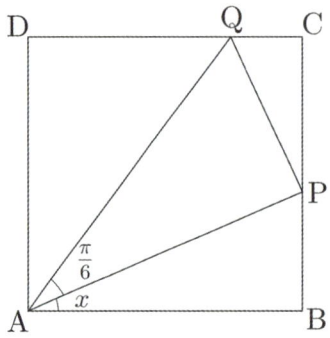

[1] $0 \le x \le \dfrac{\pi}{3}$일 때, $S(x)$를 x의 범위에 따라 x의 식으로 나타내시오.

[2] 열린구간 $\left(0, \dfrac{\pi}{3}\right)$에서 함수 $S(x)$가 극값을 가지는 x의 값을 모두 구하시오.

[3] 닫힌구간 $\left[0, \dfrac{\pi}{3}\right]$에서 함수 $S(x)$가 최댓값을 가질 때와 최솟값을 가질 때의 x의 값을 구하시오.

연습지

답안지

제시문 일부

(다) 명제 $p \rightarrow q$가 참이면 그 대우 $\sim q \rightarrow \sim p$도 참이므로 어떤 명제가 참임을 증명할 때에는 그 대우가 참임을 증명해도 된다.

(라) 함수 $f(x)$가 닫힌구간 $[a, b]$에서 연속이고 $f(a) \neq f(b)$이면 $f(a)$와 $f(b)$ 사이에 있는 임의의 값 k에 대하여 $f(c) = k$인 c가 a와 b 사이에 적어도 하나 존재한다.
이것을 사잇값의 정리라고 한다. 함수 $f(x)$가 닫힌구간 $[a, b]$에서 연속이고 $f(a)$와 $f(b)$의 부호가 서로 다르면 사잇값의 정리에 의하여 방정식 $f(x) = 0$은 a와 b 사이에 적어도 하나의 실근을 갖는다.

[1] 함수 $f(x)$가 닫힌구간 $[a, b]$에서 연속이고, $f(a) > 0$, $f(b) > 0$이다.
다음 명제의 대우를 말하고 그것이 참임을 증명하시오.

> 방정식 $f(x) = 0$이 열린구간 (a, b)에서 실근을 갖지 않는다면 열린구간 (a, b)의 모든 x에 대하여 $f(x) > 0$이다.

[2] 양수 k에 대하여 삼차방정식 $x^3 - 2x = k$가 닫힌구간 $[-k, k]$에서 실근을 갖도록 하는 k의 값의 범위를 구하시오.

연습지

제시문

최고차항의 계수가 3인 삼차함수 $f(x)$는 어떤 실수 α에 대하여 $f(f(\alpha)) = \alpha$이고 다음 조건을 만족시킨다. (단, $p = \dfrac{\alpha + f(\alpha)}{2}$)

(가) $|\alpha - f(\alpha)| = 4$

(나) $f(p) - p = 4$

(다) $\displaystyle\int_{p}^{f(\alpha)} f(x)\,dx = 12$

제시문의 α로 가능한 값을 모두 구하고 그 근거를 논술하시오.

연습지

제시문

(가) 실수 a, b, c에 대하여 함수 $f(x)$는 다음과 같다. (단, n은 자연수이고 e는 자연로그의 밑이다.)

$$f(x) = \begin{cases} ax^2 + b & (x < -1) \\ \lim\limits_{n \to \infty}\left(\dfrac{3ae^{x+1}x^{2n}}{3x^{2n}+1} + \dfrac{2(x^{2n-1}+x^{2n-2}+\cdots+x+1)}{2x^{2n}+1} \right) & (-1 \le x < 1 \text{ 또는 } x > 1) \\ c & (x = 1) \end{cases}$$

(나) 제시문 (가)의 함수 $f(x)$는 다음 조건을 만족시킨다.

　(i) 함수 $f(x)$는 $x = -1$에서 연속이다.

　(ii) 함수 $f(x)$에서 x의 값이 -1에서 1까지 변할 때의 평균변화율은 $\dfrac{1}{2}$이다.

(다) 제시문 (나)의 함수 $f(x)$에 대하여 다음 조건을 만족시키는 실수 p의 집합을 A라고 하자. (단, $p \ne 1$)

　1과 p 사이에 있는 임의의 실수 r에 대하여 $\lim\limits_{x \to r+} \dfrac{f(x)-f(r)}{x-r} \ne \dfrac{f(p)-f(1)}{p-1}$ 이다.

제시문 (다)의 집합 A를 구하고 그 근거를 논술하시오.

연습지

Show and Prove

2

수리논술을 위한 수학 2 & 미적분

실전 논제 해설 모음

$ax^2 + bx + c = a(x-2020)^2 + (4040a+b)(x-2020) + a(2020)^2 + b(2020) + c$

$b' = b + 4040a$, $c' = (2020)^2 a + 2020b + c$ 라 하자.

$t = x - 2020$ 라 하고 $p(t) = at^2 + b't + c'$ 이라 하면, 닫힌구간 $[-1, 1]$ 에서 $|p(t)|$ 의 최댓값이 1 이다. 따라서, $-1 \le p(-1) = a - b' + c' \le 1$, $-1 \le p(1) = a + b' + c' \le 1$, $-1 \le p(0) = c' \le 1$ 이어야 하므로 $-2 \le 2a + 2c' \le 2$, $-2 \le 2b' \le 2$ 이다.

그러므로, $-2 \le a \le 2$, $-1 \le b' \le 1$, $-1 \le c' \le 1$ 이 닫힌구간 $[-1, 1]$ 에서 $|p(t)|$ 의 최댓값이 1 이기 위한 필요조건이다. a, b', c' 가 정수이므로, $a = -2, -1, 0, 1, 2$, $b' = -1, 0, 1$, $c' = -1, 0, 1$ 이 가능한 모든 경우이다.

(i) $a = -2$ 인 경우

$b' = -1$ 이면 $p(t) = -2t^2 - t + c'$ 은 구간 $[-1, 1]$ 에서 최댓값 $\frac{1}{8} + c'$ 와 최솟값 $-3 + c'$ 를 가지므로 $|p(t)|$ 의 최댓값이 1 일 수 없다. 마찬가지로 $b' = 1$ 도 불가능하다.

$b' = 0$ 이면 $p(t) = -2t^2 + 1$ 이 조건을 만족한다. (1개)

(ii) $a = -1$ 인 경우

$b' = -1$ 이면 $p(t) = -t^2 - t + c'$ 는 구간 $[-1, 1]$ 에서 최댓값 $\frac{1}{4} + c'$ 와 최솟값 $-2 + c'$ 를 가지므로 $|p(t)|$ 의 최댓값이 1 일 수 없다. 마찬가지로 $b' = 1$ 도 불가능하다.

$b' = 0$ 이면 $p(t) = -t^2 + 1$ 과 $p(t) = -t^2$ 이 조건을 만족한다. (2개)

(iii) $a = 0$ 인 경우

$b' = -1$ 이면 $p(t) = -t$ 가 조건을 만족한다. (1개)

$b' = 0$ 이면 $p(t) = -1$ 과 $p(t) = 1$ 이 조건을 만족한다. (2개)

$b' = 1$ 이면 $p(t) = t$ 가 조건을 만족한다. (1개)

(iv) $a = 1$ 또는 $a = 2$ 인 경우

(i), (ii)의 경우와 마찬가지로, $p(t) = t^2 - 1$, $p(t) = 2t^2 - 1$, $p(t) = t^2$ 이 각각 조건을 만족한다.

따라서 $p(t) = -2t^2 + 1, -t^2 + 1, -t^2, -t, -1, 1, t, t^2 - 1, t^2, 2t^2 - 1$ 로 10 개이고, 주어진 조건을 만족하는 함수 $f(x)$ 는 총 10 개이다.

[1]

변곡점의 x좌표를 α라고 하면, $f''(\alpha) = 6\alpha + 2p = 0$이므로 $\alpha = -\dfrac{p}{3}$이다.

변곡점 $(\alpha, \ f(\alpha))$에서의 접선이 $y = -x$이므로 $f(\alpha) = -\alpha$와 $f'(\alpha) = -1$을 만족한다. 즉,

$f(\alpha) = -\dfrac{p^3}{27} + p \times \dfrac{p^2}{9} + q \times \left(-\dfrac{p}{3}\right) + r = \dfrac{p}{3}$ 이고, $f'(\alpha) = 3 \times \dfrac{p^2}{9} + 2p \times \left(-\dfrac{p}{3}\right) + q = -1$ 이다.

따라서, $2p^3 - 9pq + 27r = 9p$이고 $-p^2 + 3q = -3$이다.

두 번째 식에서, $p^2 = 3(q+1)$이므로 $p = 3k$(k는 0이 아닌 정수)라고 놓을 수 있다.

그러면, $q = 3k^2 - 1$이 성립한다.

이제 첫 번째 식에서, $54k^3 - 27k(3k^2 - 1) + 27r = 27k$가 얻어지므로, $r = k^3$이다.

따라서, $(p, \ q, \ r) = (3k, \ 3k^2 - 1, \ k^3)$인 0이 아닌 정수 k가 존재한다. $pqr = 3k^4(3k^2 - 1)$이므로 $k = \pm 1$일 때 $pqr = 6$을 최솟값으로 가진다.

이때, $(p, \ q, \ r) = (3, \ 2, \ 1)$과 $(p, \ q, \ r) = (-3, \ 2, \ -1)$이므로 $f(x) = x^3 + 3x^2 + 2x + 1$과 $f(x) = x^3 - 3x^2 + 2x - 1$이 답이다.

[2]

$$\lim_{p \to \infty} \frac{pq}{r} = \lim_{k \to \infty} \frac{3k \times (3k^2 - 1)}{k^3} = 9$$

[3]

자연수 k가 있어서, $f(x) = x^3 + 3kx^2 + (3k^2 - 1)x + k^3$이다.

$(-3, \ 0)$을 지나고 곡선 $y = f(x)$에 접하는 직선이 곡선에 접하는 점을 $(t, \ f(t))$라고 놓자.

그러면, 접선의 방정식은 $y - f(t) = f'(t)(x - t)$이고 $-f(t) = f'(t)(-3 - t)$를 만족한다.

따라서, $g(t) = (t+3)f'(t) - f(t) = 2t^3 + (3k+9)t^2 + 18kt + (9k^2 - 3 - k^3)$가 0이 되는 서로 다른 실수 t가 세 개 존재하는 조건을 찾으면 된다.

$g'(t) = 6t^2 + (6k + 18)t + 18k = 6(t+3)(t+k)$이므로 $g(-3) \times g(-k) < 0$의 부호가 다르면 된다.

$g(-3) = -(k^3 - 9k^2 + 27k - 24) = -(k-3)^3 - 3$는 $k = 1$이면 양수이고 $k \geq 2$이면 음수이다.

$g(-k) = -2k^3 + (3k+9)k^2 - 18k^2 + (9k^2 - 3 - k^3) = -3$이므로 항상 음수이다.

따라서 $k = 1$이고 $p = 3k = 3$이다.

[1]

$f'(x) = 3x^2 + 2ax + b$ 이고 함수 $f(x)$가 서로 다른 두 개의 극값을 가지므로

$f'(x)$의 판별식을 D라 하면 $\dfrac{D}{4} = a^2 - 3b > 0$에서 $a^2 > 3b$이다.

또한, 이차방정식의 근과 계수와의 관계에 의해 $\alpha + \beta = -\dfrac{2a}{3}$, $\alpha\beta = \dfrac{b}{3}$ 이다.

선분 AB의 기울기에 대해 $\dfrac{f(\beta) - f(\alpha)}{\beta - \alpha} > -\dfrac{2}{9}$ 라고 하면

$$\begin{aligned}
\frac{f(\beta) - f(\alpha)}{\beta - \alpha} &= \frac{(\beta^3 + a\beta^2 + b\beta) - (\alpha^3 + a\alpha^2 + b\alpha)}{\beta - \alpha} \\
&= (\beta^2 + \beta\alpha + \alpha^2) + a(\beta + \alpha) + b \\
&= (\alpha + \beta)^2 - \alpha\beta + a(\alpha + \beta) + b \\
&= \left(-\frac{2a}{3}\right)^2 - \frac{b}{3} - \frac{2a^2}{3} + b > -\frac{2}{9} \\
&= -\frac{2a^2}{9} + \frac{2}{3}b > -\frac{2}{9}
\end{aligned}$$

이므로 이를 정리하면 $3b + 1 > a^2$이다.

따라서 $3b + 1 > a^2 > 3b$를 얻게 되고, 이를 만족하는 정수 a와 b는 존재하지 않는다.

[2]

선분 AB가 x축과 만나지 않으므로 $f(\alpha)f(\beta) > 0$이 성립한다.

[1]의 풀이에서 α, β가 $3x^2 + 2ax + b = 0$의 두 근인 것과 $\alpha + \beta = -\dfrac{2a}{3}$, $\alpha\beta = \dfrac{b}{3}$임을 알 수 있고,

$f(\alpha)f(\beta) = (\alpha^3 + a\alpha^2 + b\alpha)(\beta^3 + a\beta^2 + b\beta)$이므로

$$\begin{aligned}
f(\alpha)f(\beta) &= \alpha\beta(\alpha^2 + a\alpha + b)(\beta^2 + a\beta + b) \\
&= \alpha\beta(-2\alpha^2 - a\alpha)(-2\beta^2 - a\beta) \\
&= \alpha^2\beta^2\{4\alpha\beta + 2a(\alpha + \beta) + a^2\} \\
&= \frac{b^2}{9}\left(\frac{4b}{3} - \frac{4a^2}{3} + a^2\right) = \frac{b^2(4b - a^2)}{27} > 0
\end{aligned}$$

이다. 즉, $b > \dfrac{a^2}{4}$를 만족한다.

[1]의 풀이를 통해 $\dfrac{a^2}{3} > b$임을 알 수 있으므로 $\dfrac{a^2}{4} < b < \dfrac{a^2}{3}$이고,

이 부등식과 $-5 \le a \le 5$, $-5 \le b \le 5$를 동시에 만족하는 순서쌍 (a, b)는 $(-4, 5)$, $(4, 5)$이다.

[3]

제시문(가)를 이용하여 선분 AB를 삼등분 하는 두 점의 x좌표를 구하면 각각 $\dfrac{2\alpha+\beta}{3}$ 과 $\dfrac{\alpha+2\beta}{3}$ 이다.

선분 CD가 y축과 만나지 않기 위해서는 두 점의 x좌표의 곱이 양수여야 한다.

[1]의 풀이를 통해 $\alpha+\beta = -\dfrac{2a}{3}$, $\alpha\beta = \dfrac{b}{3}$ 임을 알 수 있으므로

$$\left(\frac{2\alpha+\beta}{3}\right)\left(\frac{\alpha+2\beta}{3}\right) = \frac{1}{9}\left(2\alpha^2 + 2\beta^2 + 5\alpha\beta\right) = \frac{1}{9}\left\{2(\alpha+\beta)^2 + \alpha\beta\right\}$$

$$= \frac{1}{9}\left(\frac{8a^2}{9} + \frac{b}{3}\right) > 0$$

이므로 $b > -\dfrac{8}{3}a^2$ 를 만족한다.

[1]의 풀이를 통해 $\dfrac{a^2}{3} > b$ 임을 알 수 있으므로 $-\dfrac{8}{3}a^2 < b < \dfrac{a^2}{3}$ 이다.

이를 만족하는 순서쌍 $(a,\ b)$는

(ⅰ) $a = 1$일 때, $b = 0,\ -1,\ -2$

(ⅱ) $a = 2$일 때, $b = 1,\ 0,\ -1,\ -2,\ -3$

(ⅲ) $a = 3$일 때, $b = 2,\ 1,\ 0,\ -1,\ -2,\ -3$ 이다.

따라서 가능한 모든 쌍의 개수는 $2 \times (3 + 5 + 6) = 28$개다.

[1]

함수 $g(x)$의 도함수 $g'(x) = -2px + q$이고 여기에 $x = 0$을 대입하면, $g'(0) = q$가 된다.

따라서 포물선 $y = g(x)$ 위의 점 R$(0, r)$에서의 접선의 방정식은 $y = qx + r$이고 이때의 x절편은 $-\dfrac{r}{q}$이므로,

$\alpha = -\dfrac{r}{q}$이다.

또한 포물선 $y = g(x)$ 위의 점 R$(0, r)$를 지나고 직선 PR에 수직인 직선의 방정식은 $y = -\dfrac{1}{q}x + r$이고,

이 직선의 x절편은 qr이므로, $\beta = qr$이 된다.

[2]

제시문의 조건으로부터 다음이 성립한다.

· $B > C$

· A, B, C가 양수이므로 $B^2 \leq B^2 + 4AC = 100$을 만족하고, 이로부터 $B \leq 10$이고 B는 짝수이다.

· A와 C는 $\dfrac{100 - B^2}{4}$의 약수이다.

· $\alpha\beta = -r^2$이므로, 이차방정식의 근과 계수의 관계로부터 $\dfrac{C}{A}$는 제곱수이다.

이로부터 가능한 순서쌍 (A, B, C)는 아래의 표와 같이 두 쌍이 존재한다.
각 순서쌍에 대해 이차방정식 $f(x) = 0$의 두 실근 α, β를 구하고 **[1]**의 결과로부터 그에 대응하는 q, r을 구할 수 있다.

B	AC	(A, B, C)	(α, β)	(q, r)
8	9	$(3, 8, 3)$	$\left(-\dfrac{1}{3}, 3\right)$	$(3, 1)$
6	16	$(4, 6, 4)$	$\left(-\dfrac{1}{2}, 2\right)$	$(2, 1)$

마지막으로 $q^2 + 4pr$가 완전제곱수가 되도록 하는 p 중에서 최소인 것을 구하면 아래 표에 있는 것과 같다.

(A, B, C)	(p, q, r)
$(3, 8, 3)$	$(4, 3, 1)$
$(4, 6, 4)$	$(3, 2, 1)$

[3]

$g(x) = 0$의 두 근 중에서 음수인 근을 γ로 놓자. 선분 PR와, 곡선 $y = g(x)$ 및 x축($x < 0$)으로 둘러싸인 도형의 넓이는 다음과 같다.

$$\frac{1}{2}\,|\alpha|\,r - \int_{\gamma}^{0}(-px^2 + qx + r)\,dx = \frac{r^2}{2q} - \frac{p}{3}\gamma^3 + \frac{q}{2}\gamma^2 + r\gamma$$

이 도형의 넓이가 최소가 되기 위해서는 곡선 $y = g(x)$, x축 $(x < 0)$, y축 $(y > 0)$으로 둘러싸인 도형의 넓이가 최대가 되어야 한다.

고정된 q와 r에 대하여, $p_1 < p_2$라 하고 $g_1(x) = -p_1 x^2 + qx + r$, $g_2(x) = -p_2 x^2 + qx + r$이라 하자.

근의 공식을 이용하여 $g_1(x) = 0$의 두 근을 구하면 $x = \dfrac{q \pm \sqrt{q^2 + 4p_1 r}}{2p_1}$이고 이 중에 음수인 것을 γ_1이라 하면

$\gamma_1 = \dfrac{q - \sqrt{q^2 + 4p_1 r}}{2p_1}$이다.

마찬가지로 $g_2(x) = 0$의 음수인 근을 γ_2라 하면 $\gamma_2 = \dfrac{q - \sqrt{q^2 + 4p_2 r}}{2p_2}$이다.

이때 $0 < p_1 < p_2$에서 $\dfrac{1}{p_1} > \dfrac{1}{p_2}$이고 $0 > q - \sqrt{q^2 + 4p_1 r} > q - \sqrt{q^2 + 4p_2 r}$이므로 $\gamma_1 < \gamma_2$을 만족한다.

또한 $p_1 < p_2$이므로 $g_1(x) \geq g_2(x)$를 만족한다. 이를 통해 다음이 성립함을 알 수 있다.

$$\int_{\gamma_2}^{0} g_2(x)\,dx \leq \int_{\gamma_2}^{0} g_1(x)\,dx < \int_{\gamma_1}^{0} g_1(x)\,dx$$

따라서 p의 값이 최소일 때 곡선 $y = g(x)$, x축 $(x < 0)$, y축 $(y > 0)$으로 둘러싸인 도형의 넓이가 최대가 되고 문제에서 구하는 도형의 넓이가 최소가 된다.

이제 [2]의 풀이에서 구한 표에 있는 순서쌍 $(p,\ q,\ r)$로부터, $g(x) = 0$의 음수인 근 γ를 구하여, 위에서 구한 넓이 공식에 대입하면, 아래에 표에 있는 것과 같은 값을 얻는다.

$(A,\ B,\ C)$	$(p,\ q,\ r)$	γ	넓이
$(3,\ 8,\ 3)$	$(4,\ 3,\ 1)$	$-\dfrac{1}{4}$	$\dfrac{1}{32}$
$(4,\ 6,\ 4)$	$(3,\ 2,\ 1)$	$-\dfrac{1}{3}$	$\dfrac{7}{108}$

이로부터 넓이가 최소가 되는 경우는 $(A,\ B,\ C) = (3,\ 8,\ 3)$인 경우이고, 이때, 넓이의 값은 $\dfrac{1}{32}$임을 알 수 있다.

[1]

점 $(1, 7)$을 이차함수에 대입하여 얻은 방정식 $7 = (1-p)^2 + p^2 + 2$의 해를 구하면 된다.

$p = 2$ 또는 $p = -1$이 되어 $(-1, 3)$, $(2, 6)$이 구하고자 하는 점이다.

[2]

이차함수 $y = (x-p)^2 + p^2 + 2$의 그래프가 점 (a, b)를 지나면 $b = (a-p)^2 + p^2 + 2$을 만족하는 실수 p가

존재한다. 방정식을 p에 대해서 정리하면 $2p^2 - 2ap + a^2 - b + 2 = 0$. 실근이 존재하기 위해서는 제시문에 의해

$D = a^2 - 2(a^2 - b + 2) \geq 0$가 된다. 따라서 $b \geq \dfrac{a^2 + 4}{2}$.

[3]

구하고자 하는 최솟값은 점 (a, b)를 지나는 이차함수 $y = (x-p)^2 + p^2 + 2$의 그래프가 존재하는 모든 점 (a, b)에

대해서 $(-12, -1)$로부터의 거리 $\sqrt{(a+12)^2 + (b+1)^2}$ 중 최솟값을 구하면 된다. 이를 만족하는 a, b의 조건은

문제 [2]에서와 같이 $b \geq \dfrac{a^2 + 4}{2}$를 만족한다. 따라서 $b + 1 \geq \dfrac{a^2 + 4}{2} + 1 > 0$이므로

$$\sqrt{(a+12)^2 + (b+1)^2} \geq \sqrt{(a+12)^2 + \left(\dfrac{a^2+4}{2} + 1\right)^2}$$

가 성립하고 따라서 $\sqrt{(a+12)^2 + \left(\dfrac{a^2+4}{2} + 1\right)^2}$ 의 최솟값을 구하면 된다. 함수

$g(a) = (a+12)^2 + \left(\dfrac{a^2+4}{2} + 1\right)^2$의 도함수는 $g'(a) = a^3 + 8a + 24 = (a^2 - 2a + 12)(a+2)$이고

$a^2 - 2a + 12 = (a-1)^2 + 11 > 0$이므로 $a < -2$에서는 $f'(a) < 0$이고 $a > -2$에서는 $f'(a) > 0$이므로

$a = -2$에서 최솟값을 갖는다. 그러므로 $f(p)$의 최솟값 $\left(10^2 + 25\right)^{\frac{1}{2}} = \sqrt{125}$ 가 된다.

접점을 $\mathrm{A}\,(p,\ q)$ 라 하면, 곡선 $y = x^2 + 2nx + 1$ 과 곡선 $y = ke^x$ 가 접하기 위해서는 다음 두 조건을 만족해야한다.

$$(\,\mathrm{i}\,)\ p^2 + 2np + 1 = ke^p$$

$$(\,\mathrm{ii}\,)\ 2p + 2n = ke^p$$

이를 연립해서 풀면 $p = 1 - 2n$ 또는 $p = 1$ 이고 $y = ke^x$ 에서 k 는 0 보다 작은 상수이므로 ke^p 는 음수이다. 그러므로 $p = 1 - 2n$ 이고 $(1 - 2n)^2 + 2n(1 - 2n) + 1 = 2 - 2n$ 이므로 점 A 는 $\mathrm{A}\,(1 - 2n,\ 2 - 2n)$ 이다. 점 A 에서 그은 접선 l 과 접선 l 에 수직인 직선 m 을 각각 구하면 다음과 같다.

$$l : y - (2 - 2n) = (2 - 2n)(x - 1 + 2n)$$

$$m : y - (2 - 2n) = -\frac{1}{2 - 2n}(x - 1 + 2n)$$

따라서 점 B, C, D 는 $\mathrm{B}(-2n,\ 0)$, $\mathrm{C}\big(0,\ -4n^2 + 4n\big)$, $\mathrm{D}\big(4n^2 - 10n + 5,\ 0\big)$ 이다. 삼각형 OBC 와 삼각형 ABD 의 넓이 a_n 과 b_n 은

$$a_n = \frac{1}{2} \times 2n\big(4n^2 - 4n\big) = 4n^3 - 4n^2$$

$$b_n = \frac{1}{2} \times \big(4n^2 - 8n + 5\big)(2n - 2) = 4n^3 - 12n^2 + 13n - 5$$

이다.

따라서, $\displaystyle \lim_{n \to \infty} \frac{a_n - b_n}{n^2} = \lim_{n \to \infty} \frac{\big(4n^3 - 4n^2\big) - \big(4n^3 - 12n^2 + 13n - 5\big)}{n^2} = 8$

[1]

$y = x^2$ 에서 $y' = 2x$ 이므로 구간 $[t, \, p(t)]$ 에서 곡선의 길이는

$$\int_t^{p(t)} \sqrt{1 + (y')^2} \, dx = \int_t^{p(t)} \sqrt{1 + 4x^2} \, dx = 1 \ \cdots \ ①$$

이다. $\sqrt{1 + 4x^2}$ 이 구간 $[t, p(t)]$ 에서 증가하는 연속함수이므로

$$\{p(t) - t\} \sqrt{1 + 4t^2} < \int_t^{p(t)} \sqrt{1 + 4x^2} \, dx < \{p(t) - t\} \sqrt{1 + 4\{p(t)\}^2}$$

이다. ①에 의해 $\{p(t) - t\} \sqrt{1 + 4t^2} < 1 < \{p(t) - t\} \sqrt{1 + 4\{p(t)\}^2}$ 이고, 이 부등식을 정리하면

$$\frac{1}{\sqrt{1 + 4\{p(t)\}^2}} < p(t) - t < \frac{1}{\sqrt{1 + 4t^2}} \ \cdots \ ②$$

이다.

$\displaystyle\lim_{t \to \infty} \frac{1}{\sqrt{1 + 4t^2}} = 0$ 이고, $\displaystyle\lim_{t \to \infty} p(t) = \infty$ 이므로 $\displaystyle\lim_{t \to \infty} \frac{1}{\sqrt{1 + 4\{p(t)\}^2}} = 0$ 이다.

따라서 $\displaystyle\lim_{t \to \infty} \{p(t) - t\} = 0$ 이다.

[별해 풀이]

$y = x^2$ 에서 $y' = 2x$ 이므로 구간 $[t, \, p(t)]$ 에서 곡선의 길이는

$$\int_t^{p(t)} \sqrt{1 + (y')^2} \, dx = \int_t^{p(t)} \sqrt{1 + 4x^2} \, dx = 1 \ \cdots \ ①$$

이다. $\sqrt{1 + 4x^2}$ 이 구간 $[t, p(t)]$ 에서 증가하는 연속함수이므로

$$\{p(t) - t\} \sqrt{1 + 4t^2} < \int_t^{p(t)} \sqrt{1 + 4x^2} \, dx < \{p(t) - t\} \sqrt{1 + 4\{p(t)\}^2}$$

이다. 각 변을 $p(t) - t$ 로 나누면

$$\sqrt{1 + 4t^2} < \frac{\displaystyle\int_t^{p(t)} \sqrt{1 + 4x^2} \, dx}{p(t) - t} < \sqrt{1 + 4\{p(t)\}^2}$$

이고, 평균값의 정리에 의해 $\dfrac{\displaystyle\int_{t}^{p(t)}\sqrt{1+4x^2}\,dx}{p(t)-t}=\sqrt{1+4c^2}$ 인 c 가 t 와 $p(t)$ 사이에 존재한다.

(추후 평균값의 정리 파트에서 '약간 뒤틀린 형태의 평균값의 정리'로 배울 내용)

즉, $\displaystyle\int_{t}^{p(t)}\sqrt{1+4x^2}\,dx=\{p(t)-t\}\sqrt{1+4c^2}$ 을 만족하는 c 가 $t<c<p(t)$ 에 존재한다.

①에 의해 $\{p(t)-t\}\sqrt{1+4c^2}=1$ 이고, 양변을 $\sqrt{1+4c^2}$ 으로 나누면 $p(t)-t=\dfrac{1}{\sqrt{1+4c^2}}$ 이다.
또, $t<c<p(t)$ 이므로 $t\to\infty$ 이면 $c\to\infty$ 이다.

따라서 $\displaystyle\lim_{t\to\infty}\{p(t)-t\}=\lim_{c\to\infty}\dfrac{1}{\sqrt{1+4c^2}}=0$ 이다.

[2]

[1]에서 $\displaystyle\lim_{t\to\infty}\{p(t)-t\}=0$ 이고, $\displaystyle\lim_{t\to\infty}p(t)=\infty$ 이므로

$$\lim_{t\to\infty}\{p(t)-t\}\times\dfrac{1}{p(t)}=\lim_{t\to\infty}\left\{1-\dfrac{t}{p(t)}\right\}=0$$

이다. 따라서 $\displaystyle\lim_{t\to\infty}\dfrac{t}{p(t)}=1$ 이고

$$\lim_{t\to\infty}\dfrac{p(t)}{t}=1 \ \cdots \ ③$$

이다. ②의 각 변에 t 를 곱하면,

$$\dfrac{t}{\sqrt{1+4\{p(t)\}^2}}<t\{p(t)-t\}<\dfrac{t}{\sqrt{1+4t^2}}$$

이다.

$$\lim_{t\to\infty}\dfrac{t}{\sqrt{1+4\{p(t)\}^2}}=\lim_{t\to\infty}\dfrac{1}{\sqrt{\dfrac{1}{t^2}+4\left\{\dfrac{p(t)}{t}\right\}^2}}=\dfrac{1}{2}$$

이고,

$$\lim_{t\to\infty}\dfrac{t}{\sqrt{1+4t^2}}=\lim_{t\to\infty}\dfrac{1}{\sqrt{\dfrac{1}{t^2}+4}}=\dfrac{1}{2}$$

이므로 $\displaystyle\lim_{t\to\infty}t\{p(t)-t\}=\dfrac{1}{2}$ 이다.

[3]

①의 양변을 t에 대하여 미분하면 $\sqrt{1+4\{p(t)\}^2}\times p'(t)- \sqrt{1+4t^2}= 0$

식을 정리하면 $\{p'(t)\}^2 = \dfrac{1+4t^2}{1+4\{p(t)\}^2}$ 이고,

$$1-\{p'(t)\}^2 = 1- \frac{1+4t^2}{1+4\{p(t)\}^2}= \frac{4\{p(t)\}^2-4t^2}{1+4\{p(t)\}^2}$$

이고,

$$t^2\left[1-\{p'(t)\}^2\right] = \frac{4t^2\left[\{p(t)\}^2-t^2\right]}{1+4\{p(t)\}^2}$$

이다. ③에 의해

$$\begin{aligned}
\lim_{t\to\infty}t^2\left[1-\{p'(t)\}^2\right] &= \lim_{t\to\infty}4t\{p(t)-t\}\times \frac{tp(t)+t^2}{1+\{4p(t)\}^2}\\
&= \lim_{t\to\infty}4t\{p(t)-t\}\times \frac{\dfrac{p(t)}{t}+1}{\dfrac{1}{t^2}+4\left\{\dfrac{p(t)}{t}\right\}^2}\\
&= 4\times \frac{1}{2} \times \frac{1+1}{4}=1
\end{aligned}$$

이다.

[별해 풀이]

①의 양변을 t에 대하여 미분하면

$$\sqrt{1+4\{p(t)\}^2}\times p'(t)- \sqrt{1+4t^2}= 0$$

이다. 식을 정리하면 $\{p'(t)\}^2 = \dfrac{1+4t^2}{1+4\{p(t)\}^2}$ 이고,

$$1-\{p'(t)\}^2 = 1- \frac{1+4t^2}{1+4\{p(t)\}^2}= \frac{4\{p(t)\}^2-4t^2}{1+4\{p(t)\}^2}= \frac{4\{p(t)+t\}\{p(t)-t\}}{1+4\{p(t)\}^2}$$

이다. 한편 **[1]**의 별해에서

$$1-\{p'(t)\}^2 = \frac{4\{p(t)+t\}}{1+4\{p(t)\}^2}\times \frac{1}{\sqrt{1+4c^2}}$$

이다. 따라서

$$\lim_{t \to \infty} t^2 \left[1 - \{p'(t)\}^2 \right] - \lim_{t \to \infty} \frac{4t^2\{p(t)+t\}}{1+4\{p(t)\}^2} \times \frac{1}{\sqrt{1+4c^2}}$$

이다.

우변의 분모, 분자를 $\{p(t)\}^3$ 으로 나누어 정리하면

$$\lim_{t \to \infty} t^2 \left[1 - \{p'(t)\}^2 \right] = \lim_{t \to \infty} \frac{4\left\{ \dfrac{t}{p(t)} \right\}^2 \left\{ 1 + \dfrac{t}{p(t)} \right\}}{\dfrac{1}{\{p(t)\}^2}+4} \times \frac{1}{\sqrt{\dfrac{1}{\{p(t)\}^2}+4\left\{ \dfrac{c}{p(t)} \right\}^2}}$$

이다.

한편 $t < c < p(t)$ 에서 $\dfrac{t}{p(t)} < \dfrac{c}{p(t)} < 1$ 이고 ③에 의해 $\lim\limits_{t \to \infty} \dfrac{c}{p(t)} = 1$ 이다. 따라서

$$\lim_{t \to \infty} t^2 \left[1 - \{p'(t)\}^2 \right] = \frac{4 \times 1^2 \times (1+1)}{4} \times \frac{1}{\sqrt{4 \times 1^2}} = 1$$

이다.

논제
3

점 B 의 좌표를 $\mathrm{B}\left(b, \dfrac{1}{b}\right)$ 라 하자. 점 A 와 B 를 지나는 직선의 방정식은 $y = -\dfrac{1}{ab}x + \dfrac{1}{a} + \dfrac{1}{b}$ 이다. 따라서 점들의 좌표 $\mathrm{P}\left(0, \dfrac{1}{a}+\dfrac{1}{b}\right)$ 와 $\mathrm{Q}(a+b, 0)$ 을 얻을 수 있다. 따라서

$$\overline{\mathrm{AB}} = \sqrt{(a-b)^2 + \left(\dfrac{1}{a}-\dfrac{1}{b}\right)^2} = \frac{|a-b|}{ab}\sqrt{1+a^2b^2}$$

이고, 점 B가 $\overline{\mathrm{AB}} = 1$ 을 만족하는 경우, $|a-b| = \dfrac{ab}{\sqrt{1+a^2b^2}}$ 를 얻는다.

이때 $a > b$ 이면 $a = b + \dfrac{ab}{\sqrt{1+a^2b^2}}$ 이고, $a < b$ 이면 $b = a + \dfrac{ab}{\sqrt{1+a^2b^2}}$ 이므로, 이를 다시 쓰면

$$\frac{b}{a} = \begin{cases} 1 - \dfrac{b}{\sqrt{1+a^2b^2}} & (a > b) \\[2ex] 1 + \dfrac{b}{\sqrt{1+a^2b^2}} & (a < b) \end{cases}$$

이다.

여기서 $0 < \dfrac{ab}{\sqrt{1+a^2b^2}} < 1$ 이므로, $0 < \dfrac{b}{\sqrt{1+a^2b^2}} < \dfrac{1}{a}$ 이고, 극한값 $\displaystyle\lim_{a \to \infty} \dfrac{b}{\sqrt{1+a^2b^2}} = 0$ 을 얻는다. 따라서

극한값 $\displaystyle\lim_{a \to \infty} \dfrac{b}{a} = 1$ 을 얻고, 삼각형 OPQ 의 넓이는 $S(a) = \dfrac{1}{2}\left(\dfrac{1}{a} + \dfrac{1}{b}\right)(a+b) = \dfrac{(a+b)^2}{2ab} = \dfrac{\left(1+\dfrac{b}{a}\right)^2}{\dfrac{2b}{a}}$ 이므로,

극한값 $\displaystyle\lim_{a \to \infty} S(a) = 2$ 를 얻는다. 위 식을 $\dfrac{a}{b}$ 에 대해서 정리하면

$$\dfrac{a}{b} = \begin{cases} 1 + \dfrac{a}{\sqrt{1+a^2b^2}} & (a > b) \\[4mm] 1 - \dfrac{a}{\sqrt{1+a^2b^2}} & (a < b) \end{cases}$$

이다. 여기서 $0 < \dfrac{1}{\sqrt{1+a^2b^2}} < 1$ 이므로, $0 < \dfrac{a}{\sqrt{1+a^2b^2}} < a$ 이고, 극한값 $\displaystyle\lim_{a \to 0} \dfrac{a}{\sqrt{1+a^2b^2}} = 0$ 을 얻는다.

따라서 극한값 $\displaystyle\lim_{a \to \infty} \dfrac{a}{b} = 1$ 을 얻을 수 있고, 이를 이용하면

$$\lim_{a \to 0} S(a) = \lim_{a \to 0} \dfrac{\left(1+\dfrac{a}{b}\right)^2}{\dfrac{2a}{b}} = 2$$

를 얻는다.

논제
4

[1]

$h(x)$ 의 식을 정리하자.

$$h(x) = \int_0^{g(x)} \left\{1 + \left(\dfrac{1}{f'(t)}\right)^4\right\}^{\frac{1}{4}} \times f'(t)\, dt - \int_0^x \left\{1 + (f'(t))^4\right\}^{\frac{1}{4}} dt$$

$$= \int_0^{g(x)} \left\{1 + (f'(t))^4\right\}^{\frac{1}{4}} dt - \int_0^x \left\{1 + (f'(t))^4\right\}^{\frac{1}{4}} dt$$

$$= \int_x^{g(x)} \left\{1 + (f'(t))^4\right\}^{\frac{1}{4}} dt$$

위의 식에 $x = \alpha$ 를 내입하면

$$h(\alpha) = \int_\alpha^{g(\alpha)} \left\{1 + (f'(t))^4\right\}^{\frac{1}{4}} dt = 0$$

이고, 피적분함수가 t 의 값에 상관없이 항상 양수이므로 $g(\alpha) = \alpha$ 이다. 따라서 $f(\alpha) = \alpha$ 임은 당연하다.

[2]

[Sol 1] – 최대최소 정리를 이용

피적분함수 $\left\{1+(f'(t))^4\right\}^{\frac{1}{4}}$ 가 '복잡한 연속함수'이므로...

씩씩하게 최대최소 부등식인 $m \leq \left\{1+(f'(t))^4\right\}^{\frac{1}{4}} \leq M$ 을 만들어버리자!

이제 위의 최대최소 부등식의 양변에 $\displaystyle\int_x^{g(x)}$ 를 취하여 정리하면

$$\frac{m(g(x)-x)}{x} \leq \frac{h(x)}{x} \leq \frac{M(g(x)-x)}{x}$$

이고, $\displaystyle\lim_{x\to\infty}\frac{g(x)}{x}$ 의 값은 다음과 같은 과정으로 쉽게 구할 수 있다.

$$\text{'}x=g(t)\text{ 라고 하면, } f(x)=t \text{ 이므로... } \lim_{t\to\infty}\frac{t}{g(t)}=1 \text{ 이다.'}$$

$$\left(\because \lim_{x\to\infty}\frac{f(x)}{x}=1 \Rightarrow \lim_{x\to\infty}f(x)=\infty\right)$$

따라서 부등식의 모든 변에 극한을 걸어주면 $\displaystyle\lim_{x\to\infty}\frac{h(x)}{x}=0$ 임을 보이는건 끝!

[Sol 2] – 문제되는 요소를 직접 삭제

$h(x)=\displaystyle\int_x^{g(x)}\left\{1+(f'(t))^4\right\}^{\frac{1}{4}}dt$ 를 바라보면... 중괄호 안의 1 혹은 중괄호의 지수 $\frac{1}{4}$ 이 굉장히 거슬린다.

이때, 중괄호의 지수를 0 이나 1 로 바꾸어도 별 소득이 없을 것은 쉽게 예측 가능하다.

따라서 중괄호 안의 1 을 지우는 것을 시작으로 부등식을 제작해보자.
그렇다면 우선 왼쪽 부등식은 매우 쉽게 제작이 가능하다.

$$\int_x^{g(x)}f'(t)\,dt < \int_x^{g(x)}\left\{1+(f'(t))^4\right\}^{\frac{1}{4}}dt$$

이제 문제는 오른쪽 부등식인데 조금 생각하다보면 다음과 같은 부등식을 완성시킬 수 있을 것이다.

$$\int_x^{g(x)}f'(t)\,dt < \int_x^{g(x)}\left\{1+(f'(t))^4\right\}^{\frac{1}{4}}dt < \int_x^{g(x)}\left\{1+f'(t)\right\}dt$$

어떻게든 중괄호 안을 네제곱인 식으로 만들어야 하니... $1+(f'(t))^4 < (1+f'(t))^4$ 을 떠올린 것!
이제 위의 부등식을 잘 정리하면 다음과 같다.

$$\frac{x-f(x)}{x} < \frac{h(x)}{x} < \frac{g(x)-f(x)}{x} \quad \cdots\cdots \; \text{㉠}$$

이제 $\displaystyle\lim_{x\to\infty}\frac{g(x)}{x}$ 의 값만 구하면 끝이다. $\displaystyle\lim_{x\to\infty}\frac{g(x)}{x}$ 의 값은 다음과 같은 과정으로 쉽게 구할 수 있다.

'$x=g(t)$ 라고 하면, $f(x)=t$ 이므로... $\displaystyle\lim_{t\to\infty}\frac{t}{g(t)}=1$ 이다.'

$$\left(\because \lim_{x\to\infty}\frac{f(x)}{x}=1 \;\Rightarrow\; \lim_{x\to\infty}f(x)=\infty \right)$$

따라서 부등식 ㉠의 모든 변에 극한을 걸어주면 $\displaystyle\lim_{x\to\infty}\frac{h(x)}{x}=0$ 임을 보이는건 끝!

논제 5

$y=f(x)$ 를 곡선 $y=\dfrac{1}{x}$ 위의 점 $\left(k+1,\dfrac{1}{k+1}\right)$ 에서의 접선이라 하고, $y=g(x)$ 를 곡선 $y=\dfrac{1}{x}$ 위의 두 점 $\left(k,\dfrac{1}{k}\right)$ 과 $\left(k+1,\dfrac{1}{k+1}\right)$ 을 지나는 직선이라 하자. 그러면

$$f(x)=-\frac{1}{(k+1)^2}\{x-(k+1)\}+\frac{1}{k+1} \;,\; g(x)=-\frac{1}{k(k+1)}(x-k)+\frac{1}{k}$$

이다. 이때 닫힌구간 $[k,k+1]$ 에서 $\dfrac{1}{x}-f(x)=\dfrac{(x-k-1)^2}{x(k+1)^2} \geq 0$ 이고

$g(x)-\dfrac{1}{x}=-\dfrac{(x-k)(x-k-1)}{xk(k+1)} \geq 0$ 이다. 즉, 닫힌구간 $[k,k+1]$ 에서 $f(x) \leq \dfrac{1}{x} \leq g(x)$ 이므로

$$\int_{k}^{k+1} f(x)dx \leq \int_{k}^{k+1}\frac{1}{x}\,dx \leq \int_{k}^{k+1} g(x)dx$$

이다. ([그림 1] 참고)

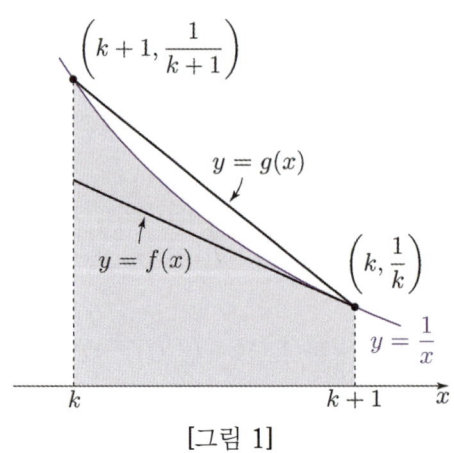

[그림 1]

이때

$$\int_k^{k+1} f(x)dx = \int_k^{k+1}\left[-\frac{1}{(k+1)^2}\{x-(k+1)\}+\frac{1}{k+1}\right]dx = \frac{1}{k+1}+\frac{1}{2(k+1)^2},$$

$$\int_k^{k+1} g(x)dx = \int_k^{k+1}\left\{-\frac{1}{k(k+1)}(x-k)+\frac{1}{k}\right\}dx = \frac{1}{2}\left(\frac{1}{k}+\frac{1}{k+1}\right),$$

$$\int_k^{k+1}\frac{1}{x}dx = \ln(k+1)-\ln k$$

이므로, $\dfrac{1}{k+1}+\dfrac{1}{2(k+1)^2} \le \ln(k+1)-\ln k \le \dfrac{1}{2}\left(\dfrac{1}{k}+\dfrac{1}{k+1}\right)$ 이다. 위의 부등식에 모두 시그마를 취하면

$$\sum_{k=1}^{n}\left\{\frac{1}{k+1}+\frac{1}{2(k+1)^2}\right\} \le \ln(n+1) \le \sum_{k=1}^{n}\frac{1}{2}\left(\frac{1}{k}+\frac{1}{k+1}\right)$$

이 성립한다.

논제 6

[1]

명제 A 의 부등식에 $\ln$ 을 취하고 정리하면 다음과 같다.

$$A : \text{모든 자연수 } n \text{ 에 대하여 } \frac{1}{2n} < \ln\left(1+\frac{1}{n}\right) < \frac{1}{n} \text{ 이다.}$$

제시문에 '적분과 넓이'에 대한 내용과 '$y=\dfrac{1}{x}$ 의 적분'에 대한 내용이 있으니, 이에 맞춰 주어진 부등식을 해석해야겠다.

따라서 제시문 (나)를 이용하여 $\ln\left(1+\dfrac{1}{n}\right)=\displaystyle\int_1^{1+\frac{1}{n}}\dfrac{1}{x}dx$ 를 연습장에 잘 적어둔 후,

$y=\dfrac{1}{x}$ 의 그래프와 함께 $(1,\,1)$, $\left(2,\,\dfrac{1}{2}\right)$ 가 $y=\dfrac{1}{x}$ 위의 점임을 잘 떠올리면...

$(1,\,0)$과 $\left(1+\dfrac{1}{n},\,0\right)$을 양끝으로 하는 선분을 밑면으로하고 높이가 각각 1 과 $\dfrac{1}{2}$ 인 직사각형 두 개,

$(1,\,0)$과 $(2,\,0)$을 양끝으로 하는 선분을 밑면으로하고 높이가 $\dfrac{1}{2}$ 인 직사각형 한 개를 떠올릴 수 있다.

위의 세 개의 직사각형과 $\displaystyle\int_1^{1+\frac{1}{n}}\dfrac{1}{x}dx$ 의 넓이관계를 잘 살펴보면 명제 A 가 참임을 알 수 있다.

[2]

방정식 $x^3-\left(1+\dfrac{1}{n}\right)^n x^2+x-e=0$ 의 근을 $y=x^2\left(x-\left(1+\dfrac{1}{n}\right)^n\right)$ 과 $y=-(x-e)$ 의 교점의 x 좌표로 해석할 수 있겠다.

따라서 $y = x^2\left(x - \left(1 + \dfrac{1}{n}\right)^n\right)$ 과 $y = -(x - e)$ 의 그래프를 잘 그려보면, 두 함수의 교점은 오직 한 개로 열린구간 $\left(\left(1 + \dfrac{1}{n}\right)^n, \ e\right)$ 에 존재함을 알 수 있다.

이때 [1]에서 $\sqrt{e} < \left(1 + \dfrac{1}{n}\right)^n$ 임을 구했으므로, 위에서 구한 교점의 x 좌표가 곧 a_n 임을 알 수 있다.

따라서 부등식 $\left(1 + \dfrac{1}{n}\right)^n < a_n < e$ 가 성립한다. 여기에 샌드위치정리만 적용시키면 $\displaystyle\lim_{n \to \infty} a_n = e$ 이다.

[Comment]

벌써 n번째 말하고 있다... 문제를 풀 때 '식의 일부분을 먼저 극한을 보내는 것'은 절대 안된다!

논제 7

문제의 (나) 조건을 다음과 같은 해석을 할 수 있다.

① $g(x)$ 는 0 부터 4 까지의 값을 갖을 수 있고, $x = 1$ 에서 연속이다.
② $y = h(t)$ 와 $y = x^2 - 4x + 8$ 의 교점의 t 좌표가 $g(x)$ 이다. (단, $0 \le t \le 4$)

여기서 ②의 해석이 어렵다면 다음과 같은 상황을 떠올려보자.

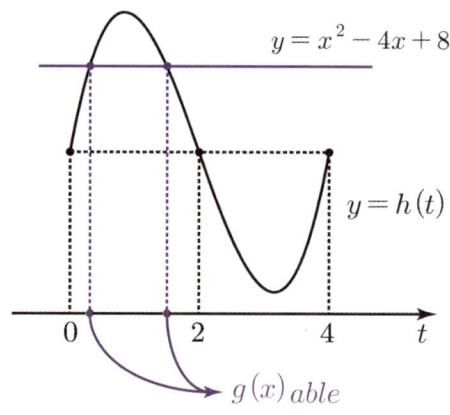

$(y = h(t)$ 는 고정. 직선 $y = x^2 - 4x + 8$ 가 t 축과 평행하게 위아래로 움직임. 따라서 교점의 t 좌표 $g(x)$가 변함.$)$

합성함수 표현에서 속함수를 겉함수와 다른 함수의 교점으로 바라보는 것이다. (with t 축 도입)

다시 문제로 돌아와서,
$g(x)$ 가 어떻게 결정되는지 파악했으니 $x = 1$ 에서 $g(x)$ 의 연속성을 확인만 하면 끝이겠다.

따라서 $h(g(x)) = x^2 - 4x + 8$ 에 $x = 1$ 을 대입하면, $g(1)$ 은 0 , 2 4 중 하나의 값을 가짐을 알 수 있다.
이를 $g(x)$ 의 $x = 1$ 연속성과 ②의 관점을 이용하여 해석하면 아래와 같다.

$$0 \le t \le 4 \text{ 에서 } y = t^3 - 6t^2 + 8t + 5 \text{ 를 그려두고,}$$
$$y = 5 \text{ 를 살짝씩 위아래로 움직일 때마다 생기는 교점이 } g(1) \text{ 의 후보이다.}$$

따라서 $g(1)$ 은 0 과 4 가 아님을 알 수 있다. 즉, $g(1) = 2$ 이다.

$y = x^4 - 2x^2 + 1$ 과 $y = -x^2 + x + 2$ 를 연립하면 $x^4 - x^2 - x - 1 = (x+1)(x^3 - x^2 - 1) = 0$ 이다.
즉 점 P의 좌표는 $\mathrm{P}(-1, 0)$ 이다.

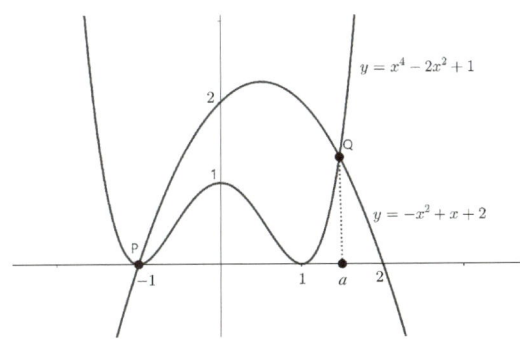

이때 $f(x) = x^3 - x^2 - 1$ 라 하자. 이때 $f'(x) = 3x^2 - 2x$ 이므로 함수 $f(x)$ 는 $x = 0$ 에서 극댓값 -1 을 가진다.
따라서 그래프의 개형에 의해 $f(x) = 0$ 은 단 하나의 실근을 가진다.
그 실근을 a 라 하면 $f(\sqrt{2}) = 2\sqrt{2} - 3 < 0$, $f(\sqrt{3}) = 3\sqrt{3} - 4 > 0$ 이므로
사잇값 정리에 의해 $\sqrt{2} < a < \sqrt{3}$ 을 만족한다.

한편, 점 Q의 좌표는 $\mathrm{Q}(a, -a^2 + a + 2)$ 이므로

$$\overrightarrow{\mathrm{PQ}} \cdot \overrightarrow{\mathrm{PA}} = (\overrightarrow{\mathrm{OQ}} - \overrightarrow{\mathrm{OP}}) \cdot (\overrightarrow{\mathrm{OA}} - \overrightarrow{\mathrm{OP}}) = (a+1, -a^2 + a + 2) \cdot (1, -1) = a^2 - 1$$

이다. 이때 $\sqrt{2} < a < \sqrt{3}$ 이므로 $1 \le \overrightarrow{\mathrm{PQ}} \cdot \overrightarrow{\mathrm{PA}} < 2$ 를 만족한다.
따라서 $k = 1$ 이다.

$q(x) = e^x + x\ln(x+1) + x^2\cos^{2026}\pi x$ 라 하면, 함수 $q(x)$ 는 닫힌구간 $[0,\,1]$ 을 포함하는 열린구간에서 연속인 도함수 $q'(x)$ 를 갖는다.

$q'(x)$ 가 닫힌구간 $[0,\,1]$ 에서 연속이므로, $q'(x)$ 는 닫힌구간 $[0,\,1]$ 에서 최댓값과 최솟값을 갖는다.
($q'(x)$ 를 구한 후 관찰하려고 했다면... 시도는 좋았지만 미분된 형태를 보고 뒷걸음을 칠 수 있는 것도 실력!)

이 최댓값을 M, 최솟값을 m 이라고 하면 닫힌구간 $[0,\,1]$ 에서

$$m \le q'(x) \le M \quad\cdots\cdots\; \text{㉠} \quad \text{(최솟값과 최댓값보다 '부등식의 등장'에 집중할 것!)}$$

한편 부분적분법을 적용하면

$$
\begin{aligned}
c_n &= (n-2026)\int_0^1 x^n q(x)\,dx \\
&= \frac{n-2026}{n+1}\left(\left[x^{n+1}q(x)\right]_0^1 - \int_0^1 x^{n+1}q'(x)\,dx\right) \\
&= \frac{n-2026}{n+1}\left(q(1) - \int_0^1 x^{n+1}q'(x)\,dx\right)
\end{aligned}
$$

㉠에 의하여

$$\frac{m}{n+2} = m\int_0^1 x^{n+1}\,dx \le \int_0^1 x^{n+1}q'(x)\,dx \le M\int_0^1 x^{n+1}\,dx = \frac{M}{n+2}$$

따라서

$$\frac{(n-2026)m}{(n+1)(n+2)} \le \frac{n-2026}{n+1}\int_0^1 x^{n+1}q'(x)\,dx \le \frac{(n-2026)M}{(n+1)(n+2)}$$

이다. 또한

$$\lim_{n\to\infty}\frac{n-2026}{n+1}\int_0^1 x^{n+1}q'(x)\,dx = 0$$

이다. 그러므로 $\displaystyle\lim_{n\to\infty} c_n = q(1) = e + \ln 2 + \cos^{2026}\pi = e + \ln 2 + 1$ 이다.

[Comment]
이처럼 최대최소 정리는 관찰하기 힘든 복잡한 연속함수에서 특히 빛을 발한다. (이거 밖에 쓸게 없거든...)

양의 실수 m의 값과 상관없이 항상 $f(0) = 0 = g(0)$이므로, 두 곡선 $y = f(x)$와 $y = g(x)$가 $0 < x \leq 1$의 범위에서 만나지 않도록 하는 m의 범위를 구하면 된다. 다음과 같이 네 가지 경우로 나누어 조사해보자.

(i) $0 < m < 1$

이 경우 $0 < x \leq 1$일 때, $g(x) = 1 - \sqrt{1-x^2} \leq x < \dfrac{1}{m}x^m = f(x)$이므로 두 곡선은 만나지 않는다.

(ii) $m = 1$

이 경우 $f(1) = 1 = g(1)$이므로 두 곡선은 점 $(1, 1)$에서 만난다.

(iii) $1 < m < 2$

이 경우 $0 < x < 1$일 때, $1 - \dfrac{1}{m}x^m \geq 0$이므로

$$f(x) = g(x) \Leftrightarrow \sqrt{1-x^2} = 1 - \frac{1}{m}x^m \Leftrightarrow 1 - x^2 = \left(1 - \frac{1}{m}x^m\right)^2$$

$$\Leftrightarrow -x^2 = -\frac{2}{m}x^m + \frac{1}{m^2}x^{2m} \Leftrightarrow x^{2m-1} - 2mx^{m-1} + m^2 x = 0$$

이다. 함수 $h(x) = x^{2m-1} - 2mx^{m-1} + m^2 x$는 $h(0) = 0$, $\displaystyle\lim_{x \to 0+} h'(x) = -\infty$를 만족하므로 $h(a) < 0$인 $a \in (0, 1)$가 존재한다.

함수 $h(x)$는 닫힌구간 $[a, 1]$에서 연속이고 $h(a) < 0 < (m-1)^2 = h(1)$이므로 사잇값 정리에 의해 $h(c) = 0$인 c가 열린구간 $(a, 1)$에 적어도 하나 존재한다.

따라서 두 곡선 $y = f(x)$와 $y = g(x)$는 $0 < x \leq 1$의 범위에서 만난다.

(iv) $m \geq 2$

이 경우 $0 < x \leq 1$일 때, $1 - \dfrac{1}{m}x^m \geq 0$이므로

$$f(x) = g(x) \Leftrightarrow \sqrt{1-x^2} = 1 - \frac{1}{m}x^m \Leftrightarrow 1 - x^2 = \left(1 - \frac{1}{m}x^m\right)^2$$

$$\Leftrightarrow -x^2 = -\frac{2}{m}x^m + \frac{1}{m^2}x^{2m} \Leftrightarrow \frac{2}{m}x^{m-2} = 1 + \frac{1}{m^2}x^{2m-2}$$

이다. 마지막 식의 좌변은 1보다 작거나 같고 우변은 1보다 크기 때문에 등식이 성립할 수 없으므로, $0 < x < 1$에서 두 곡선 $y = f(x)$와 $y = g(x)$는 만나지 않는다.

따라서, 곡선 $y = f(x)$와 $y = g(x)$가 한 점에서 만나도록 하는 양의 실수 m의 범위는 $0 < m < 1$, $m \geq 2$이다.

논제
1

[1]

절댓값 내부의 함수가 함숫값이 0이 되는 경우에만 미분가능하지 않을 가능성이 있다. $\sin(3x)=0$이 되는 경우는 $3x=k\pi$꼴이 된다. 이 조건을 만족하는 $x=\dfrac{\pi}{3}$, $\dfrac{2\pi}{3}$, π, $\dfrac{4\pi}{3}$, $\dfrac{5\pi}{3}$이다. 각각의 $x=x_0$에 대해,

그 점 근처에서 미분가능성을 확인하기 위해 제시문 (가)의 극한값이 존재하는지 확인하면 된다. 극한값은 좌극한과 우극한의 값이 존재하고 두 값이 같을 때 존재하므로 좌극한과 우극한을 구하면

$x=\dfrac{\pi}{3}$, π, $\dfrac{5\pi}{3}$일 때는

$$\lim_{x\to x_0^-}\frac{f(x)-f(x_0)}{x-x_0}=\lim_{x\to x_0^-}\frac{\sin(3x)-\sin(3x_0)}{x-x_0}=\sin{}'(3x_0)=3\cos(3x_0)=-3$$

$$\lim_{x\to x_0^+}\frac{f(x)-f(x_0)}{x-x_0}=-\lim_{x\to x_0^+}\frac{\sin(3x)-\sin(3x_0)}{x-x_0}=-\sin{}'(3x_0)=-3\cos(3x_0)=3$$

이므로 두 극한값이 다르며, $x=\dfrac{2\pi}{3}$, $\dfrac{4\pi}{3}$일 때는

$$\lim_{x\to x_0^-}\frac{f(x)-f(x_0)}{x-x_0}=-\lim_{x\to x_0^-}\frac{\sin(3x)-\sin(3x_0)}{x-x_0}=-\sin{}'(3x_0)=-3\cos(3x_0)=-3$$

$$\lim_{x\to x_0^+}\frac{f(x)-f(x_0)}{x-x_0}=\lim_{x\to x_0^+}\frac{\sin(3x)-\sin(3x_0)}{x-x_0}=\sin{}'(3x_0)=3\cos(3x_0)=3$$

이므로 두 극한값이 다르다.

따라서 각각의 $x=\dfrac{\pi}{3}$, $\dfrac{2\pi}{3}$, π, $\dfrac{4\pi}{3}$, $\dfrac{5\pi}{3}$들은 모두 미분가능하지 않은 점이 되며,

답은 $x=\dfrac{\pi}{3}$, $\dfrac{2\pi}{3}$, π, $\dfrac{4\pi}{3}$, $\dfrac{5\pi}{3}$이다.

[2]

위 **[1]**의 설명에 의해, $|\sin(x)|$가 미분가능하지 않은 점은 $\sin(x)=0$이 되는 모든 점이고, $|\sin(3x)|$역시 미분가능하지 않은 점은 $\sin(3x)=0$이 되는 모든 점이다. 따라서 둘 중 하나만 0인 경우는 미분가능하지 않은 점이 된다. 이제 둘 다 모두 0이 되는 경우, 즉, $x=\pi$인 경우만 확인하면 된다.

$x=\pi$에서 함수가 연속임은 분명하므로, $\displaystyle\lim_{x\to\pi-}\frac{f(x)-f(\pi)}{x-\pi}=\lim_{x\to\pi+}\frac{f(x)-f(\pi)}{x-\pi}$인지 확인하면 된다.

$$\lim_{x\to\pi-}\frac{f(x)-f(\pi)}{x-\pi}=\lim_{x\to\pi-}\frac{\sin(x)-\dfrac{1}{3}\sin(3x)}{x-\pi}=\cos(\pi)-\cos(3\pi)=0$$

$$\lim_{x\to\pi+}\frac{f(x)-f(\pi)}{x-\pi}=\lim_{x\to\pi+}-\frac{\sin(x)-\dfrac{1}{3}\sin(3x)}{x-\pi}=-\left(\cos(\pi)-\cos(3\pi)\right)=0$$

이므로, 미분계수가 존재하며, 따라서 $x=\pi$에서 미분가능하다.

그러므로 미분가능하지 않은 점은 $x=\dfrac{\pi}{3},\ \dfrac{2\pi}{3},\ \dfrac{4\pi}{3},\ \dfrac{5\pi}{3}$ 총 네 개다.

[3]

위 **[2]**의 논의를 바탕으로, $\sin(36x),\ \sin(42x)$둘 중 하나만 0인 경우는 미분가능하지 않은 점이 됨을 관찰할 수 있으며, 둘 다 0이 되는 점의 경우에는 제시문 (가)의 극한값이 존재하는지 여부, 즉 좌극한과 우극한의 값이 존재하고 둘이 같은지 비교해 보면 된다.

$\sin(36x)=0$인 점은 $36x=k\pi(k=1,\ 2,\ \cdots,\ 71)$이고 $\sin(42x)=0$인 점은 $42x=k\pi(k=1,\ 2,\ \cdots,\ 83)$이며, 36과 42의 최대공약수가 6이므로 $\sin(36x)=\sin(42x)=0$인 점은 $6x=k\pi(k=1,\ 2,\ \cdots,\ 11)$이다.

따라서 $\sin(36x)=0$인 점 중 $\sin(42x)\neq0$인 점은 $k=1,\ 2,\ \cdots,\ 71$중 11개를 제외하면 되므로, 총 60개가 된다. 마찬가지로 $\sin(42x)=0$인 점 중 $\sin(36x)\neq0$인 점은 총 72개가 된다.

이제 $\sin(36x)=\sin(42x)=0$인 점 $x=\dfrac{k}{6}\pi(k=1,\ 2,\ \cdots,\ 11)$에 대해, 미분가능성을 따져보자.

위 (3−2)와 같이 좌극한과 우극한의 값이 존재하고 같은지 확인하면 되는데, 이 점들에 대해 두 함수 $\dfrac{1}{36}|\sin(36x)|$와 $\dfrac{1}{42}|\sin(42x)|$의 좌미분계수 값은 항상 -1이 되며, 우미분계수 값은 항상 1임을 확인할 수 있다. 따라서 모두 미분가능하다.

따라서 미분 불가능한 점의 총 개수는 $60+72=132$개가 된다.

주어진 함수 $f(x) = \dfrac{\sqrt{x+1}+1}{x+2(\sqrt{x+1}+1)\cos(\sqrt{x+1}-1)}$ 에서

$h(x) = \sqrt{x+1}-1$ 라 하면 $\sqrt{x+1}+1 = h(x)+2$, $x = \{h(x)\}^2 + 2h(x)$ 이므로

$$f(x) = \frac{\sqrt{x+1}+1}{x+2(\sqrt{x+1}+1)\cos(\sqrt{x+1}-1)} = \frac{1}{h(x)+2\cos h(x)}$$

이다.

따라서 $g(x) = x+2\cos x$ (단, $0 \le t \le \pi$)라 하면, $f(x) = \dfrac{1}{g(h(x))}$ 이고 $h(x)$는 증가함수이므로 $f(x)$가

최대이려면 $g(x)$가 최소인 포인트를 찾으면 된다. (본 교재 '합성함수로 해석하기 관점' 사용)

함수 $g(x)$의 도함수는 $g'(x) = 1-2\sin x$ 이므로 $g'(x) = 0$이 되는 $x = \dfrac{\pi}{6}$, $\dfrac{5\pi}{6}$ 을 찾을 수 있고,

이를 통해 함수 $g(x)$는 구간 $\left(0, \dfrac{\pi}{6}\right)$에서 증가, 구간 $\left(\dfrac{\pi}{6}, \dfrac{5\pi}{6}\right)$에서 감소, 구간 $\left(\dfrac{5\pi}{6}, \pi\right)$에서 증가함을 알 수 있으며,

$g(t)$의 최솟값은 $g(0)$ 또는 $g\left(\dfrac{5\pi}{6}\right)$임을 알 수 있다.

$g(0) = 2$, $g\left(\dfrac{5\pi}{6}\right) = \dfrac{5\pi}{6} - \sqrt{3}$ 이므로 $g\left(\dfrac{5\pi}{6}\right) < g(0)$이다. 따라서 $g(t)$의 최솟값은 $t = \dfrac{5\pi}{6}$ 일 때 얻을 수 있고 $f(x)$

의 최댓값은 $x = \left(\dfrac{5\pi}{6}\right)^2 + 2\left(\dfrac{5\pi}{6}\right) = \dfrac{25\pi^2 + 60\pi}{36}$ 에서 갖는다.

[대학 예시답안] – 단순 곱의 미분법 진행

주어진 함수를 미분하면,

$$y' = \frac{1}{3} \times \frac{1}{1 \times 2 \times 3}\left(\alpha + \frac{x}{1 \times 2 \times 3}\right)^{-\frac{2}{3}}\left(\alpha + \frac{x}{2 \times 3 \times 4}\right)^{\frac{2}{3}}\left(\alpha + \frac{x}{3 \times 4 \times 5}\right)$$

$$+ \left(\alpha + \frac{x}{1 \times 2 \times 3}\right)^{\frac{1}{3}} \times \frac{2}{3} \times \frac{1}{2 \times 3 \times 4}\left(\alpha + \frac{x}{2 \times 3 \times 4}\right)^{-\frac{1}{3}}\left(\alpha + \frac{x}{3 \times 4 \times 5}\right)$$

$$+ \left(\alpha + \frac{x}{1 \times 2 \times 3}\right)^{\frac{1}{3}}\left(\alpha + \frac{x}{2 \times 3 \times 4}\right)^{\frac{2}{3}}\frac{1}{3 \times 4 \times 5}$$

이므로

$$y'(0) = \frac{\alpha}{3}\left(\frac{1}{2 \times 3} + \frac{1}{3 \times 4} + \frac{1}{4 \times 5}\right) = \frac{\alpha}{3}\left(\frac{1}{2} - \frac{1}{3} + \frac{1}{3} - \frac{1}{4} + \frac{1}{4} - \frac{1}{5}\right) = \frac{\alpha}{10}$$

이다. 따라서 $(0, \alpha^2)$ 에서의 접선은 $y = \frac{\alpha}{10}x + \alpha^2$ 이다. 이 직선이 $(5, 1)$ 을 지나기 위해서는 $\alpha^2 + \frac{\alpha}{2} - 1 = 0$ 을 만족해야 하므로 $\alpha = \frac{-1 + \sqrt{17}}{4}$ 이다.

[SaP 추천답안] – 로그미분법 사용

$x \geq -6\alpha$ 일 때,

$$\ln y = \frac{1}{3}\left(\ln\left(x + 6\alpha\right) - \ln 6\right) + \frac{2}{3}\left(\ln\left(x + 24\alpha\right) - \ln 24\right) + \ln\left(x + 60\alpha\right) - \ln 60$$

이므로, 로그미분법에 의하여

$$\frac{1}{y} \times y' = \frac{1}{3} \times \frac{1}{x + 6\alpha} + \frac{2}{3} \times \frac{1}{x + 24\alpha} + \frac{1}{x + 60\alpha}$$

이고,

$$y'(0) = y(0) \times \left(\frac{1}{18\alpha} + \frac{1}{36\alpha} + \frac{1}{60\alpha}\right) = \alpha^2 \times \frac{10 + 5 + 3}{180\alpha} = \frac{\alpha}{10}$$

이다. 따라서 $(0, \alpha^2)$ 에서의 접선은 $y = \frac{\alpha}{10}x + \alpha^2$ 이다.

이 직선이 $(5, 1)$ 을 지나기 위해서는 $\alpha^2 + \frac{\alpha}{2} - 1 = 0$ 을 만족해야 하므로 $\alpha = \frac{-1 + \sqrt{17}}{4}$ 이다.

[1]

가정에 의해 수열 $\{a_n\}$ 이 $\dfrac{1}{(a_n)^2} < 1 + \dfrac{1}{(a_n)^2} \le \dfrac{1}{(a_{n+1})^2}$ 이므로 $a_n > a_{n+1}$ 이다.

$f(x) = \ln(1+x) - \dfrac{1}{a_{n+1}}\sqrt{x^2 - (a_{n+1})^2}$ 이라 하면 $f(a_{n+1}) = \ln(1 + a_{n+1}) > 0$ 이고, 제시문 (가)에 의해

$$f(a_n) = \ln(1 + a_n) - \frac{1}{a_{n+1}}\sqrt{(a_n)^2 - (a_{n+1})^2} < a_n - \sqrt{\frac{(a_n)^2}{(a_{n+1})^2} - 1} \le 0 \quad \left(\because\ 1 + \frac{1}{(a_n)^2} \le \frac{1}{(a_{n+1})^2} \right)$$

이다. 함수 $f(x)$ 는 닫힌구간 $[a_{n+1},\ a_n]$ 에서 연속이고 $f(a_n) < 0 < f(a_{n+1})$ 이므로 사잇값 정리와 그림에 의하여 $f(x) = 0$ 의 한 개의 근 b_n 이 열린 구간 $(a_{n+1},\ a_n)$ 에 존재한다. 따라서 $a_{n+1} < b_n < a_n$ 이다.

[2]

제시문 (나)에 의해

$$1 + \frac{1}{(a_n)^2} = 1 + n\left(1 + \frac{1}{n}\right)^n \le 1 + n\left(1 + \frac{1}{n+1}\right)^{n+1} \qquad \text{(제시문 (나)를 이용하여 식의 일부분 바꿔주기)}$$

$$= 1 + (n+1)\left(1 + \frac{1}{n+1}\right)^{n+1} - \left(1 + \frac{1}{n+1}\right)^{n+1}$$

$$= 1 + \frac{1}{(a_{n+1})^2} - \left(1 + \frac{1}{n+1}\right)^{n+1} < \frac{1}{(a_{n+1})^2}$$

이므로 수열 $\{a_n\}$ 은 **[1]**의 조건을 만족한다. 따라서 **[1]**에 의해 $a_{n+1} < b_n < a_n$ 이다.

$\displaystyle\lim_{n \to \infty}\left(1 + \frac{1}{n}\right)^{-\frac{n}{2}} = \dfrac{1}{\sqrt{e}}$ 이므로 $\displaystyle\lim_{n \to \infty} a_n = 0$, $\displaystyle\lim_{n \to \infty} \sqrt{n}\, a_n = \dfrac{1}{\sqrt{e}}$ 이고,

수열의 극한의 성질에 의해 $\displaystyle\lim_{n \to \infty} b_n = 0$, $\displaystyle\lim_{n \to \infty} \sqrt{n}\, b_n = \dfrac{1}{\sqrt{e}}$ 이다.

따라서 $\displaystyle\lim_{n \to \infty} \sqrt{n}\ \ln(1 + b_n) = \lim_{n \to \infty} \sqrt{n}\, b_n \times \dfrac{\ln(1 + b_n)}{b_n} = \dfrac{1}{\sqrt{e}}$ (단, e 는 자연상수)이다.

[1]

(나)조건의 부등식의 n 자리에 1 부터 차례대로 대입하면 다음과 같다.

$$g\left(\frac{1}{2^1}\right) \leq \frac{1}{2} \times \frac{1}{2} \times g\left(\frac{1}{2^0}\right)$$

$$g\left(\frac{1}{2^2}\right) \leq \frac{1}{2} \times \frac{2}{3} \times g\left(\frac{1}{2^1}\right)$$

$$g\left(\frac{1}{2^3}\right) \leq \frac{1}{2} \times \frac{3}{4} \times g\left(\frac{1}{2^2}\right)$$

$$\vdots$$

$$g\left(\frac{1}{2^{n-1}}\right) \leq \frac{1}{2} \times \frac{n-1}{n} \times g\left(\frac{1}{2^{n-2}}\right)$$

$$g\left(\frac{1}{2^n}\right) \leq \frac{1}{2} \times \frac{n}{n+1} \times g\left(\frac{1}{2^{n-1}}\right)$$

위의 모든 부등식을 변변곱하여 정리하면 다음과 같다.

$$g\left(\frac{1}{2^n}\right) \leq \left(\frac{1}{2}\right)^n \times \frac{1}{n+1} \times g(1)$$

이때 (가)조건에 의하여 다음이 성립한다.

$$0 \leq g(0) \leq g\left(\frac{1}{2^n}\right) \leq \left(\frac{1}{2}\right)^n \times \frac{1}{n+1} \times g(1)$$

여기서 $\lim\limits_{n \to \infty} \dfrac{1}{2^n} \times \dfrac{1}{n+1} \times g(1) = 0$ 이므로 제시문에 의해 $g(0) = 0$ 이다.

[2]

[1]의 결과에 의해 $g(0) = 0$ 이고, $0 \leq g\left(\dfrac{1}{2^n}\right) \leq \left(\dfrac{1}{2}\right)^n \times \dfrac{1}{n+1} \times g(1)$ 이므로 다음 부등식이 성립한다.

$$0 \leq \frac{g\left(\frac{1}{2^n}\right) - g(0)}{\frac{1}{2^n}} = \frac{g\left(\frac{1}{2^n}\right)}{\frac{1}{2^n}} \leq \frac{\frac{1}{2^n} \times \frac{1}{n+1} \times g(1)}{\frac{1}{2^n}} = \frac{1}{n+1} \times g(1)$$

따라서 양변에 극한을 취하면, 제시문에 의해 $\lim\limits_{n \to \infty} \dfrac{g\left(\frac{1}{2^n}\right) - g(0)}{\frac{1}{2^n}} = 0$ 을 얻는다.

하지만 구해야하는 값은 $\displaystyle\lim_{m\to\infty}\dfrac{g\left(\dfrac{1}{m}\right)-g(0)}{\dfrac{1}{m}}$ 이다. 따라서 엄밀한 논증을 위해 m 과 2^n 사이의 관계를 찾는다.

2 이상의 임의의 자연수 m 에 대하여 $2^n \le m < 2^{n+1}$ 인 자연수 n 을 유일하게 찾을 수 있다.
(이 부등식을 찾는다면 아래의 내용을 보이는건 어렵지 않으나, 애초에 이 부등식을 찾는 것이 꽤 발상적이다.)

따라서 $\dfrac{1}{m} \le \dfrac{1}{2^n}$ 이고, (가)조건에 의해 $g\left(\dfrac{1}{m}\right) \le g\left(\dfrac{1}{2^n}\right)$ 이 성립하므로 다음과 같이 쓸 수 있다.

$$0 \le \dfrac{g\left(\dfrac{1}{m}\right)-g(0)}{\dfrac{1}{m}} = mg\left(\dfrac{1}{m}\right) \le m\times g\left(\dfrac{1}{2^n}\right) < 2^{n+1}\times g\left(\dfrac{1}{2^n}\right) \le 2^{n+1}\times \dfrac{1}{2^n}\times \dfrac{1}{n+1}\times g(1) = \dfrac{2g(1)}{n+1}$$

즉,

$$0 \le \dfrac{g\left(\dfrac{1}{m}\right)-g(0)}{\dfrac{1}{m}} < \dfrac{2g(1)}{n+1} \quad \cdots\cdots \text{㉠}$$

이 성립한다.

한편, $2^n \le m < 2^{n+1}$ 이므로 $m\to\infty$ 일 때 $n\to\infty$ 임을 알 수 있다.

따라서 ㉠의 부등식의 모든 변에 $\displaystyle\lim_{m\to\infty}$ 를 취하면, 제시문에 의하여 $\displaystyle\lim_{m\to\infty}\dfrac{g\left(\dfrac{1}{m}\right)-g(0)}{\dfrac{1}{m}} = 0$ 임을 알 수 있다.

[1]

함수 $f(x) = a\sqrt{1+e^x} + \ln\left(\sqrt{1+e^x} - b\right) - \ln\left(\sqrt{1+e^x} + b\right)$ 를 x 에 대해 미분하면

$$f'(x) = \frac{e^x}{2\sqrt{1+e^x}}\left(a + \frac{1}{\sqrt{1+e^x} - b} - \frac{1}{\sqrt{1+e^x} + b}\right) = \sqrt{1+e^x}$$

따라서

$$e^x\left\{a + \frac{2b}{(1+e^x) - b^2}\right\} = 2(1+e^x)$$

즉, $e^x\left[a\{(1+e^x) - b^2\} + 2b\right] = 2(1+e^x)\{(1+e^x) - b^2\}$ 이다.

전개하면 $ae^{2x} + \{a(1-b^2) + 2b\}e^x = 2e^{2x} + 2(2-b^2)e^x + 2(1-b^2)$ 이고 양변의 계수를 비교하면 $a=2$, $b=1$ 이다. 따라서 $a+b=3$ 이다.

[2]

제시문 (나), 치환적분법 및 **[1]**에 의하여

$$g(k) = \int_k^{k+e^{-k}} \sqrt{1+e^{2t}}\, dt = \frac{1}{2}\int_{2k}^{2k+2e^{-k}} \sqrt{1+e^x}\, dx \quad (\leftarrow x = 2t)$$

$$= \frac{1}{2}\left\{f(2k + 2e^{-k}) - f(2k)\right\}$$

이다. 평균값 정리에 의하여

$$g(k) = \frac{1}{2}f'(c)2e^{-k} = e^{-k}f'(c) = e^{-k}\sqrt{1+e^c}$$

를 만족하는 c 가 열린구간 $(2k,\ 2k+e^{-k})$ 에 적어도 하나 존재한다. 구간 $(-\infty,\ \infty)$ 에서 $f''(x) > 0$ 이므로 $f'(x)$ 는 증가한다. 그러므로

$$e^{-k}\sqrt{1+e^{2k}} < g(k) = e^{-k}\sqrt{1+e^c} < e^{-k}\sqrt{1+e^{2k+2e^{-k}}}$$

이고 $\displaystyle\lim_{k\to\infty} e^{-k}\sqrt{1+e^{2k}} = \lim_{k\to\infty}\sqrt{1+e^{-2k}} = 1$, $\displaystyle\lim_{k\to\infty} e^{-k}\sqrt{1+e^{2k+2e^{-k}}} = \lim_{k\to\infty}\sqrt{e^{2e^{-k}} + e^{-2k}} = 1$ 이다.
따라서 제시문 (다)에 의하여 $\displaystyle\lim_{k\to\infty} g(k) = 1$ 이다.

[별해 풀이]

[1]에 의하여

$$g(k) = \frac{1}{2}\{f(2k + 2e^{-k}) - f(2k)\} = \left[\sqrt{1+e^x} + \frac{1}{2}\ln\left(\frac{\sqrt{1+e^x}-1}{\sqrt{1+e^x}+1}\right)\right]_{2k}^{2k+2e^{-k}} \quad \cdots\cdots \text{㉠}$$

$$= \left(\sqrt{1+e^{2k+2e^{-k}}} - \sqrt{1+e^{2k}}\right) + \frac{1}{2}\ln\left(\frac{\sqrt{1+e^{2k+2e^{-k}}}-1}{\sqrt{1+e^{2k+2e^{-k}}}+1} \times \frac{\sqrt{1+e^{2k}}+1}{\sqrt{1+e^{2k}}-1}\right)$$

한편

$$\lim_{k\to\infty}\left(\sqrt{1+e^{2k+2e^{-k}}} - \sqrt{1+e^{2k}}\right) = \lim_{k\to\infty}\frac{e^{2k}(e^{2e^{-k}}-1)}{\sqrt{1+e^{2k+2e^{-k}}}+\sqrt{1+e^{2k}}} \quad \cdots\cdots \text{㉡}$$

$$= \lim_{k\to\infty}\frac{e^{k}(e^{2e^{-k}}-1)}{\sqrt{e^{-2k}+e^{2e^{-k}}}+\sqrt{e^{-2k}+1}}$$

$$= \frac{1}{2}\lim_{k\to\infty}e^{k}(e^{2e^{-k}}-1) = \lim_{l\to 0}\frac{2l-1}{2l} = 1$$

이고

$$\lim_{k\to\infty}\left(\frac{\sqrt{1+e^{2k+2e^{-k}}}-1}{\sqrt{1+e^{2k+2e^{-k}}}+1} \times \frac{\sqrt{1+e^{2k}}+1}{\sqrt{1+e^{2k}}-1}\right)$$

$$= \lim_{k\to\infty}\frac{\sqrt{e^{-2k}+e^{2e^{-k}}}-e^{-k}}{\sqrt{e^{-2k}+e^{2e^{-k}}}+e^{-k}} \times \lim_{k\to\infty}\frac{\sqrt{e^{-2k}+1}-e^{-k}}{\sqrt{e^{-2k}+1}+e^{-k}} = 1 \times 1 = 1$$

따라서

$$\lim_{k\to\infty}\frac{1}{2}\ln\left(\frac{\sqrt{1+e^{2k+2e^{-k}}}-1}{\sqrt{1+e^{2k+2e^{-k}}}+1} \times \frac{\sqrt{1+e^{2k}}+1}{\sqrt{1+e^{2k}}-1}\right) = \ln 1 = 0 \quad \cdots\cdots \text{㉢}$$

식 ㉠, ㉡, ㉢으로부터 $\lim\limits_{k\to\infty} g(k) = 1 + 0 = 1$ 이다.

[3]

$G(x) = \displaystyle\int_0^x f(t)dt$ 라 하면 $F(x) = G(x) + C$ (C는 상수)가 성립한다. 따라서

$$\lim_{x\to\infty}e^{-x}F(2x) = \lim_{x\to\infty}e^{-\frac{x}{2}}F(x) = \lim_{x\to\infty}e^{-\frac{x}{2}}\{G(x)+C\} = \lim_{x\to\infty}e^{-\frac{x}{2}}G(x)$$

의 값을 구하면 된다. **[1]**에 의해

$$G(x) = 2\int_0^x \sqrt{1+e^t}\,dt + \int_0^x \ln\left(\frac{\sqrt{1+e^t}-1}{\sqrt{1+e^t}+1}\right)dt \quad\cdots\cdots ㉣$$

$$= 2\{f(x)-f(0)\} + \int_0^x \ln\left(\frac{\sqrt{1+e^t}-1}{\sqrt{1+e^t}+1}\right)dt$$

이다. 한편 구간 $(-\infty,\ \infty)$에서 $f'(x)$가 증가하고, 구간 $(-1,\ \infty)$에서 $\dfrac{x-1}{x+1}$도 증가하므로 임의의 양수 t에 대하여

$$\frac{\sqrt{2}-1}{\sqrt{2}+1} \leq \frac{\sqrt{1+e^t}-1}{\sqrt{1+e^t}+1} \leq 1 \ \Rightarrow\ -\ln\left(\frac{\sqrt{2}+1}{\sqrt{2}-1}\right) \leq \ln\left(\frac{\sqrt{1+e^x}-1}{\sqrt{1+e^x}+1}\right) \leq 0 \quad\cdots\cdots ㉤$$

제시문 (라)에 의하여, 임의의 양수 x에 대하여

$$-\ln\left(\frac{\sqrt{2}+1}{\sqrt{2}-1}\right)x \leq \int_0^x \ln\left(\frac{\sqrt{1+e^x}-1}{\sqrt{1+e^x}+1}\right)dt \leq 0$$

제시문 (다)에 의하여

$$0 = -\ln\left(\frac{\sqrt{2}+1}{\sqrt{2}-1}\right)\lim_{x\to\infty} e^{-\frac{x}{2}}x \leq \lim_{x\to\infty} e^{-\frac{x}{2}}\int_0^x \ln\left(\frac{\sqrt{1+e^t}-1}{\sqrt{1+e^t}+1}\right)dt \leq 0$$

식 ㉣, ㉤와 제시문 (다)에 의하여

$$\lim_{x\to\infty} e^{-\frac{x}{2}}G(x) = 2\lim_{x\to\infty} e^{-\frac{x}{2}}\{f(x)-f(0)\} + \lim_{x\to\infty} e^{-\frac{x}{2}}\int_0^x \ln\left(\frac{\sqrt{1+e^t}-1}{\sqrt{1+e^t}+1}\right)dt$$

$$= 2\lim_{x\to\infty} e^{-\frac{x}{2}}f(x) + 0 = 2\lim_{x\to\infty} e^{-\frac{x}{2}}f(x)$$

$$= 4\lim_{x\to\infty} e^{-\frac{x}{2}}\sqrt{1+e^x} + 2\lim_{x\to\infty} e^{-\frac{x}{2}}\ln\left(\frac{\sqrt{1+e^x}-1}{\sqrt{1+e^x}+1}\right)$$

$$= 4+0 = 4$$

이다.

[1]

함수 $f(x) = \sqrt{x}$ 에 대하여 열린구간 $(a^2 - b,\ a^2)$ 에서 평균값의 정리에 의하여

$$\frac{a - \sqrt{a^2 - b}}{b} = f'(c_1)$$

인 실수 c_1 이 열린구간 $(a^2 - b,\ a^2)$ 에서 존재한다. 열린구간 $(a^2,\ a^2 + b)$ 에서 평균값의 정리에 의하여

$$\frac{\sqrt{a^2 + b} - a}{b} = f'(c_2)$$

인 실수 c_2 가 열린구간 $(a^2,\ a^2 + b)$ 에서 존재한다. 양의 실수 x 에 대하여 함수 $f'(x)$ 는 감소함수이고 $c_1 < a^2 < c_2$ 이므로

$$f'(c_2) < f'(a^2) < f'(c_1) \Rightarrow \frac{\sqrt{a^2 + b} - a}{b} < \frac{1}{2a} < \frac{a - \sqrt{a^2 - b}}{b}$$

$$\Rightarrow \sqrt{a^2 + b} - a < \frac{b}{2a} < a - \sqrt{a^2 - b} \ \text{이다.}$$

[2]

함수 $g(x) = \sqrt[3]{x}$ 에 대하여 열린구간 $(a^3 - b,\ a^3)$ 에서 평균값의 정리에 의하여

$$\frac{a - \sqrt[3]{a^3 - b}}{b} = g'(c_1)$$

인 실수 c_1 이 열린구간 $(a^3 - b,\ a^3)$ 에서 존재한다. 열린구간 $(a^3,\ a^3 + b)$ 에서 평균값의 정리에 의하여

$$\frac{\sqrt[3]{a^3 + b} - a}{b} = g'(c_2)$$

인 실수 c_2 가 열린구간 $(a^3,\ a^3 + b)$ 에서 존재한다. 양의 실수 x 에 대하여 함수 $g'(x)$ 는 감소함수이고 $c_1 < a^3 < c_2$ 이므로

$$g'(c_2) < g'(a^3) < g'(c_1) \Rightarrow \frac{\sqrt[3]{a^3 + b} - a}{b} < \frac{1}{3a^2} < \frac{a - \sqrt[3]{a^3 - b}}{b}$$

$$\Rightarrow \sqrt[3]{a^3 + b} - a < \frac{b}{3a^2} < a - \sqrt[3]{a^3 - b} \ \text{이다.}$$

(부등식에서 $\dfrac{b}{3a^2}$ 에 대한 비교는 굳이 보일 필요 없었지만, **[3]**을 위하여 미리 보여둠)

[3]

[1]에서 부등식

$$\sqrt{a^2 + b} - a < \frac{b}{2a} < a - \sqrt{a^2 - b} \quad \cdots\cdots ①$$

이 성립함을 보였다. $75^2 = 5625$ 이므로, ①에 의해 부등식

$$\left| 75 - \sqrt{5627} \right| = \sqrt{5627} - 75 = \sqrt{75^2 + 2} - 75 < \frac{2}{2 \times 75} = \frac{1}{75}$$

이 성립한다. 또한 [2]의 증명으로부터 부등식

$$\sqrt[3]{a^3 + b} - a < \frac{b}{3a^2} < a - \sqrt[3]{a^3 - b}$$

이 성립함을 알 수 있다. $341 = 343 - 2 = 7^3 - 2$ 이므로 부등식 ②에 의해

$$\left| 7 - \sqrt[3]{341} \right| = 7 - \sqrt[3]{341} = 7 - \sqrt[3]{7^3 - 2} > \frac{2}{3 \times 7^2} = \frac{2}{147} = \frac{1}{73.5} > \frac{1}{75}$$

이 성립한다. 그러므로 $\left| 75 - \sqrt{5627} \right| < \left| 7 - \sqrt[3]{341} \right|$ 임을 알 수 있다.

논제 8

$f'(x) = \dfrac{1}{(x + e)\ln(x + e)}$ 이고 이를 한 번 더 미분하면

$$f''(x) = - \frac{1 + \ln(x + e)}{(x + e)^2 \left\{ \ln(x + e) \right\}^2}$$

이므로 모든 $x > 0$ 에 대해 $f''(x) < 0$ 이다. 즉, f' 은 감소한다.

일반성을 잃지 않고 $a \geq b$ 라 가정하자.

그러면 평균값 정리에 의해 $\dfrac{f(a + b) - f(a)}{b} = f'(z)$ 인 z 가 열린 구간 $(a, a + b)$ 에서 항상 존재하고,

$\dfrac{f(b)}{b} = \dfrac{f(b) - f(0)}{b - 0} = f'(w)$ 인 w 가 열린 구간 $(0, b)$ 에서 항상 존재한다.

그런데 $0 < w < b \leq a < z < a + b$ 이므로 $w < z$ 이다. 따라서 $f'(w) > f'(z)$ 임을 알 수 있다.

이를 정리하면 $f(a + b) < f(a) + f(b)$ 를 얻는다.

[1]

$f(x) = \sqrt{1+x}$ 에 대하여 닫힌구간 $[x,\, 0]$ 에 제시문 [가]의 평균값 정리를 적용하면 $x < c < 0$ 인 적당한 c 가 존재하여

$$\frac{1 - \sqrt{1+x}}{-x} = \frac{f(0) - f(x)}{0 - x} = f'(c) = \frac{1}{2\sqrt{1+c}} > \frac{1}{2}$$

가 성립하므로 $\sqrt{1+x} < 1 + \dfrac{x}{2}$ 이다.

[2]

$g(x) = (x-a)(x-b)f(x)$ 라 놓으면 $g(x)$ 는 닫힌구간 $[a,\, b]$ 에서 연속이고 열린구간 $(a,\, b)$ 에서 미분가능하며 $g(a) = g(b) = 0$ 이다. 따라서 제시문 (가)의 평균값정리에 의하여 $g'(c) = 0$ 인 c 가 열린구간 $(a,\, b)$ 에 존재한다.

$$g'(x) = (x-a)f(x) + (x-b)f(x) + (x-a)(x-b)f'(x)$$

로부터 $0 = (c-a)f(c) + (c-b)f(c) + (c-a)(c-b)f'(c)$ 를 얻는다.

등식의 양변을 $(c-a)(c-b)f(c)$ 로 나누면 $\dfrac{1}{c+a} + \dfrac{1}{c-b} + \dfrac{f'(c)}{f(c)} = 0$ 이 성립하여 $\dfrac{1}{a-c} + \dfrac{1}{b-c} = \dfrac{f'(c)}{f(c)}$ 을 얻는다.

> **✓ TIP**
>
> 평균값의 정리의 관계식 $\dfrac{f(b) - f(a)}{b-a} = f'(c)$ 을 떠올리며
>
> '주어진 식 $\dfrac{1}{a-c} + \dfrac{1}{b-c} = \dfrac{f'(c)}{f(c)}$ 의 양변에 c 가 모두 포함되어있으니...
> 평균값의 정리의 관계식의 원문에 맞게 c 가 포함된 식을 모두 우변으로 옮겨볼까?'
>
> 라는 생각을 했으면... (= 문제의 발문과 평균값의 정리의 원문을 비교할 생각을 했으면)
> 정리된 식 $0 = (c-b)f(c) + (c-a)f(c) + (c-a)(c-b)f'(c)$ 을 보고
>
> '평균변화율이 0 이면서 미분계수가 우변과 같은 식이 뭐가있지?
> 아! 곱의 미분법에 의하여 $(x-a)(x-b)f(x)$ 구나~'
>
> 라는 생각을 충분히 할 수 있었을 것이다.
> (사실상 이 생각없이 $(x-a)(x-b)f(x)$ 를 떠올리는건 매우매우 어려운 일이다.)

함수 $f(x)$의 그래프의 개형은 다음과 같다.

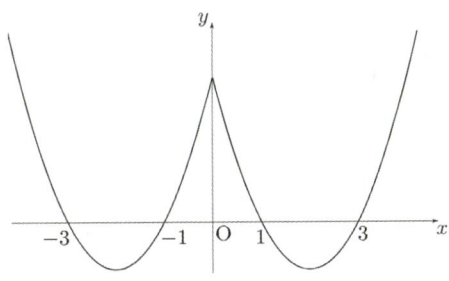

[1]

제시문 (나)에 의하여 $f(x)$는 $[2, \infty)$에서 증가함수이므로 $a \geq 2$이면 명제는 성립하지 않는다.

$a < 2$이고 $a \neq -2$이면 $x = 2$일 때 두 부등식 $x > a$, $f(x) < f(a)$가 성립하므로 명제는 참이다.

$a = -2$이면 명제는 성립하지 않으므로 구하려는 집합은 $(-\infty, -2) \cup (-2, 2)$이다.

[2-1]

$g(x) = f'(x) = \begin{cases} 2(x-2) & (x > 0) \\ 2(x+2) & (x < 0) \end{cases}$ 이므로 $g(0) = \lim\limits_{x \to 0+} f'(x) = -4$이다.

따라서 함수 $g(x)$의 그래프의 개형은 다음과 같다.

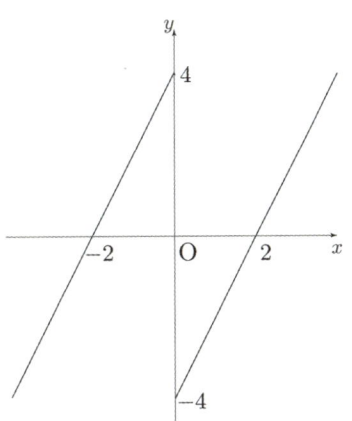

[2-2]

평균값의 정리에 의하여 명제

$$\frac{f(b) - f(a)}{b - a} = \lim_{x \to c+} f'(x) \text{이고 } a < c < b \text{인 실수 } c \text{가 존재한다.}$$

는 $b > a \geq 0$ 또는 $0 \geq b > a$일 때 참이므로 반례는 $a < 0$, $b > 0$인 범위에서 찾아야 한다.

예를 들어 $a = -2$, $b = 2$라고 하면 $\dfrac{f(b) - f(a)}{b - a} = 0$이고 $-2 < c < 2$일 때 [2-1]의 그래프의 개형으로부터

$f'(c) \neq 0$이므로 명제는 거짓이다.

[3]

명제가 성립하는 k의 최솟값은 4이다. 이를 증명하자. **[2-2]**에서 $b-a=4$이고 명제

$$\frac{f(b)-f(a)}{b-a}=\lim_{x \to c+} f'(x)\text{이고 } a < c < b\text{인 실수 }c\text{가 존재한다.}$$

가 성립하지 않는 a, b의 예를 구하였으므로 명제가 참이려면 $k \geq 4$이어야 한다.

역으로 $b-a > 4$라고 가정하자.

$b > a \geq 0$ 또는 $0 \geq b > a$이면 평균값의 정리에 의해 명제가 성립한다. $a < 0, b > 0$이라면 기울기 $\dfrac{f(b)-f(a)}{b-a}$는 두 점 $(0, f(0))$과 $(b, f(b))$를 지나는 직선의 기울기 $\dfrac{f(b)-f(0)}{b-0}$과 두 점 $(a, f(a))$과 $(0, f(0))$를 지나는 직선의 기울기 $\dfrac{f(0)-f(a)}{0-a}$의 사이에 있는 값 (또는 두 기울기가 같은 경우 두 기울기와 같은 값)이어야 한다.

이 각각의 기울기는 평균값의 정리에 의하여 어떤 α, β에 대하여 $g(\alpha)$, $g(\beta)$ $(a < \alpha < 0, 0 < \beta < b)$와 같다. 그런데, **[2-1]**에서 구한 함수 $g(x)$의 그래프의 개형으로부터 $b-a > 4$이고, $a < 0, b > 0$이면 $g(b) > g(a)$이므로 $\dfrac{f(b)-f(a)}{b-a}=g(\gamma)$인 실수 γ $(a < \gamma < b)$가 반드시 존재한다.

(실제로 $b-a > 4$일 때, $g(b) > g(a)$이므로 열린구간 (a, b)에서 정의된 함수 $g(x)$의 치역은
$-4 \leq a < 0$, $0 < b < 4$이면 구간 $[-4, 4)$,
$a < -4$, $0 < b < 4$이면 구간 $(g(a), 4)$,
$-4 \leq a < 0$, $b \geq 4$이면 구간 $[-4, g(b))$이고,
$a < -4$, $b \geq 4$이면 구간 $(g(a), g(b))$이므로 하나의 구간으로 이루어진다.

따라서 임의의 α, β $(a < \alpha, \beta < b)$에 대하여 $g(\alpha)$, $g(\beta)$ 사이에 있는 임의의 값은 다시 함수 $g(x)$의 구간 (a, b)에서의 치역에 속한다.)

Show and Prove

2

수리논술을 위한 수학 2 & 미적분

고난도 추가 논제 해설 모음

평균값의 정리 # 구간의 관찰과 분할 # 소문항끼리의 연관성
평균값의 정리에서의 적절한 구간 분할

❶ 대학 제공 해설

[1]

함수 $f(x)$ 는 $[0, 1]$ 에서 연속이고 $f(0) = 0$, $f(1) = 1$ 이므로 사잇값 정리에 의해 $f(c) = \dfrac{1}{2}$ 인 실수 c 가 열린 구간 $(0, 1)$ 에서 존재한다.

[2]

함수 $f(x)$ 가 **[1]**에서의 c에 대하여 닫힌 구간 $[0, c]$ 에서 연속이고 열린 구간 $(0, c)$ 에서 미분가능하므로, 평균값의 정리에 의해 $\dfrac{f(c) - f(0)}{c - 0} = \dfrac{1}{2c} = f'(c_1)$ 인 실수 c_1 이 0 과 c 사이에 존재한다.

마찬가지로 함수 $f(x)$ 가 닫힌 구간 $[c, 1]$ 에서 연속이고 열린 구간 $(c, 1)$ 에서 미분가능하므로 평균값의 정리에 의해

$$\frac{f(1) - f(c)}{1 - c} = \frac{1}{2(1 - c)} = f'(c_2)$$

인 실수 c_2 가 c 와 1 사이에 존재한다. 따라서

$$\frac{1}{f'(c_1)} + \frac{1}{f'(c_2)} = 2$$

이고 $0 \leq c_1 < c_2 \leq 1$ 인 c_1, c_2가 존재한다.

[3]

(i) $n = 1$ 인 경우

함수 $f(x)$ 가 닫힌 구간 $[0, 1]$ 에서 연속이고 열린 구간 $(0, 1)$ 에서 미분가능하므로 평균값의 정리에 의해 $\dfrac{f(1) - f(0)}{1 - 0} = 1 = f'(c_1)$ 인 실수 c_1 이 0과 1 사이에 존재한다.

(ii) $n \geq 2$ 인 경우

함수 $f(x)$ 는 $[0, 1]$ 에서 연속이고 $f(0) = 0$, $f(1) = 1$ 이므로 사잇값 정리에 의해 $f(x) = \dfrac{k}{n}$ 인 실수 x 가 열린

구간 $(0, 1)$ 에서 적어도 하나 존재한다. (단, k 는 자연수, $1 \leq k \leq n-1$). 집합 $A_k = \left\{ x \,\middle|\, f(x) = \dfrac{k}{n} \right\}$ 의 원소

중 가장 작은 원소를 a_k 라 하자. 이때 $a_0 = 0$, $a_n = 1$ 이라 하면 $0 = a_0 < a_1 < a_2 < \cdots < a_{n-1} < a_n = 1$ 이다.

함수 $f(x)$ 는 닫힌 구간 $[a_{k-1}, a_k]$ 에서 연속이고 열린 구간 (a_{k-1}, a_k) 에서 미분가능하므로

$$\frac{f(a_k) - f(a_{k-1})}{a_k - a_{k-1}} = \frac{\dfrac{k}{n} - \dfrac{k-1}{n}}{a_k - a_{k-1}} = \frac{1}{n(a_k - a_{k-1})} = f'(c_k)$$

인 실수 c_k 가 a_{k-1} 과 a_k 사이에 존재한다. 따라서

$$\frac{1}{f'(c_1)} + \cdots + \frac{1}{f'(c_n)} = n(a_1 - a_0) + n(a_2 - a_1) + \cdots + n(a_n - a_{n-1}) = n(a_n - a_0) = n$$

이고 $0 \leq c_1 < \cdots < c_n \leq 1$ 인 $c_1, \cdots, c_n$ 이 존재한다.

❷ Show and Prove's 해설

[1]

Super Easy하다. $f(0) = 0$, $f(1) = 1$ 을 통해 사잇값의 정리를 사용하면 끝!

[2]

우리가 알고 있는 사실과 문제의 발문을 정리해보자.

알고 있는 사실 ① : $f(x)$ 는 미분가능하며, $f(0) = 0$, $f(1) = 1$ 이다.

알고 있는 사실 ② : 열린구간 $(0, 1)$ 에 포함되는 어떤 실수 c 에 대하여 $f(c) = \dfrac{1}{2}$ 이다.

문제의 발문 : $\dfrac{1}{f'(x_1)} + \dfrac{1}{f'(x_2)} = 2$ 를 만족시키는 서로 다른 두 x_1, x_2 가 열린구간 $(0, 1)$에 존재 ~

알고 있는 정보가 '세 가지 함숫값'으로 매우 한정적이다.

이 세 가지 조건을 어떻게 $\dfrac{1}{f'(x_1)} + \dfrac{1}{f'(x_2)} = 2$ 라는 미분계수 정보로 연결시킬 수 있을까?

본 교재를 잘 공부한 학생이라면 다음과 같은 사실을 이미 알고있을 것이다.

'평균값의 정리는 $f(x)$ 와 $f'(x)$ 의 정보를 상호전환시킬 수 있는 도구이다.'

벌써부터 '평균값의 정리를 사용해보는건 합리적이겠는데?'라는 생각(= 의심)이 솟구친다!
위와 같은 의심을 갖고 평균값의 정리 원문과 문제의 발문을 대응시켜보면

정리원문 :	$\dfrac{f(b)-f(a)}{b-a}=f'(c)$	인	$\underline{c}$	가	$\underline{a}$ 와 $\underline{b}$	사이에 존재
문제발문 :	$2=\dfrac{1}{f'(x_1)}+\dfrac{1}{f'(x_2)}$	인	x_1, x_2	가	0 와 1	사이에 존재

이다. (와... 놀랍도록 똑같다..! 의심이 99% 확신이 되는 순간..!)

이때, 평균값의 정리 원문의 c 에 해당하는 자리에 문제 발문에서는 x_1, x_2 와 같이 문자 두 개 배치됐다.

하지만 우리는 c 자리에 문자가 두 개 등장하는 평균값의 정리는 배운적이 없으니,
당연히 문제 발문을 평균값의 정리 원문과 비교하기 위해서는 문제 발문을 좀 더 쪼갤 필요가 있겠다.

다음과 같이 문제 발문을 조금 더 쪼갠 후 평균값의 정리 원문과 비교해보자!

비교하면 다음과 같다.

정리원문 : $\dfrac{f(b)-f(a)}{b-a}=f'(c)$ 인 $\underline{c}$ 가 $\underline{a}$ 와 $\underline{b}$ 사이에 존재

문제발문 :

$p=\dfrac{1}{f'(x_1)} \Rightarrow \dfrac{1}{p}=f'(x_1)$ 인 x_1 가 0 와 1 사이에 존재

$+$

$2-p=\dfrac{1}{f'(x_2)} \Rightarrow \dfrac{1}{2-p}=f'(x_2)$ 인 x_2 가 0 와 1 사이에 존재

($x_1 \neq x_2$ 이기에 일반성을 잃지 않고 $0 < x_1 < x_2 < 1$ 이라 하자.)

여기서 잠깐!

위에서 새롭게 도입시킨 문자 p 와 $2-p$ 를 보고 머릿속에 물음표를 띄우지 말자.
'문제 발문을 쪼갠 후 비교해야겠다.'라는 생각을 가졌다면 당연히 도입해야 할 새로운 문자이다.

그리고 혹시 몰라 말해두는데, 맘대로 p 를 1 로 두는 행동은 굉장히 위험한 것임을 인지할 것!

이로써 문제 풀이의 방향성이 확실하게 잡혔다.

열린구간 $(0, 1)$ 을 두 열린구간 $(0, k)$, $(k, 1)$ 로 적절하게 쪼갰을 때,
각각의 열린구간에서 평균값이 등장 할 것이고, 이 두 평균값의 역수의 합이 2 가 되기만 하면 끝!

그렇다면 이제 열린구간 $(0,\,1)$ 을 적절하게 두 열린구간으로 쪼개야 하는데...

[1]에서 구했던 '열린구간 $(0,\,1)$ 에 포함되는 어떤 실수 c 에 대하여 $f(c) = \dfrac{1}{2}$ 이다.'라는 조건이 눈에 띄인다.

따라서 두 열린구간 $(0,\,c)$, $(c,\,1)$ 에서 각각 평균값의 정리를 사용하면 다음과 같다.

'$f(c) - f(0) = \dfrac{1}{2} = c \times f'(q_1)$ 을 만족시키는 q_1 이 열린구간 $(0,\,c)$ 에 적어도 하나 존재한다.'

'$f(1) - f(c) = \dfrac{1}{2} = (1-c) \times f'(q_2)$ 을 만족시키는 q_2 이 열린구간 $(c,\,1)$ 에 적어도 하나 존재한다.'

이를 다시 잘 정리하면...

'$\dfrac{1}{f'(q_1)} + \dfrac{1}{f'(q_2)} = 2c + 2(1-c) = 2$ 인 서로 다른 q_1, q_2 가 열린구간 $(0,\,1)$ 에 존재한다'

는 사실을 알 수 있다. 증명 끝!

[3]
문제에서 주어진 식이 [2]에서 주어진 식과 매우매우 비슷한 느낌이 있다.
[2]에서는 $\dfrac{1}{f'(x)}$ 를 2 번 더한 값이 2 이고, [3]에서는 $\dfrac{1}{f'(x)}$ 를 n 번 더한 값이 n 이다.

그렇다면 다음과 같은 생각을 떠올려볼 수 있겠다.

'[2]에서 구간을 2 개로 쪼개고 평균값의 정리를 구간 개수(= 2)번 사용했으니...
[3]에서도 똑같이 구간을 n 번 쪼개고 평균값의 정리를 n 번 쓰면 되지 않을까..?'

소문항 연관성과 함께 주어진 식을 관찰하다보면 충분히 할 수 있는 생각이다.

그렇다면 열린구간 $(0,\,1)$ 을 n 개의 열린구간 $(0 = p_0,\, p_1)$, $(p_1,\, p_2)$, $\cdots$, $(p_{n-1},\, p_n = 1)$ 로 쪼개는 것까지는 어렵지 않은 당연히 해야하는 행동이다.

이제 열린구간 $(p_{k-1},\, p_k)$ 에서 평균값의 정리를 사용하고 문제 발문과 비슷하게 식을 정리하면

'$\dfrac{1}{f'(c_k)} = \dfrac{p_k - p_{k-1}}{f(p_k) - f(p_{k-1})}$ 인 c_k 가 열린구간 $(p_{k-1},\, p_k)$ 에 적어도 하나 존재한다'

는 사실을 알 수 있다. 위의 식에 $\displaystyle\sum_{k=1}^{n}$ 를 걸어주면 다음과 같다.

$$\frac{1}{f'(c_1)} + \frac{1}{f'(c_2)} + \cdots + \frac{1}{f'(c_n)} = \sum_{k=1}^{n} \frac{p_k - p_{k-1}}{f(p_k) - f(p_{k-1})} \ \cdots\cdots \ \bigcirc$$

따라서 문제의 조건을 만족하려면 $\displaystyle\sum_{k=1}^{n} \frac{p_k - p_{k-1}}{f(p_k) - f(p_{k-1})} = n$ 이어야 한다.

[Show and Prove 1편]을 잘 학습한 학생이라면 위의 시그마를 보자마자 다음과 같은 생각이 들어야 한다.

'시그마 내부의 식 $\dfrac{p_k - p_{k-1}}{f(p_k) - f(p_{k-1})}$ 이 교과서 공식으로 정리되나? 흠 안되는구나..?[1]

따라서 다음 단계로 넘어가서 텔레스코핑을 시도해봐야겠다~'

그런데... 위의 생각을 떠올리더라도, 다음 단계의 풀이 과정으로 이어나가는 것이 꽤 발상적이다.
우선 어떤 생각을 떠올려야 하냐면...

'만약 $f(p_k) = \dfrac{k}{n}$ 이 되기만 하면... (?!)

$\dfrac{p_k - p_{k-1}}{f(p_k) - f(p_{k-1})} = n(p_k - p_{k-1})$ 이니까 텔레스코핑이 될 것 같은데?'

라는 생각을 떠올려야 한다.

발상의 사후적 근거!

사실 '만약 $f(p_k) = \dfrac{k}{n}$ 이 되기만 하면...'이라는 생각은 소문항끼리의 연관성을 극한까지 살리면 매우 어렵지만 충분히 떠올려볼만한 아이디어이긴 하다.

왜? [2]에서 이미 $f(1) - f(0) = 1$ 을 발문에서 등장하는 $\dfrac{1}{f'(x)}$ 의 개수(= 쪼갠 구간의 개수 = 2) 만큼 나눈 값인 $\dfrac{1}{2}$ 을 y 좌표로 갖는 함수 $f(x)$ 위의 점 $\left(c, \dfrac{1}{2}\right)$ 을 사용하였기 때문이다.

따라서 [3]에서도 이와 매우 비슷하게, $f(1) - f(0) = 1$ 을 n 으로 나눈 값인 $\dfrac{1}{n}$ 을 이용하여 $\dfrac{k}{n}$ 을 y 좌표로 갖는 함수 $f(x)$ 위의 점들 $\left(p_k, \dfrac{k}{n}\right)$ 을 사용한 것이다!

이후 사잇값 정리를 통하여 $f(p_k) = \dfrac{k}{n}$ 가 되도록 하는 열린구간 $(0 - p_0, \ p_1), \ (p_1, \ p_2), \quad , \ (p_{n-1}, \ p_n - 1)$ 을 잡을 수 있다는 것까지 답안에서 서술해주면 끝! (괜히 [1]에서 사잇값 정리를 던져준게 아님을 알 수 있다.)

---

1) 물론 이것을 깨닫는데 꽤 많은 시간이 걸릴 것으로 예상되긴 한다.

❸ Comment

[Comment 1]

평균값의 정리는 $f(x)$와 $f'(x)$의 정보를 상호전환시킬 수 있는 도구임을 다시 한번 머릿속에 박아두자. 즉, 이 문제의 발문을 읽었을 때 다음과 같은 생각이 들어야 한다는 것이다.

'내가 알 수 있는 $f(x)$의 정보는 고작 함숫값 뿐인데... 이걸 $f'(x)$와 엮여야한다고?
$f(x)$의 식을 모르니, 이 문제는 평균값의 정리를 사용해야 하는구나~'

여기서 첨언을 조금 더 하자면... 이처럼 수리논술에서의 문제풀이는 내게 주어진 정보가 무엇이고, 이 정보를 유의미하게 조합하거나 변형시킬 수 있는 도구가 무엇인지 떠올리는 것이 가장 중요하다.

따라서 본 교재에서도 독자들의 머릿속에 이런 흐름을 잘 정리시켜주기 위해 항상 계획적 풀이와 여러 정리들의 원문 암기를 중요시 했던 것이다.

[Comment 2]

문제의 발문에서 평균값의 정리가 사용될 것 같은 늬앙스가 풍기지만, 막상 평균값의 정리를 적용해야하는 함수 $f(x)$ 또는 적당한 상수 c 또는 적당한 구간이 보이지 않는 경우가 많을 것이다.

이럴 때 문제의 발문을 평균값의 정리 원문에 일대일 대응시켜보자.

당장 이 문제에서도 문제의 발문을 평균값의 정리 원문에 맞춰가다보니, 단순 '평균값의 정리 사용'이라는 아이디어를 넘어 '평균값의 정리를 적용시킬 적당한 구간을 찾기 위해, 주어진 구간을 분할시키기'라는 핵심 아이디어를 도출할 수 있었다.[2]

[Comment 3]

이 문제의 경험을 통해서, 본 교재에서 배운 사잇값 정리 또는 평균값의 정리는 주어진 구간을 적절히 분할하여 여러 구간에서 이를 다시 적용하는 경우가 있음을 인지해야 한다.[3] 어떤 교과서 정리를 문제에 적용시킬 때 유의미한 결과가 도출되지 않는다면, 항상

'내가 너무 큰 범위(또는 구간)에서 정리를 적용시켜 유의미한 결과가 도출되지 않은 것은 아닐까?'

라는 생각을 한번쯤은 가지길 바란다.

또한 평균값의 정리에서 구간을 분할하는 행동은 아직 기출에서도 많이 등장하지 않아 익숙하지 않을테니, 이번 기회에 사잇값 정리 뿐 아니라 평균값의 정리에서도 구간을 분할하는 시도가 있을 수 있음을 인지하고 넘어가자.

---

2) 일대일 대응시켜 봤더니 문제의 발문이 두 개의 원문으로 이루어짐을 발견 → 그에 맞춰 구간도 두 개로 쪼개어 풀기
3) 본 교재에서는 이 내용을 사잇값 정리에서 간단히 소개했었다.

[1] $g(x) = f(x) - \frac{1}{2}$ 이라 두자.

$g(0) = f(0) - \frac{1}{2} = -\frac{1}{2} < 0$,

$g(1) = f(1) - \frac{1}{2} = \frac{1}{2} > 0$ 이므로 사잇값 정리에 의해 $g(c) = f(c) - \frac{1}{2} = 0$을
만족하는 c가 $(0,1)$에 적어도 하나 존재한다.

$\therefore$ 방정식 $f(x) = \frac{1}{2}$은 열린구간 $(0,1)$에서 적어도 하나의 실근을 가진다.

[2] 평균값의 정리에 의해
$f(c) - f(0) = f'(c_1) \cdot (c-0)$과
$f(1) - f(c) = f'(c_2) \cdot (1-c)$를 만족하는 c_1과 c_2가
각각 $(0,c), (c,1)$에 존재한다.

$\therefore f'(c_1) \cdot c = \frac{1}{2} \Rightarrow \frac{1}{f'(c_1)} = 2c$

$f'(c_2) \cdot (1-c) = \frac{1}{2} \Rightarrow \frac{1}{f'(c_2)} = 2(1-c)$

$\therefore \frac{1}{f'(c_1)} + \frac{1}{f'(c_2)} = 2c + 2(1-c) = 2$ 이므로 $\frac{1}{f'(x_1)} + \frac{1}{f'(x_2)} = 2$를 만족시키는
서로 다른 두 x_1, x_2가 열린구간 $(0,1)$에 존재한다.

[3] $f(x) = \frac{k-1}{n}$를 만족시키는 x값 중 크기가 가장 큰 것을 x_k라 하자. (단, x_1은 0, x_{n+1}은 1로 고정)
그러면 $x_1 < x_2 < \cdots < x_{n+1}$이다.

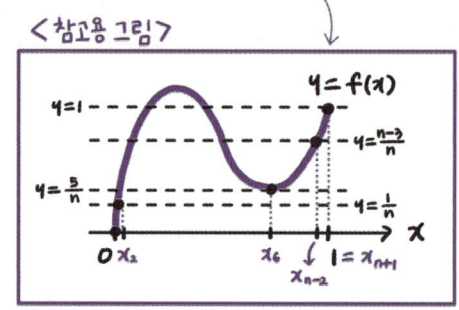
〈참고용 그림〉

평균값의 정리에 의해 $f(x_{k+1}) - f(x_k) = f'(c_k) \cdot (x_{k+1} - x_k)$를
만족하는 c_k가 (x_k, x_{k+1})에 존재한다.
이때 $x_1 < x_2 < \cdots < x_{n+1}$이므로 $c_1 < c_2 < \cdots < c_n$이 만족한다.

$\Rightarrow \frac{k+1-1}{n} - \frac{k-1}{n} = f'(c_k) \cdot (x_{k+1} - x_k)$

$\Rightarrow \frac{1}{f'(c_k)} = n \cdot (x_{k+1} - x_k)$

$\Rightarrow \sum_{k=1}^{n} \frac{1}{f'(c_k)} = \sum_{k=1}^{n} n \cdot (x_{k+1} - x_k)$

$\qquad = n(x_{n+1} - x_1)$

$\qquad = n(1-0)$

$\qquad = n$

$\therefore$ 임의의 자연수 n에 대하여 $\frac{1}{f'(c_1)} + \cdots + \frac{1}{f'(c_n)} = n$ 이고,

$\qquad 0 \le c_1 < \cdots < c_n \le 1$인 $c_1, \cdots, c_n$이 존재한다.

최대최소 정리를 부분 적용할 때의 디테일 (작은 단위에 적용)

\# 최대최소 정리   \# 식의 일부분에 적용   \# 샌드위치 정리

❶ 대학 제공 해설

[1]

$n\pi \leq x \leq (n+1)\pi$일 때, $\dfrac{1}{(n+1)\pi} \leq \dfrac{1}{x} \leq \dfrac{1}{n\pi}$이고 $\displaystyle\int_{n\pi}^{(n+1)\pi} |\sin x|\,dx = 2$이므로 제시문 (나)에 의해서

$\dfrac{2}{(n+1)\pi} \leq a_n \leq \dfrac{2}{n\pi}$이다.

그러므로 $\dfrac{2n}{(n+1)\pi} \leq na_n \leq \dfrac{2}{\pi}$이고 $\displaystyle\lim_{n \to \infty} \dfrac{2n}{(n+1)\pi} = \dfrac{2}{\pi}$이므로 제시문 (가)에 의해 $\displaystyle\lim_{n \to \infty} na_n = \dfrac{2}{\pi}$이다.

[2]

자연수 k에 대하여 $2k\pi \leq x \leq \left(2k+\dfrac{1}{2}\right)\pi$일 때 $\dfrac{1}{\left(2k+\dfrac{1}{2}\right)^2 \pi^2} \leq \dfrac{1}{x^2} \leq \dfrac{1}{4k^2\pi^2}$이고 $\displaystyle\int_{2k\pi}^{(2k+1/2)\pi} \cos x\,dx = 1$

이므로 제시문 (나)에 의해서

$$\dfrac{1}{\left(2k+\dfrac{1}{2}\right)^2 \pi^2} \leq \int_{2k\pi}^{(2k+1/2)\pi} \dfrac{\cos x}{x^2}\,dx \leq \dfrac{1}{4k^2\pi^2} \quad\cdots\cdots \textcircled{\small ㉠}$$

이다. 마찬가지로 $\left(2k+\dfrac{1}{2}\right)\pi \leq x \leq (2k+1)\pi$일 때 $\dfrac{1}{(2k+1)^2\pi^2} \leq \dfrac{1}{x^2} \leq \dfrac{1}{\left(2k\pi+\dfrac{1}{2}\right)^2 \pi^2}$이고

$\displaystyle\int_{(2k+1/2)\pi}^{(2k+1)\pi} \cos x\,dx = -1$이므로 제시문 (나)에 의해서

$$-\dfrac{1}{\left(2k+\dfrac{1}{2}\right)^2 \pi^2} \leq \int_{(2k+1/2)\pi}^{(2k+1)\pi} \dfrac{\cos x}{x^2}\,dx \leq -\dfrac{1}{(2k+1)^2\pi^2} \quad\cdots\cdots \textcircled{\small ㉡}$$

이다.

$$\int_{2k\pi}^{(2k+1)\pi} \dfrac{\cos x}{x^2}\,dx = \int_{2k\pi}^{(2k+1/2)\pi} \dfrac{\cos x}{x^2}\,dx + \int_{(2k+1/2)\pi}^{(2k+1)\pi} \dfrac{\cos x}{x^2}\,dx$$

이므로 ㉠, ㉡에 의하여 $0 < b_{2k} < \dfrac{1}{(2k)^2\pi^2} - \dfrac{1}{(2k+1)^2\pi^2}$이다.

마찬가지로 $\dfrac{1}{(2k+2)^2\pi^2} - \dfrac{1}{(2k+1)^2\pi^2} < b_{2k+1} < 0$이므로 $0 < |b_n| < \dfrac{1}{n^2\pi^2} - \dfrac{1}{(n+1)^2\pi^2}$이다.

$\displaystyle\lim_{n \to \infty} n^2\left(\dfrac{1}{n^2\pi^2} - \dfrac{1}{(n+1)^2\pi^2}\right) = 0$이므로 제시문 (가)에 의해서 $\displaystyle\lim_{n \to \infty} n^2 b_n = 0$이다.

[1]

$\lim\limits_{n \to \infty} na_n$ 의 값을 구하는 문제, 즉 극한값을 구하는 문제가 등장했다!

본 교재를 잘 공부한 학생이라면 매우 당연하게도 아래의 생각이 가장 먼저 떠올라야한다.

'우선 구하는 극한값을 직접 계산으로 해결해봐야겠다!'

하지만 아쉽게도... 그 어떤 노력에도 주어진 극한값을 직접 계산으로 해결할 수 없을 것이다.[4]
따라서 우리는 자연스럽게 다음 단계인 '간접 계산'을 시도해봐야겠다! (계획적으로 접근할 것!)

본 교재에서 대표적인 간접 계산방법이 세 가지 있다고 소개했었다.

① 주어진 식의 부분 혹은 전체에 최대최소 정리를 사용하는 것
② 주어진 식을 넓이의 관점으로 해석하는 것
③ 직접 계산되지 않는 요소를 스스로 삭제하는 것

따라서 이 문제 또한 위의 세 가지 중 하나를 선택하는 것으로 풀이를 시작하여야 할텐데...
제시문을 읽은 학생이라면 그 누구도 최대최소 정리의 부분적용을 시도하지 않을 수 없다!

그렇다면 우리가 첫 번째로 해야 할 일은 $\dfrac{|\sin x|}{x}$ 를 적절한 두 함수로 찢는 것이다.

직관을 사용하면!! 식을 관찰해보니 $|\sin x|$ 와 $\dfrac{1}{x}$ 로 찢는 것이 가장 먼저 눈에 들어온다.[5]

그렇다면 두 번째로 해야할 일은 $|\sin x|$ 와 $\dfrac{1}{x}$ 중 누구에게 최대최소 정리를 적용시킬지 결정하는 것인데...
Case 분류를 통해서 하나씩 해보자.

(i) $|\sin x|$ 에 최대최소 정리를 적용시킬 경우
닫힌구간 $[n\pi, \ (n+1)\pi]$ 에서 $0 \le |\sin x| \le 1$ 이므로

$$0 \le a_n \le \int_{n\pi}^{(n+1)\pi} \frac{1}{x}\,dx = \ln \frac{(n+1)}{n}$$

이고, 위의 부등식의 모든 변에 n 을 곱한 후 극한을 취하여도 유의미한 결과를 얻을 수 없다.

(ii) $\dfrac{1}{x}$ 에 최대최소 정리를 적용시킬 경우

닫힌구간 $[n\pi, \ (n+1)\pi]$ 에서 $\dfrac{1}{(n+1)\pi} \le \dfrac{1}{x} \le \dfrac{1}{n\pi}$ 이므로

---

[4] 고등 교육과정에서 $\dfrac{\sin x}{x}$ 를 적분하는 방법은 존재하지 않기 때문이다.

[5] 여기에 반박하면... 저자는 할 말이 없다.

$$\frac{2}{(n+1)\pi} \leq a_n \leq \frac{2}{n\pi} \quad \left(\because \int_{n\pi}^{(n+1)\pi} |\sin x| \, dx = 2 \right)$$

이고, 위의 부등식의 모든 변에 n을 곱한 후 극한을 취하면... $\lim\limits_{n \to \infty} a_n = \frac{2}{\pi}$ 임을 알 수 있다! (문제 끝!)

[2]

[1]과 똑같은 방법으로 풀면 쉽게 풀릴 것이 뻔하다 ㅋㅋ

$\frac{\cos x}{x^2}$ 를 $\cos x$ 와 $\frac{1}{x^2}$ 으로 찢고~ $\frac{1}{x^2}$ 에 최대최소 정리를 ~~배우 잘못된 방법으로~~ 부분 적용시켜주면~

$$\frac{1}{(n+1)^2\pi^2} \times \int_{n\pi}^{(n+1)\pi} \cos x \, dx \leq b_n \leq \frac{1}{n^2\pi^2} \times \int_{n\pi}^{(n+1)\pi} \cos x \, dx \quad \cdots \text{⊙}^{6)}$$

이고, $\int_{n\pi}^{(n+1)\pi} \cos x \, dx = 0$ 이니까..? $b_n = 0$ 이라고..? 망했다! [1]과 똑같은 방법으로 풀리지 않는다...

하지만 제시문을 보았을 때, 풀이의 큰 방향성[7]은 맞는 듯 한데 무엇이 문제였을까?
본 교재에서 이를 이미 언급한 적이 있다. 바로

적분 구간에서 $\cos x$ 의 부호가 일정하기 않기 때문이다.[8]

즉, $\cos x$ 의 부호에 따라 ⊙의 부등호 방향이 달라지는데 이를 무시하고 최대최소 정리를 적용했기 때문이다.
따라서 [1]과 달리 [2]에서는 최대최소 정리를 조금 다르게, 디테일을 살려 적용시킬 필요가 있겠다.

여기서 잠깐!

여기서 위의 생각 대신 '최대최소 정리를 부분 적용할 대상을 잘못 선택한건 아닐까?'라는 생각,

즉 '$\frac{\cos x}{x^2}$ 를 $\cos x$ 와 $\frac{1}{x^2}$ 으로 찢는 것이 잘못된건 아닐까?'라는 생각을 가져도 좋다! (바람직한 생각)

위의 생각을 바탕으로 $\frac{\cos x}{x^2}$ 를 여러 방법으로 찢고 최대최소 정리를 부분적용 시켜본 후, '아! 최대최소 정리를 부분 적용할 대상을 잘못 선택한건 아니구나!'라는 생각을 떠올리기만 하면 된다! (시행착오)

그런데... 사실 [1]을 잘 푼 학생이라면 [2]에서 $\frac{\cos x}{x^2}$ 를 $\frac{\cos x}{x}$ 와 $\frac{1}{x}$ 로 찢는 것 보다,

$\cos x$ 와 $\frac{1}{x^2}$ 으로 찢는 것에 더욱 강한 끌림과 확신이 있었어야 한다. (소문항 연관성)

---

6) 바로 아래에서 설명하고 있듯이, 이는 잘못된 부등식입니다.

7) 제시문에 최대최소 정리가 대놓고 수록되어 있으니 (+ 소문항 연관성), '최대최소 정리가 아닌 경우'는 배제하는 것이 맞다.

8) 다시 말해 너무 큰 적분 구간에서 최대최소 정리를 적용한 것이기에, 이 또한
'아 내가 너무 큰 단위에서 최대최소 정리를 적용했구나?'라고 생각해도 좋다. (맥락 상 같은 의미니 비슷하게 생각하란 것이다.)

[1] 과 달리 제시문의 $g(x)$ 의 역할을 하는 $\cos x$ 가 적분 구간 $[n\pi, (n+1)\pi]$ 에서 부호가 일정하지 않기에 유의미한 결과가 나오지 않았던 것을 잘 생각하다보면...

다음과 같은 생각을 조금 어렵지만 충분히 떠올려볼만 하다.
(문제 상황을 해결해야겠다는 목표를 설정한 후, 충분한 시간을 가지면 도달할 수 있는 생각이다.)

'$\displaystyle\int_{n\pi}^{(n+1)\pi} \frac{\cos x}{x^2}\,dx$ 를 적당한 적분 구간을 설정하여 여러 정적분으로 쪼개고,

각각의 적분 구간에서 제시문의 $g(x)$ 역할을 하는 $\cos x$ 의 부호가 일정하기만 하면...
이 정적분들에 각각 **[1]** 과 같은 방법으로 최대최소 정리를 부분 적용하고 모두 더해주면 문제 끝?!'

여기서 잠깐!

위와 같이 곱함수 $f(x)g(x)$ 에서 $g(x)$ 를 남겨두고 최대최소 정리를 적용시킬 때

$g(x)$ 의 부호가 일정하도록 <u>구간을 나누어</u> 최대최소 정리를 각각 부분적용

하는 아이디어를 잘 기억해두자.

여기까지 잘 생각했다면 그 다음은 그리 어렵지 않다.

$y = \cos x$ 가 $\left(k + \dfrac{1}{2}\right)\pi$ 꼴의 근을 가지니, 우선 $\displaystyle\int_{n\pi}^{(n+1)\pi} \frac{\cos x}{x^2}\,dx$ 을

$\displaystyle\int_{n\pi}^{\left(n+\frac{1}{2}\right)\pi} \frac{\cos x}{x^2}\,dx + \int_{\left(n+\frac{1}{2}\right)\pi}^{(n+1)\pi} \frac{\cos x}{x^2}\,dx$ 와 같이 쪼개보면..!9)

n 을 짝수와 홀수로 나눠서 생각해봐야 함을 알 수 있다!

여기서 잠깐!

수학을 어느정도 잘 하는 학생들은 여기서 다음과 같은 의심이 살짝 들 수 있다.

'풀이에 막힘은 없을 것 같긴 해도... b_{2n} 과 b_{2n-1} 에 대한 정보를 얻는 것으로 문제가 풀리나..?'

다른 학생들보다 특히 수학을 어느정도 잘하는 학생 중, 위와 같이 어설픈 예측으로 문제를 올바른 길로 풀다가도 섣불리 이를 중단하는 학생들이 꽤 존재한다.

본 교재에서도 '예측하며 계산/풀이하는 것'을 강조했지만, 입시를 치르는 <u>학생 수준</u>에서는 이를 완벽하게 수행할 수 없음을 인지해야 한다. 따라서 어느정도 예측은 하되, 시간이 걸리더라도 일단 풀이를 끝까지 진행 후 그 예측이 틀렸을 때 비로소 풀이를 중단하는 습관을 갖도록 하자!10)

이제 다음과 같이 Case 분류하여 열심히 계산 해보자.

---

9) '나는 남들과 다르게 특이하게 풀래!'라는 생각을 가지고 있지 않은 이상, 이 해설에 반박하지는 않을 것으로 예상한다.

10) 수능에서의 잣대를 수리논술에 그대로 적용시킬 때 생기는 문제 중 하나라고 생각한다. 노파심에 하는 잔소리...

(i) $n = 2k$ 로 두었을 때

주어진 식을 다음과 같이 정리할 수 있다.

$$b_{2k} = \int_{2k\pi}^{(2k+1)\pi} \frac{\cos x}{x^2}\, dx$$

$$= \int_{2k\pi}^{\left(2k+\frac{1}{2}\right)\pi} \frac{\cos x}{x^2}\, dx + \int_{\left(2k+\frac{1}{2}\right)\pi}^{(2k+1)\pi} \frac{\cos x}{x^2}\, dx$$

두 정적분 $\int_{2k\pi}^{\left(2k+\frac{1}{2}\right)\pi} \frac{\cos x}{x^2}\, dx$, $\int_{\left(2k+\frac{1}{2}\right)\pi}^{(2k+1)\pi} \frac{\cos x}{x^2}\, dx$ 에 **[1]**과 비슷한 방법으로 각각 최대최소 정리를 부분적용하여 정리하면 다음과 같다.

$$\frac{1}{\left(2k+\frac{1}{2}\right)^2 \pi^2} \le \int_{2k\pi}^{\left(2k+\frac{1}{2}\right)\pi} \frac{\cos x}{x^2}\, dx \le \frac{1}{(2k)^2 \pi^2} ,$$

$$\frac{-1}{\left(2k+\frac{1}{2}\right)^2 \pi^2} \le \int_{\left(2k+\frac{1}{2}\right)\pi}^{(2k+1)\pi} \frac{\cos x}{x^2}\, dx \le \frac{-1}{(2k+1)^2 \pi^2} \quad \text{(적분 구간에서 } \cos x < 0 \text{ 임을 체크)}$$

위의 두 식을 더하면 부등식 $0 \le b_{2k} \le \dfrac{1}{(2k)^2 \pi^2} - \dfrac{1}{(2k+1)^2 \pi^2}$ 를 얻을 수 있다.

(ii) $n = 2k - 1$ 로 두었을 때

주어진 식을 다음과 같이 정리할 수 있다.

$$b_{2k-1} = \int_{(2k-1)\pi}^{2k\pi} \frac{\cos x}{x^2}\, dx$$

$$= \int_{(2k-1)\pi}^{\left(2k-\frac{1}{2}\right)\pi} \frac{\cos x}{x^2}\, dx + \int_{\left(2k-\frac{1}{2}\right)\pi}^{2k\pi} \frac{\cos x}{x^2}\, dx$$

두 정적분 $\int_{(2k-1)\pi}^{\left(2k-\frac{1}{2}\right)\pi} \frac{\cos x}{x^2}\, dx$, $\int_{\left(2k-\frac{1}{2}\right)\pi}^{2k\pi} \frac{\cos x}{x^2}\, dx$ 에 **[1]**과 비슷한 방법으로 각각 최대최소 정리를 부분적용하여 정리하면 다음과 같다.

$$\frac{-1}{(2k-1)^2 \pi^2} \le \int_{(2k-1)\pi}^{\left(2k-\frac{1}{2}\right)\pi} \frac{\cos x}{x^2}\, dx \le \frac{-1}{\left(2k-\frac{1}{2}\right)^2 \pi^2} , \quad \text{(적분 구간에서 } \cos x < 0 \text{ 임을 체크)}$$

$$\frac{1}{(2k)^2 \pi^2} \le \int_{\left(2k-\frac{1}{2}\right)\pi}^{2k\pi} \frac{\cos x}{x^2}\, dx \le \frac{1}{\left(2k-\frac{1}{2}\right)^2 \pi^2}$$

위의 두 식을 더하면 부등식 $\dfrac{1}{(2k)^2 \pi^2} - \dfrac{1}{(2k-1)^2 \pi^2} \le b_{2k-1} \le 0$ 를 얻을 수 있다.

따라서 위의 두 결과를 종합하면, 샌드위치 정리에 의하여

$$\lim_{n \to \infty} (2n)^2 b_{2n} = 0, \ \lim_{n \to \infty} (2n-1)^2 b_{2n-1} = 0$$

임을 알 수 있다! 즉, $n^2 b_n$ 의 짝수항과 홀수항의 극한값이 모두 0 이므로 $\lim_{n \to \infty} n^2 b_n = 0$ 임을 알 수 있다!

여기서 잠깐!

부등식을 이용하여 엄밀하게 서술할 수 있는 부분11)이지만, 이 논리가 문제에서 차지하는 비중은 적으므로

'$\lim_{n \to \infty} a_{2n}$ 과 $\lim_{n \to \infty} a_{2n-1}$ 의 값이 값으므로, 이 값이 곧 $\lim_{n \to \infty} a_n$ 의 값이다.'

정도로 서술해도 충분한 답안이 된다.

---

❸ Comment

[Comment 1]
본 해설의 초반부, 극한값을 구하는 방법을 채택해나가는 과정을 다시 한번 살펴보자.

① 직접 계산 또는 간접 계산, 둘 중 하나의 방법으로 무조건 풀림을 인지하기
② 직접 계산으로 해결될 것이라 생각 후, 직접 계산 시도하기
③ 직접 계산에 실패했으므로 간접 계산으로 풀릴 것임을 확신하기
④ 내가 아는 간접 계산 방법들을 순차적으로 시도해보기

이처럼 극한값을 계산하는 문제를 만났을 때, 항상 정해진 **Algorithm**을 따라가는 것을 강요한다. (추천 X, 강요 O)
수리논술처럼 템포가 긴 문제의 경우, 이처럼 계획적으로 접근하는 풀이가 도움되는 경우가 많기 때문이다.12)

[Comment 2]
이처럼 샌드위치 정리에서 '최대최소 정리'는 가장 기본적이며 자주 사용되는 방법이다.
또한, 최대최소 정리를 단순히 적용하는 것이 아닌

주어진 식의 일부분에만 최대최소 정리를 적용시켜,
주어진 식에서 내가 이용하기 편한 부분만 남기는 것(⇔ 이용하기 불편한 부분을 제거하는 것)

이 샌드위치 정리에서 아주아주 빈출됨을 기억했으면 한다.

---

11) 애초에 고등학교 과정이 아니기도 하다.

12) 물론 모든 문제가 계획적으로 풀리는 것은 아니다. 뜬금포 발상으로 문제를 뚫어나가는 경우도 분명 있다. 하지만 이런 문제는 극히 일부이므로, 우리는 주어진 문제 위에 본인이 알고있는 정보와 도구를 단계적/계획적으로 쌓아올릴 필요가 분명 있다.

따라서

'이 식에서 무엇을 남기고 무엇을 제거해야, 내가 이 식을 활용하기 편할까?'

라는 사고 과정이 최대최소 정리를 이용해 극한값을 구하는 문제를 풀 때 필수적이다.[13]

[Comment 3]
너무 기본적인 사실임에도 많은 학생들이 이를 자연스럽게 놓치고 있는 것 같아 다시 한번 적어두려고 한다.

곱함수 $f(x)g(x)$ 에서 $g(x)$ 에 최대최소 정리를 부분적으로 적용시킬 때는 항상 $g(x)$ 의 부호가 일정해야한다.
최대최소 부등식 $m \leq f(x) \leq M$ 에 $g(x)$ 를 곱할 때, $g(x)$ 의 부호에 따라 부등호의 방향이 결정되기 때문이다.

본 해설에서 $\int_{n\pi}^{(n+1)\pi} \dfrac{\cos x}{x^2} dx$ 를 굳이 $\int_{n\pi}^{\left(n+\frac{1}{2}\right)\pi} \dfrac{\cos x}{x^2} dx + \int_{\left(n+\frac{1}{2}\right)\pi}^{(n+1)\pi} \dfrac{\cos x}{x^2} dx$ 로 나타낸 것이 굉장히 중요한

아이디어이자 계산 테크닉임을 기억하고 넘어가자.

❹ 최종답안

본 문제는 대학에서 해설을 공식적인 예시답안으로 제공하였기에,
앞의 대학 제공 해설의 맨 마지막 부분을 Show and Prove 해설의 맨 마지막 부분으로 교체하여
답안을 작성하면 되겠습니다 :D

---

13) 정보를 알기 어려운 복잡한 연속 함수를 제거하는 것이 빈출됨도 챙겨가야하는 포인트!

사잇값 정리 # 구간의 재설정 # 수열의 규칙성
근에 대한 존재성과 사잇값 정리에 대하여

❶ 대학 제공 해설

먼저, 함수 $f(x)$의 그래프의 개형은 다음 그림과 같다.

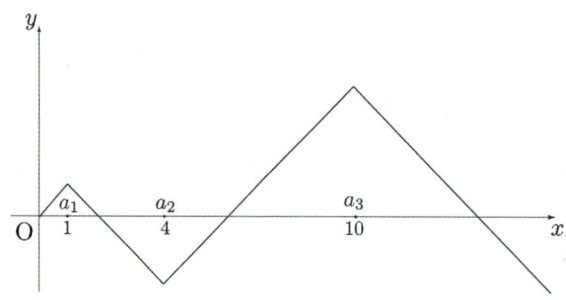

[1]

구간 $(a_n,\ a_{n+1})$에서 함수 $f(x)$의 x절편을 x_n이라고 하면, $\{x_n\}$은 $x_1 = 2$이고
$n \geq 2$일 때 $x_n - x_{n-1} = 2 \times 2^{n-1}$을 만족한다.

$a_n = \dfrac{x_{n-1} + x_n}{2}$ 이므로, $x_4 = \dfrac{2(2^4-1)}{2-1} = 30,\ x_5 = 30 + 32 = 62$ 이고 $a_5 = \dfrac{30+62}{2} = 46$ 이다.

[2]

x_n은 등비수열 $\{2^n\}$의 첫째항부터 제n항까지의 합과 같으므로 $x_n = \displaystyle\sum_{k=1}^{n} 2^k = 2^{n+1} - 2$ 이다. 따라서
$x_{10} = 2^{11} - 2 = 2046$ 이다.

[3]

$f(a_n) = (-1)^{n+1} 2^{n-1}$ 이므로, $\displaystyle\int_{x_{n-1}}^{x_n} f(t)\,dt = \dfrac{1}{2}(x_n - x_{n-1})f(a_n) = \dfrac{1}{2} \times 2^n \times (-2)^{n-1} = (-4)^{n-1}$ 이고,

$$\int_0^{a_n} f(t)\,dt = \int_0^{x_{n-1}} f(t)\,dt + \int_{x_{n-1}}^{a_n} f(t)\,dt$$
$$= (1 - 4 + 4^2 - \cdots + (-4)^{n-2}) + \dfrac{(-4)^{n-1}}{2}$$
$$= \dfrac{(-4)^{n-1} - 1}{(-4) - 1} + \dfrac{(-4)^{n-1}}{2} = \dfrac{3(-4)^{n-1} + 2}{10}$$

이다.

$4^5 - 1024$, $4^6 - 4096$이므로, $\displaystyle\int_0^{a_n} f(t)\,dt$ 가 1000 이상인 가장 작은 n의 값은

$$3(-4)^{n-1} + 2 > 10000$$

이다. 즉, $(-4)^{n-1} > 3332.6$ 을 만족하는 n은 $n = 7$이다.

따라서 $\displaystyle\int_0^x f(t)\,dt = 1000$ 인 가장 작은 x의 값은 구간 $(a_6,\ a_7)$에 있다. 그러므로 $k = 6$이다.

[4]

$F(x) = \displaystyle\int_0^x f(t)\,dt$ 라고 하자.

$$F(x_n) = \int_0^{x_n} f(t)\,dt = 1 - 4 + 4^2 - \cdots + (-4)^{n-1} = \frac{(-4)^n - 1}{(-4) - 1} = \frac{-(-4)^n + 1}{5}$$

이고,

$$G(x) = \int_0^x mt\,dt = \frac{1}{2}mx^2$$

이라고 하면, $x_n = 2(1 + 2 + \cdots 2^{n-1}) = 2 \times 2^n - 2$ 이므로 $G(x_n) = 2m(2^n - 1)^2$ 이다.

이제, $-\dfrac{1}{10} \leq m \leq \dfrac{1}{10}$ 이라고 하면,

n이 홀수일 때 $G(x_n) = 2m(2^n - 1)^2 = 2m(4^n - 2 \times 2^n + 1) < \dfrac{1}{5}(4^n + 1) = F(x_n)$ 이고

n이 짝수일 때 $G(x_n) = 2m(2^n - 1)^2 = 2m(4^n - 2 \times 2^n + 1) > -\dfrac{1}{5}(4^n - 1) = F(x_n)$ 이므로,

제시문 (나)의 사잇값 정리에 의하여 $F(x) = G(x)$ 인 값이 모든 구간 $(x_n,\ x_{n+1})$에 하나씩 존재한다.

따라서 등식 $\displaystyle\int_0^x (f(t) - mt)\,dt = 0$ 을 만족하는 양수 x의 값은 무수히 많다.

[1]

$y = f(x)$ 의 그래프를 잘 그린 학생이라면... Super Easy하게 $a_n = \displaystyle\sum_{k=1}^{n} 2^k - 2^{n-1}$ 임을 알 수 있다.

$\therefore a_5 = 46$

[2]

마찬가지로 $y = f(x)$ 의 그래프를 잘 그린 학생이라면... Super Easy하게 $x_n = \displaystyle\sum_{k=1}^{n} 2^k$ 임을 알 수 있다.

$\therefore a_{10} = 2046$

[3]

[1]을 잘 푼 학생이라면, $\displaystyle\int_0^{a_n} f(x)\,dx$ 의 값도 n 에 대한 식으로 나타낼 수 있음을 유추할 수 있다.

$y = f(x)$ 의 그래프를 잘 그려보면... 넓이가 1, 4, 16, 64, $\cdots$ 인 이등변 삼각형들을 발견할 수 있다.

따라서

$$\int_0^{a_n} f(x)\,dx = \sum_{k=1}^{n} (-4)^{k-1} - \frac{1}{2} \times (-4)^{n-1}$$
$$= \frac{3(-4)^{n-1} + 3}{10}$$

임을 알 수 있다.

위의 식에 $n = 1$ 부터 차례대로 대입하다보면

$n \le 6$ 일 때 $\displaystyle\int_0^{a_n} f(x)\,dx < 1000$ 이고, $n = 7$ 일 때 처음으로[14] $\displaystyle\int_0^{a_n} f(x)\,dx > 1000$ 임을 발견할 수 있다.

즉, 사잇값정리에 의해 $\displaystyle\int_0^{\alpha} f(x)\,dx = 1000$ 을 만족하는 가장 작은 양수 α 가 구간 $(a_6,\ a_7)$ 에 속함을 알 수 있다.
따라서 $k = 6$ 이다.

---

[14] ① $n \le 6$ 에서 적분값이 어떤지, ② $n = 7$ 에서 적분값이 '처음으로' 어떻게 되는지
둘 다 답안에 적혀있어야 감점 당하지 않는 완벽한 답안이 된다. (가장 작은 양수 α 의 값을 구하는 것이기 때문이다.)

[4]

$g(x) = \int_0^x (f(t) - mt) dt = 0$ 을 만족시키는 양수 x 의 값이 무한히 많다..?

제시문에 사잇값 정리가 있으니, 발문의 근에 대한 조건을 사잇값 정리에 맞춰 해석해야함은 당연하다! 즉,

$$\text{'} g(\bigstar) > 0 과 g(\bigcirc) < 0 을 만족시키는 열린구간 (\bigstar, \bigcirc) 의 개수가 무한하다.\text{'}$$

로 해석할 수 있겠다.

이제 $y = f(x)$ 와 $y = mx$ 를 그려둔 후, $\bigstar$ 과 $\bigcirc$ 자리에 무엇이 들어가면 좋을까 생각을 하다보면...

$$x_n \text{ 과 관련된 식을 넣어야겠다고 생각할 수 있을 것이다!}$$

왜? 굳이 a_n 이 아닌 x_n 을 이용하는 것일까? 이에 대한 대답은 생각보다 간단하다.
그래프를 보니 a_n 보다는 x_n 을 사용하는 것이 좀 더 타이트하게 열린구간을 잡을 수 있고,[15]

[3]에서와 매우 비슷한 방법으로 $\int_0^{x_n} f(x) dx$ 의 식 또한 구할 수 있으니까!

이제 $g(x_n)$ 의 식을 정리하면 다음과 같다.

$$\begin{aligned} g(x_n) &= \int_0^{x_n} (f(t) - mt) dt \\ &= \frac{1 - (-4)^n}{5} - \frac{m}{2} x_n{}^2 \\ &= \frac{1 - (-4)^n}{5} - 2m(2^n - 1)^2 \quad (\text{단}, |m| \le \frac{1}{10}) \end{aligned}$$

$g(x_n)$ 의 부호가 중요하고, 확인하기 위해 n 을 홀수/짝수로 나누어 계산해보면... $g(x_{2n-1}) > 0$, $g(x_{2n}) < 0$ 이다!
($(-4)^n$ 이 포함된 식의 부호를 확인해야하는데 n 을 홀수/짝수로 나누지 않는 것은 말이 안됩니다..!)

따라서 사잇값 정리에 의해,
<u>모든 자연수 n</u> 에 대하여 $g(x) = 0$ 의 근이 열린구간 (x_{2n-1}, x_{2n}) 에 적어도 하나씩 존재함을 알 수 있다.

즉, $g(x) = 0$ 을 만족하는 양수 x 의 값은 무한히 많다.

---

15) 애초에 최대한 타이트한 범위에서 사잇값의 정리를 사용하면,
'유의미한 결과가 나오지 않아 더욱 작은 구간에서 사잇값의 정리를 재사용 하는 경우'를 예방할 수 있기 때문이다.

[Comment 1]
수학1을 다뤘던 **[Show and Prove 1편]**에서도 이미 언급했던 내용이지만 짧게 한번 더 소개하려고 한다.

낯선 수열 → 대입 후 나열 with Case 분류 → 수열 관찰 → (규칙성 찾기)

a_n 과 x_n 같이 규칙이 보이는 수열의 경우, 항상 일반화를 통해 일반항을 구하는 습관을 잘 갖도록 하자.
또한 **[Show and Prove 1편]**에서 말했던 것처럼,

거시적인 상황의 값16)을 구할 때는 항상 규칙성 발견 혹은 일반화가 가능함

도 같이 Remind 하고 넘어가면 좋겠다.

[Comment 2]
수리논술에서 $f(x) = k$ 의 '실근 존재성'을 묻는 문제를 해결하는 방법은

① 그래프와 미분을 통해 방정식 $f(x) - k = 0$ 을 풀어, 이를 만족하는 x 값을 직접 구하는 방법
② $y = k$ 근처 함숫값과 '사잇값 정리, 평균값의 정리'를 이용하여, 이를 만족하는 x 값의 존재성만 확인하는 방법

이 있다. 물론 역대 기출에서는 '실근 존재성'이라는 키워드가 나왔을 때, 대부분 ②의 방법이 사용되었긴 하지만...
①의 방법과 같이 x 의 값을 직접 구하여 실근의 존재성을 파악하는 방법이 사용될 수 있음을 기억하자.

[Comment 3]
해설에서는 간단하게 서술하고 넘어갔지만, 아마 대다수의 학생들이 **[4]**에서 a_n 과 관련된 범위에서 사잇값 정리를 시도하려고 했을 것이다.

물론 이런 시도에서 a_n 과 관련된 범위를 사용하면 사잇값 정리를 쓰기에 범위가 너무 넓어지기에...
금방 x_n 과 관련된 범위를 찾는 것으로 전략을 바꾸었을 것이다.

이처럼 특히 사잇값 정리에서는 구간을 재설정(또는 분할)하는 시도가 빈번히 일어나기에,
사잇값 정리를 적용해야하는 상황을 만났을 때는

계산이 조금 길어지더라도, 애초에 구간을 최대한 타이트하게 잡아두는 것

을 추천한다. (시행착오를 어느정도 미리 차단하는 방법!)

---

16) 이 문제에서는 나오지 않았지만, 예를 들어 a_{2026} 또는 $\sum_{k=1}^{2026} \int_{k}^{k+1} f(x)\,dx$ 와 같은 값들

[1] $\quad a_n = \sum_{k=1}^{n} 2^k - 2^{n-1} \qquad \therefore a_5 = 46$

[2]
$x_1 = 2 \times 1$

$x_2 = 2 \times (1+2)$

$x_3 = 2 \times (1+2+4)$

$\quad\quad\quad\vdots$

$\therefore x_n = 2 \times (1+2+\cdots+2^{n-1}) = 2^{n+1} - 2$

$\therefore x_{10} = 2046$

[3] $\quad \int_0^{a_n} f(x)dx = \sum_{k=1}^{n} (-4)^{k-1} - \frac{1}{2}(-4)^{n-1} = \frac{3(-4)^{n-1}}{10} + 3$

$n=6$일때 $\quad \int_0^{a_6} f(x)dx = \frac{3 \cdot (-4)^5}{10} + 3 < 1000$ 이고,

$n=7$일때 $\quad \int_0^{a_7} f(x)dx = \frac{3 \cdot (-4)^6}{10} + 3 > 1000$ 이므로

$n=7$ 일때 처음으로 $\int_0^{a_n} f(x)dx > 1000$ 을 만족하고 사잇값 정리에 의해

$\int_0^{\alpha} f(x)dx = 1000$ 인 가장 작은 양수 α의 값이 열린구간 (a_6, a_7)에 속한다

$\therefore K = 6$

[4]
$\text{put } g(x) = \int_0^x (f(t) - mt)dt$

$g(x_n) = \int_0^{x_n} (f(t) - mt)dt$

$\quad\quad = \frac{1 - (-4)^n}{5} - \frac{m}{2}x_n^2$

$\quad\quad = \frac{1 - (-4)^n}{5} - 2m(2^n - 1)^2$

n이 홀수일때, $g(x_n) = \frac{1 + 4^n}{5} - 2m(2^n - 1)^2$

$\quad\quad\quad\quad\quad > \frac{1 + 4^n}{5} - 2 \cdot \frac{1}{10}(2^n - 1)^2$

$\quad\quad\quad\quad\quad = \frac{2 \cdot 2^n}{5} > 0$ 이고

n이 짝수일때, $g(x_n) = -\left\{ \frac{4^n - 1}{5} - 2m(2^n - 1)^2 \right\}$

$\quad\quad\quad\quad\quad < -\left\{ \frac{4^n - 1}{5} - 2 \cdot \frac{1}{10}(2^n - 1)^2 \right\}$

$\quad\quad\quad\quad\quad = -\left(\frac{2 \cdot 2^n - 2}{5} \right) < 0$ 이므로

사잇값 정리에 의해 열린 구간 $(x_1, x_2), (x_2, x_3), \cdots$ 마다 방정식 $g(x) = 0$을
만족하는 근이 적어도 하나씩 존재한다.

$\therefore g(x) = \int_0^x (f(t) - mt)dt = 0$을 만족하는 양수 x 값은 무수히 많다.

식의 일부분을 단계적으로 바꾸기   # 간접 계산의 방법   # 함수값의 차 형태
샌드위치 정리, 평균값의 정리, 미분을 이용한 부등식의 증명 종합

❶ 대학 제공 해설

[1]

$A_n(t) = (1-t)t^n$ 이고 $A_n'(t) = nt^{n-1} - (n+1)t^n = t^{n-1}(n-(n+1)t)$ 이므로

$t = \dfrac{n}{n+1}$ 에서 극대이면서 $0 \le t \le 1$ 에서 최대이다. 따라서 $t_n = \dfrac{n}{n+1}$ 이고

$$\begin{cases} A_n(t) \text{는 증가함수, } 0 < t < t_n = \dfrac{n}{n+1} \\[2mm] A_n(t) \text{는 감소함수, } t_n = \dfrac{n}{n+1} \le t < 1 \end{cases} \quad \cdots \text{①}$$

이다. B_n 을 제시문 (가)를 이용하여 넓이를 구하면

$$B_n = \int_0^1 x^n dx = \left[\frac{1}{n+1} x^{n+1} \right]_0^1 = \frac{1}{n+1}$$

이다. 그러므로

$$\frac{A_n(t_n)}{B_n} = \left(1 - \frac{n}{n+1}\right)\left(\frac{n}{n+1}\right)^n \div \frac{1}{n+1} = \left(\frac{n}{n+1}\right)^n$$

이고

$$\lim_{n \to \infty} \frac{A_n(t_n)}{B_n} = \lim_{n \to \infty} \left(\frac{n}{n+1}\right)^n = \lim_{n \to \infty} \frac{1}{\left(1 + \frac{1}{n}\right)^n} = \frac{1}{e}$$

이다.

[2-1]

$g(x) = \ln\left(1 + \dfrac{x}{n}\right)$ 이라 하면, 함수 $g(x)$ 는 $0 < x \le 1$ 인 x 에 대하여 $[0, \ x]$ 에서 연속이고, $(0, \ x)$ 에서

미분가능이므로 평균값의 정리에 의해 $\dfrac{g(x) - g(0)}{x - 0} = g'(c) \cdots \text{⊙}$ 을 만족하는 $0 < c < x \le 1$ 인 c 가 적어도 한 개

존재한다.

한편, $g'(c) = \dfrac{\dfrac{1}{n}}{1 + \dfrac{c}{n}} = \dfrac{1}{n+c}$ 이고, $0 < c < 1$ 에서 $\dfrac{1}{n+1} < \dfrac{1}{n+c} < \dfrac{1}{n}$ 이므로

$$\frac{1}{n+1} < g'(c) < \frac{1}{n} \quad \cdots\cdots \; ⓛ$$

이다. ㉠에서 $g(0) = 0$ 이므로 $g'(c) = \dfrac{g(x)}{x}$ 이고, 이것을 ⓛ에 대입하면

$$\frac{1}{n+1} < \frac{g(x)}{x} < \frac{1}{n}$$

이다. 따라서, 양변에 x 를 곱하면

$$\frac{x}{n+1} < g(x) = \ln\left(1 + \frac{x}{n}\right) < \frac{x}{n}$$

가 성립한다.

[2-2]

임의의 자연수 k 에 대하여 m 이 $m > ke^{2k}$ 를 만족하므로

$$0 < \frac{k}{m-k} < \frac{k}{ke^{2k} - k} = \frac{1}{e^{2k} - 1} < 1$$

이 되어 **[2]**로부터

$$\ln\left(1 + \frac{k}{m-k}\right)^m = m \times \ln\left(1 + \frac{k}{m-k}\right) \leq m\frac{k}{m-k} = k\left(1 + \frac{k}{m-k}\right) < k(1+1) = 2k \,,$$

$$\underline{\ln\left(1 + \frac{k}{m-k}\right)^m = m \times \ln\left(1 + \frac{k}{m-k}\right) > m\frac{k}{m-k+1} = \frac{m}{m-k+1}k > k}{}^{17)}$$

이다. 이를 정리하면

$$e^k < \left(1 + \frac{k}{m-k}\right)^m < e^{2k}$$

이다. 즉, 자연수 k 에 대하여 m 이 $m > ke^{2k}$ 를 만족하면

$$\frac{1}{e^{2k}} < \left(1 - \frac{k}{m}\right)^m < \frac{1}{e^k}$$

이 성립한다.

---

17) '**[2-1]**을 이용하려면 $0 < x \leq 1$ 이어야 하는데... 자연수 k 에 대하여 $x = k$, $n = m - k$로 두고 풀면 안되는거 아닌가?'
라는 생각과 함께 머릿속에서 물음표가 떴어야 한다. 자세한 내용은 **[Show and Prove's 해설]**을 참고하자.

[2-3]

$p(x) = \dfrac{x^2}{e^x}$ (단, $x > 0$)이라 하자.

$p'(x) = \dfrac{2x - x^2}{e^x}$ 이므로 $x = 2$ 에서 함수 $p(x)$ 는 극댓값을 갖는다. 그러므로

$$0 < p(x) = \frac{x^2}{e^x} \le p(2) = \frac{4}{e^2}$$

이다. 양변을 x 로 나누면

$$0 < \frac{x}{e^x} \le \frac{4}{e^2 x}$$

이고 $\displaystyle\lim_{x \to \infty} \frac{4}{e^2 x} = 0$ 이므로 제시문 (나)에 의하여 $\displaystyle\lim_{x \to \infty} \frac{x}{e^x} = 0$ 이다.

[3]

$h(x) = x^n - (1 - x) = x^n + x - 1$ 이라 하고 모든 자연수 k 에 대하여 n 이 $n > ke^{2k}$ 를 만족하면 조건 $n > ke^{2k}$ 와 **[2-2]**에 의하여

$$h\left(1 - \frac{k}{n}\right) = \left(1 - \frac{k}{n}\right)^n + \left(1 - \frac{k}{n}\right) - 1 = \left(1 - \frac{k}{n}\right)^n - \frac{k}{n} > \frac{1}{e^{2k}} - \frac{1}{e^{2k}} = 0 = h(s_n)$$

이다.

한편, $h'(x) = nx^{n-1} + 1$ 이고 구간 $[0, \ 1]$ 에서 $h'(x) > 0$ 이므로 함수 $h(x)$ 는 구간 $[0, \ 1]$ 에서 증가한다. 따라서 제시문 (다)에 의해

$$s_n < 1 - \frac{k}{n} \quad \cdots\cdots \ \textcircled{2}$$

이다.

또한, $1 - \dfrac{k}{n} \le 1 - \dfrac{1}{n}$ 이므로 **[1]**의 내용 ①에서 $A_n(t)$ 는 구간 $0 < t < 1 - \dfrac{1}{n}$ 에서 증가함수이다.

따라서 ②와 **[2-2]**에 의하여 모든 자연수 k 에 대하여 n 이 $n > ke^{2k}$ 를 만족하면

$$(n + 1) A_n(s_n) \le (n + 1)\left(1 - \frac{k}{n}\right)^n\left(\frac{k}{n}\right) = \frac{n + 1}{n} \times k \times \left(1 - \frac{k}{n}\right)^n$$

$$< \frac{n + 1}{n} \times \frac{k}{e^k} < \left(1 + \frac{1}{ke^{2k}}\right)\frac{k}{e^k} < 2\frac{k}{e^k}$$

이다.

그러므로 **[2-3]**와 '모든 양의 실수 보다 작은 음이 아닌 실수는 0이다'라는 사실로부터

$$\lim_{n \to \infty} \frac{C_n}{B_n} = \lim_{n \to \infty} (n + 1) A_n(s_n) = 0$$

이다.

❷ Show and Prove's 해설

[1]

매우매우 쉬운 단순 계산이니 Pass~ 자연상수 e의 정의를 다시 돌아보는 시간을 갖자!

(가끔 수리논술에서 $e = (1+0)^{\infty}$ 라는 식을 사용하면 안된다고 하는 사람들이 존재하는데, 절대 아니다.)

[2-1]

이 문항은 크게 두 가지로 풀 수 있겠다.

[Sol 1] − $\ln\left(1+\dfrac{x}{n}\right)$ 을 보자마자 함숫값의 차를 떠올리는 경우

수리논술에 대한 경험치가 어느정도 쌓인 학생들은 제시문에 평균값의 정리가 없더라도, $\ln\left(1+\dfrac{x}{n}\right)$ 을 보고 다음과 같은 함숫값의 차 형태를 떠올렸을 것이다.[18]

① $\ln\left(1+\dfrac{x}{n}\right) = \ln(n+x) - \ln n$

② $\ln\left(1+\dfrac{x}{n}\right) = \ln\left(1+\dfrac{x}{n}\right) - \ln 1$

여기서 잠깐!

②에서와 같이 생략된 0을 살려내는 식조작을 잘 기억해두자! (Ex : 0, $\sin\pi$, $\ln 1 \cdots$)
언젠가 여러분이 어려움을 겪고 있을 때, 분명 도움이 될 정보이기 때문이다.[19]

앞선 대학 제공해설에서 ②에 대한 해설을 제공했으니, 본 해설에서는 ①에 대해서만 다뤄보겠다.

다시 문제로 돌아와서... 본인이 $\ln\left(1+\dfrac{x}{n}\right) = \ln(n+x) - \ln n$과 같은 '함숫값의 차 형태'를 발견했다면, 평균값의 정리를 시도해보지 않을 이유가 전혀 없다! 따라서

'$\ln\left(1+\dfrac{x}{n}\right) = \ln(n+x) - \ln n = x \times \dfrac{1}{c}$ 를 만족하는 c가 열린구간 $(n, n+x)$에 존재한다.'

라는 문장을 도출할 수 있겠다! 이러면 증명해야하는 부등식이 훨씬 쉬워졌다. 다음 부등식을 증명하기만 하면 된다.

$$\frac{x}{n+1} < \frac{x}{c} < \frac{x}{n} \implies n < c < n+1$$

평균값의 정리로부터 부등식 $n < c < n+x$가 성립하고, 문제의 가정으로부터 $x \leq 1$이 성립하므로...
부등식 $n < c < n+x \leq n+1$이 성립한다! 따라서 문제에서 준 부등식 또한 성립한다. (문제 끝!)

---

18) 참고로 교재의 각주에서 살짝 언급한 적이 있긴 하다.

19) 자매품으로 $f(x) = 1 \times f(x)$ 와 같이 생략된 1을 살려내는 식조작도 존재한다. (Ex : 1, $\sin^2 x + \cos^2 x$, $\ln e \cdots$)

[Sol 2] − $A < B < C$ 라는 부등식을 보고 $B - A > 0$, $B - C < 0$을 떠올리는 경우

수리논술에서 미분을 통해 부등식을 증명하는 방법 중 가장 기본적인 방법이다.

$f(x) < 0$ 꼴의 부등식을 만든 후, $f(x)$ 의 최대최소를 이용하여 부등식이 성립함을 보이는 것이다!

따라서 우리는 $0 < x \leq 1$ 을 만족하는 실수 x 와 임의의 자연수 n 에 대하여 다음 두 부등식

① $\ln\left(1 + \dfrac{x}{n}\right) - \dfrac{x}{n+1} > 0$

② $\ln\left(1 + \dfrac{x}{n}\right) - \dfrac{x}{n} < 0$

이 성립함을 보이면 되겠다.

(i) 부등식 $\ln\left(1 + \dfrac{x}{n}\right) - \dfrac{x}{n+1} > 0$ 이 성립함을 보이기

$f(x) = \ln\left(1 + \dfrac{x}{n}\right) - \dfrac{x}{n+1}$ 라 두면

$$f'(x) = \dfrac{1}{n+x} - \dfrac{1}{n+1}$$

이므로, $0 < x \leq 1$ 에서 $f'(x) \geq 0$ 임을 알 수 있다.

즉, $f(x) \geq f(0) = 0$ 이므로 부등식 $\ln\left(1 + \dfrac{x}{n}\right) - \dfrac{x}{n+1} > 0$ 이 성립한다.

(ii) 부등식 $\ln\left(1 + \dfrac{x}{n}\right) - \dfrac{x}{n} < 0$ 이 성립함을 보이기

$f(x) = \ln\left(1 + \dfrac{x}{n}\right) - \dfrac{x}{n}$ 라 두면

$$f'(x) = \dfrac{1}{n+x} - \dfrac{1}{n}$$

이므로, $0 < x \leq 1$ 에서 $f'(x) < 0$ 임을 알 수 있다.

즉, $f(x) < f(0) = 0$ 이므로 부등식 $\ln\left(1 + \dfrac{x}{n}\right) - \dfrac{x}{n+1} > 0$ 이 성립한다.

따라서 위의 두 부등식으로부터 $0 < x \leq 1$ 을 만족하는 실수 x 와 임의의 자연수 n 에 대하여 문제에서 준 부등식

$$\dfrac{x}{n+1} < \ln\left(1 + \dfrac{x}{n}\right) < \dfrac{x}{n}$$

이 성립함을 알 수 있다. (문제 끝!)

[2-2]

[대학 제공 해설 대신 시도했어야 하는 풀이]

주어진 식에 $\ln$ 을 취해서 정리해야겠다는 생각은 누구나 할 수 있을 것이다. 정리하면 다음과 같다.

$$\frac{k}{m} < \ln\left(\frac{m}{m-k}\right) < \frac{2k}{m} \cdots \text{⊙}$$

앞의 소문항을 잘 푼 학생이라면 위의 식을 보자마자 **[2-1]**에서 등장한 부등식이 생각이 날 것이다. 즉, 부등식

$$\frac{x}{n+1} < \ln\left(1 + \frac{x}{n}\right) < \frac{x}{n}$$

을 사용해서 ⊙을 증명해야 한다는 것이다!

여기서 **[Show and Prove 1편]**에서도 계속해서 강조했던 '앞 소문항과의 모양 맞추기'를 잘 떠올려보면...

'부등식의 양 끝은 분수 형태로 잘 맞춰져 있으니... $\ln\left(\frac{m}{m-k}\right)$ 를 $\ln\left(1 + \frac{\bigstar}{\bigcirc}\right)$ 의 형태로 조작해야겠다!'

라는 생각을 떠올릴 수 있을 것이다! 위의 생각을 바탕으로 잘 정리하면 다음과 같다.

$$\frac{k}{m} < \ln\left(1 + \frac{k}{m-k}\right) < \frac{2k}{m} \cdots \text{ⓒ}$$

잘 정리된 ⓒ과 부등식 $\frac{x}{n+1} < \ln\left(1 + \frac{x}{n}\right) < \frac{x}{n}$ 을 잘 비교 관찰해보면...

'뭐야 이거 둘의 모양이 거의 판박이인데, 그냥 똑같은 방법으로 증명하면 되는거 아니야?'

라는 생각을 충분히 할 수 있을 것이다. 따라서 위의 부등식의 가운데 식에도 똑같이 평균값의 정리를 먹여주면~

'$\ln\left(1 + \frac{k}{m-k}\right) = \ln\left(1 + \frac{k}{m-k}\right) - \ln 1 = \left(\frac{k}{m-k}\right) \times \frac{1}{c}$ 를 만족하는 c 가 열린구간 $\left(1, 1 + \frac{k}{m-k}\right)$ 에 존재한다.'

라는 문장을 도출할 수 있겠다! **[2-1]**에서와 같은 방법으로 쭉쭉 정리하고 증명하자. 증명해야 하는 부등식은

$$\frac{m}{2m-2k} < c < \frac{m}{m-k} \quad \Rightarrow \quad \frac{m}{2m-2k} < c < 1 + \frac{k}{m-k}$$

이므로, 오른쪽 부등식은 위에서 정한 c 의 범위에 의해 이미 성립 완료!

따라서 부등식 $\frac{m}{2m-2k} < 1$ 만 보이면 되겠다.

이 부등식을 정리하면 $m > 2k$ 인데... 이건 문제의 주어진 조건 $m > ke^{2k}$ 를 바라보면 당연히 성립함을 알 수 있다!

[대학 제공 해설에 대하여]

아마 몇몇 학생은 문제의 주어진 부등식을 정리한 결과인 ⓛ을 보자마자,

'이거 **[2-1]**의 부등식에 $x = k$로 두고, $n = m - k$로 될 것 같은데..?'

라는 생각을 했을 것이다. (이 또한 앞 소문항과의 정보(= 형태) 맞추기!)
그렇게 한 문제를 쉽게 풀 수 있다는 희망감에 가득 찬 상태로 **[2-1]**을 바라보면..!

아뿔싸... **[2-1]**에서 부등식 $\dfrac{x}{n+1} < \ln\left(1 + \dfrac{x}{n}\right) < \dfrac{x}{n}$ 은

실수 x 가 $0 < x \le 1$ 일 때만 사용할 수 있다고 했는데, $k \ge 1$ 이다...20)

아마 이 시점에서

① 앞에서 봤던 평균값의 정리를 활용하는 풀이로 우회
or
② 결국 포기하고 대학 제공 해설을 보는 것을 선택

했을 것이다. 문제는 여기서 발생한다. ②를 선택한 학생이 **[대학 제공 해설]**을 보고

'뭐야! 대학 제공 해설도 나랑 같은 생각으로 문제를 풀었잖아?
근데 지금 보니... 얘는 **[2-1]**의 $0 < x \le 1$ 조건을 무시한 것 같은데?'

라는 생각과 함께 엄청난 혼동이 올 것이다. 이에 대해 말해보자면,

여러분의 생각대로 대학 제공 해설이 틀린 것이 맞다.

대학 제공 해설과 같이 풀려면... 부등식 $\dfrac{x}{n+1} < \ln\left(1 + \dfrac{x}{n}\right) < \dfrac{x}{n}$ 이 $x \ge 1$ 에서 성립함을 보여 **[2-1]**의 x 에 대한 제약조건을 없앤 후, 따라서 $x = k \ge 1$ 로 설정할 수 있음을 보여야 하는데,

애초에 논란의 부등식 $\ln\left(1 + \dfrac{k}{m-k}\right)^m = m \times \ln\left(1 + \dfrac{k}{m-k}\right) > m\dfrac{k}{m-k+1} = \dfrac{m}{m-k+1}k > k$ 의 근원지인

$\dfrac{x}{n+1} < \ln\left(1 + \dfrac{x}{n}\right) < \dfrac{x}{n}$ 의 왼쪽 부등식은 $x \ge 1$ 에서 성립하지 않는다. (궁금하면 직접 증명 시도)

결국 본 교재에서도 말했던 '대학 제공 해설을 비판적으로 대할 것'을 몸소 겪어보는 경험을 한 셈이다.

하지만 이런 잘못된 해설에서도 배워갈 점은 분명히 존재한다. 이에 대한 내용을 **[Comment 3]**에 잘 적어뒀으니, 위의 내용을 잘 이해한 후 **[Comment 3]**의 내용을 온전히 습득해가길 바란다.

---

20) 즉, x 의 범위 조건에 맞지 않아 위에서 생각한 풀이 방향을 사용할 수 없다.

[2-3]

대학에서 제공한 해설처럼 바로 $y = \dfrac{x^2}{e^x}$ 을 도입하여 $\displaystyle\lim_{x \to \infty} \dfrac{x}{e^x}$ 의 값을 구하는 것이 매우 일반적이고 수리논술에서는

기본 취급 받는 풀이지만... 본 해설에서는 저자가 생각하는 '$y = \dfrac{x^2}{e^x}$ 라는 발상 없이, 본 교재에서 배운 내용을 그대로

이용하여 증명하는 풀이'를 보여주려고 한다.[21]

우선 주어진 극한 $\displaystyle\lim_{x \to \infty} \dfrac{x}{e^x}$ 을 직접계산으로 구할 수 있는가?

문제가 '$\displaystyle\lim_{x \to \infty} \dfrac{x}{e^x} = 0$ 임을 보이시오.'이기에 $\displaystyle\lim_{x \to \infty} \dfrac{x}{e^x} = 0$ 을 사용할 수 없어 직접계산은 Pass 해야한다.[22]

즉, 남은건 부등식을 이용한 간접계산 뿐이다.

[Sol 1] – 최대최소 정리를 이용

$y = xe^{-x}$ 의 극댓값과 점근선을 떠올리면...

$$0 < \frac{x}{e^x} \le \frac{1}{e}$$

라는 부등식을 얻을 수 있지만, 이로부터 유의미한 결과를 얻을 수 없다.

[Sol 2] – 기하적 상황을 이용 (= 오버스러운 풀이)

$\dfrac{x}{e^x} = xe^{-x}$ 를 다음과 같이 해석할 수 있다.

'함수 $y = e^{-t}$ 위의 점 $(x,\, e^{-x})$과 세 점 $(0,\,0)$, $(0,\,e^{-x})$, $(x,\,0)$ 로 이루어진 직사각형의 넓이'[23]

위의 직사각형을 잘 생각하면서 위치 관계를 발견하려고 한다면... $(x,\,e^{-x})$에서의 접선 l 을 그어볼 수 있다. 즉

$$0 < \frac{x}{e^x} < (\text{원점과 접선 } l \text{ 의 } x \text{ 절편, } y \text{ 절편으로 이루어진 직각 삼각형의 넓이})$$

라는 부등식을 떠올릴 수 있다.

---

21) 아무리 그래도 $y = \dfrac{x^2}{e^x}$ 를 도입하는 풀이가 매우매우 정석적이고 기본적인 풀이니 꼭 암기할 것..! (기본 교양)

22) 알고계셨나요? $\displaystyle\lim_{x \to 0} \dfrac{\sin x}{x} = 1$ 과 같은 공식들과 달리, 그 어떤 교과서도 $\displaystyle\lim_{x \to \infty} \dfrac{x}{e^x} = 0$ 을 극한 공식으로 소개하고 있지 않다.
    교과서 내용이 아닌 하나의 결과값(= 수능용 스킬과 유사)이기에, 실제 몇몇 대학에서도 이를 '단'조건으로 제시하고 있다.

23) 몇몇 학생은 '와 이게 더 어려운데 ㅋㅋ' 싶을 것이다. 본 풀이는 교재에서 배운 내용으로도 이 문제를 풀 수 있다는 것을 보여주는 것
    뿐이니, 뒤에 나올 가장 이상적인 풀이인 [Sol 3]에 더 집중해볼 것! (그래서 오버스러운 풀이라 한 것 1)

(원점과 접선 l의 x절편, y절편으로 이루어진 직각 삼각형의 넓이)를 구하여 부등식을 작성하면 다음과 같다.

$$0 < \frac{x}{e^x} < \frac{1}{2} \times \frac{(x+1)^2}{e^x}$$

위의 부등식으로부터는 당장 유의미한 결과를 얻을 수 없다.

이때, $y = \dfrac{1}{2} \times \dfrac{(x+1)^2}{e^x}$의 극댓값을 구하면 다음과 같이 부등식을 연장시킬 수 있다. (최대최소 정리 사용24))

$$0 < \frac{x}{e^x} < \frac{1}{2} \times \frac{(x+1)^2}{e^x} < \frac{1}{2} \times \frac{4}{e} \quad (단, \ x > 0)$$

위의 부등식을 살짝 조작하면 다음과 같은 부등식을 등장시킬 수 있다.

$$0 < \frac{x+1}{e^x} < \frac{4}{e\,(x+1)} \ \Rightarrow \ 0 < \frac{x}{e^x} < \frac{4}{x} \quad (단, \ x > 0)$$

위의 부등식의 모든 변에 극한을 취하면 $\displaystyle\lim_{x \to \infty} \frac{x}{e^x} = 0$ 임을 알 수 있다.

다시 말하지만 위의 풀이는 '오버스러운 풀이'다. 교재의 방법을 적용시킬 수 있으니 그것을 보여준 것 뿐!
원래의 풀이(= $y = \dfrac{x^2}{e^x}$ 을 도입)를 제외할 때, 가장 현실적이고 시험장에서 떠올려야 하는 풀이는 [Sol 3]이니,
이제부터 나올 내용에 집중하자.

[Sol 3] – 극한을 알 수 없도록 하는 요소를 직접 제거 (≈ 주어진 식의 일부분을 단계적으로 바꿔나가기25))

잘 생각해보자. 우리가 왜 주어진 식 $\dfrac{x}{e^x}$의 극한을 구할 수 없는걸까?

분자는 x와 같은 다항함수인 반면, 분모는 e^x가 포함된 식이기 때문이다. (= 비교 대상이 같지 않기 때문)

본 교재를 잘 학습한 학생이라면 위와 같은 QnA로부터 다음과 같은 생각을 시간이 걸리더라도 충분히 할 수 있다..!

'$0 < f(x) \le e^x$를 만족시키는 다항식 $f(x)$를 적절히 찾아 부등식 $0 < \dfrac{x}{e^x} < \dfrac{x}{f(x)}$ 26)를 완성시킨 후,

분모 분자의 다항식 비교를 통해 $\displaystyle\lim_{x \to \infty} \frac{x}{f(x)}$ 가 0으로 가기만 하면 문제 끝?!'

---

24) 여기서 갑자기 최대최소 정리를 떠올리는 것이 발상적이라고 느낄 수 있기에, 현실적인 풀이가 아닌 오버스러운 풀이라 한 것 2

25) 사실상 두 방법의 원리는 같기에 서로 구분하지 않아도 좋다. 주로 출제되는 영역이 다를 뿐. (샌드위치 정리 vs 단순 증명)

26) $\dfrac{x}{e^x}$ 의 일부분인 e^x 를 $f(x)$로 교체함으로써 극한을 알 수 없도록 하는 요소인 e^x가 제거됐다!

그렇다면 그래프 관점에서 $x > 0$ 일 때 e^x 보다 아래 있는 다항함수만 찾으면 문제가 쉽게 풀리겠다.

여기서 '부등식 작성 Mind Set'을 잘 장착하고 있는 학생이라면, $f(x)$ 가 적어도 이차식 이상이어야 함을 알 수 있다.

그런데... 아마 대다수의 학생이 e^x 보다 아래 있는 이차식을 잘 알고 있지 않을 것이다.

따라서 일단 여러 가지 이차식을 설정하며 $0 < f(x) \le e^x$ 를 만족하는지 검토하는 과정을 거치기만 하면 끝!

그렇다면 가장 만만한 $y = x^2$ 부터 시도해보자.

부등식 $x^2 < e^x$ 가 성립하는지 확인하려면... $y = e^x - x^2$ 의 그래프를 확인하면 되겠다!

$y = e^x - x^2$ 를 미분하면 $y' = e^x - 2x$ 이다. 여기서 $e^x \ge ex$ [27]$, e > 2$ 라는 Well - Known 사실을 이용하면...

$$y' = e^x - 2x > 0 \,,\ y = e^x - x^2 \big|_{x=0} = 1 > 0$$

임을 알 수 있다! 따라서 부등식 $x^2 < e^x$ 가 잘 성립함을 알 수 있다. 이와 같은 사실을 바탕으로 다음 부등식

$$0 < \frac{x}{e^x} < \frac{x}{x^2} = \frac{1}{x}$$

가 성립함을 알 수 있고, 위의 부등식의 모든 변에 극한을 취하면 $\lim\limits_{x \to \infty} \dfrac{x}{e^x} = 0$ 임을 알 수 있다. (문제 끝!)

[3]

우선 $\dfrac{C_n}{B_n} = (n+1)A_n(s_n)$ 임은 어렵지 않게 구할 수 있을 것이다.

참고로... $\dfrac{C_n}{B_n} = (n+1)(s_n)^n(1-s_n)$ 과 같이 쓰지 않고, 앞 소문항인 [1]을 이용하여(= $A_n(t)$ 라는 표현을 살리며) 식을 표현하는 것은 수리논술적 기본 센스!

여기서 $\dfrac{C_n}{B_n} = (n+1)A_n(s_n)$ 은 당연하게도 샌드위치 정리를 이용하여 간접적으로 계산해야 할 것이다.

즉, $\dfrac{C_n}{B_n} = (n+1)A_n(s_n)$ 에 대한 부등식을 작성해야 하는데...

제시문을 잘 읽은 학생이라면 아직 제시문 (다)의 증가함수에 대한 성질을 사용하지 않았음을 알 수 있을 것이다.

따라서 증가함수의 성질을 이용하여 부등식을 세우는 것이 우리의 목표!

하지만 말이야 쉽지, $\dfrac{C_n}{B_n} = (n+1)A_n(s_n)$ 에서 갑자기 증가함수 찾는 것은 어렵... 응?

생각해보니 [1]을 풀 때 $A_n(t)$ 의 증감을 구했었다!

이걸 그대로 이용하면 제시문을 완벽하게 사용할 수 있지 않을까? 일단 시도해보자!

---

27) 원점에서 $y = e^x$ 에 그은 접선은 $y = ex$ 이다. (기본 교양)

$A_n(t)$ 가 $0 < t < 1 - \dfrac{1}{n+1}$ 에서 증가한다고 했다. 따라서 제시문에서와 비슷하게

$$a < b \leq 1 - \frac{1}{n+1}$$

을 만족하는 a 와 b 를 찾아서 $A_n(a) < A_n(b)$ 를 사용하면 되겠다.

이때 당연하게도 a 와 b 중 하나는 s_n 일 것이고... 남은 하나를 찾아야 하는데...

일단 잘 모르겠으니, 문제에서 하란대로 앞 소문항을 확인하자.

ㅋㅋㅋ 확인했더니 남은 하나가 누구인지 너무나도 잘 보인다. 바로

① s_n 과의 비교를 위한 부등식 정보가 존재하며

② $1 - \dfrac{1}{n+1}$ 과 비슷한 꼴을 가지고 있어 비교하기 쉬운

[2-2]의 $\left(1 - \dfrac{k}{n}\right)$ 이다! 그럼 이제부터 s_n 과 $\left(1 - \dfrac{k}{n}\right)$ 을 비교하면 되겠다. 비교는 매우 쉬워보인다.

x^n 과 $1-x$ 의 교점이 곧 s_n 이니, 함수 $h(x) = x^n - (1-x)$ 를 설정하여 $h\left(1 - \dfrac{k}{n}\right)$ 의 값이 음수인지 양수인지 확인하기만 하면 끝! (사잇값 정리 사용)

$$h\left(1 - \frac{k}{n}\right) = \left(1 - \frac{k}{n}\right)^n - \frac{k}{n} > \frac{1}{e^{2k}} - \frac{k}{n} \qquad \left(\because \textbf{[2-2]} ; \text{식의 일부분인} \left(1 - \frac{k}{n}\right)^n \text{을} \frac{1}{e^{2k}} \text{로 바꾸기!}\right)$$

$$> \frac{1}{e^{2k}} - \frac{1}{e^{2k}} = 0 \quad \left(\because n > ke^{2k} ; \text{식의 일부분인} \frac{k}{n} \text{을} \frac{1}{e^{2k}} \text{로 바꾸기!}\right)$$

따라서 $s_n < 1 - \dfrac{k}{n}$ 임을 알 수 있다. 이를 통하여 $\dfrac{C_n}{B_n} = (n+1)A_n(s_n)$ 에 대한 부등식을 세우면,

모든 자연수 k 와 $n > ke^{2k}$ 을 만족하는 자연수 n 에 대하여

$$\frac{C_n}{B_n} = (n+1)A_n(s_n) \leq (n+1)\left(1 - \frac{k}{n}\right)^n\left(\frac{k}{n}\right)$$

$$= \frac{n+1}{n} \times k \times \left(1 - \frac{k}{n}\right)^n$$

$$< \frac{n+1}{n} \times \frac{k}{e^k} \qquad \left(\because \textbf{[2-2]} ; \text{식의 일부분인} \left(1 - \frac{k}{n}\right)^n \text{을} \frac{1}{e^{2k}} \text{로 바꾸기!}\right)$$

$$< \left(1 + \frac{1}{ke^{2k}}\right) \times \frac{k}{e^k} \qquad (\text{관계식을 이용하여 문자 통일}^{28)})$$

$$< 2 \times \frac{k}{e^k}$$

이다. 위의 부등식이 모든 자연수 k , 즉 매우매우 큰 자연수 $k\,(\approx k \to \infty)$ 에 대해서 성립하므로,

위의 부등식에 극한을 취하면 $\displaystyle\lim_{n \to \infty} \frac{C_n}{B_n} = \lim_{n \to \infty}(n+1)A_n(s_n) = 0$ 이다! (문제 끝!)

---

28) 본 교재에서 배운 '이변수 극한'과 꽤 비슷하죠? 관계식을 이용하여 두 문자에 대한 식을 하나의 문자로 정리!

❸ Comment

[Comment 1]

평균값의 정리는 실전에서 두 가지 관점으로 해석할 수 있다고 했다.

> ① 좌변에 집중하여 함숫값의 차를 이용하기 위해 평균값의 정리를 사용
> ② 우변에 집중하여 미분계수 꼴을 등장시키기 위해 평균값의 정리를 사용

이번 문제는 특히 ①에서 나오는 두 가지 유형인

> ① 함숫값의 형태는 등장하지만 그것을 차의 형태로 드러내지 않는 경우
> ② 차 형태는 등장하지만 그것이 어떤 함숫값의 차 형태인지 드러내지 않는 경우

을 융합시킨 평균값의 정리를 눈치채기 쉽지 않은 문제였다. 따라서 앞으로도 어떤 식을 관찰할 때,

> 생략된 0을 살리는 식 조작을 통해 평균값의 정리가 사용될 수 있음

을 인지하면 좋겠다. (식이 미분된 형태가 등장하여 관찰이 쉬워지는건 덤!)

[Comment 2]

너무나도 중요해서 **[Show and Prove 2편]**에 와서도 계속 강조 중이지만,

> 고난도 문제의 핵심 식 조작은 <u>앞 소문항의 식 구조를 뒤 소문항에서 살리는 조작</u>

이다. 고난도 문제에서 구체적으로 어떤 식조작 패턴이 자주 등장하는지는 논제 6번의 **[Comment 2]**에 상세히 적어놨으니, 당장은 '항상 의식적으로 본인이 아직 쓰지 않은 소문항끼리의 연관성이 있는지 계속해서 체크하는 습관'을 갖는 것이 미적분 고난도 문제에서 **특히** 중요함을 잘 기억해두자.

[Comment 3]

대학 제공 해설이 놓친 부분을 다시 한번 생각해보자. 바로...

> 앞의 소문항에 대한 결과값을 사용하고 싶을 때,
> 앞 소문항의 문제 환경(= 문제 조건) 또한 잘 성립시켜야 정보를 가져올 수 있다는 사실

이다. 이는 바로 위에서 말한 '앞 소문항의 식 구조를 뒤 소문항에서 살리는 조작'에서도 자주 등장하므로, 대학 제공 해설을 반면교사 삼아 우리도 이런 '조건을 무시한 막무가내 적용'을 경계하도록 하자.

[Comment 4]

식의 일부분을 단계적으로 바꿔나가며 부등식을 증명할 때, 바꿔야 하는 식의 일부분은 항상 제시문과 앞 소문항에서 등장할 확률이 매우 높음을 다시 한번 인지하자!
(돌이켜보면... 이 문제 또한 '제시문의 증가함수 성질 & 앞 소문항의 부등식'을 이용하여 식의 일부분을 찾았었다.)

[1]

$A_n(t) = (1-t)t^n$ 이고 $A_n{'}(t) = nt^{n-1} - (n+1)t^n = t^{n-1}(n-(n+1)t)$ 이므로

$t = \dfrac{n}{n+1}$ 에서 극대이면서 $0 \le t \le 1$ 에서 최대이다. 따라서 $t_n = \dfrac{n}{n+1}$ 이고

$$\begin{cases} A_n(t) \text{는 증가함수, } 0 < t < t_n = \dfrac{n}{n+1} \\[3mm] A_n(t) \text{는 감소함수, } t_n = \dfrac{n}{n+1} \le t < 1 \end{cases} \quad \cdots \ \textcircled{1}$$

이다. B_n을 제시문 (가)를 이용하여 넓이를 구하면

$$B_n = \int_0^1 x^n dx = \left[\frac{1}{n+1} x^{n+1} \right]_0^1 = \frac{1}{n+1}$$

이다. 그러므로

$$\frac{A_n(t_n)}{B_n} = \left(1 - \frac{n}{n+1} \right)\left(\frac{n}{n+1} \right)^n \div \frac{1}{n+1} = \left(\frac{n}{n+1} \right)^n$$

이고

$$\lim_{n \to \infty} \frac{A_n(t_n)}{B_n} = \lim_{n \to \infty} \left(\frac{n}{n+1} \right)^n = \lim_{n \to \infty} \frac{1}{\left(1 + \dfrac{1}{n} \right)^n} = \frac{1}{e}$$

이다.

[2-1]

$f(x) = \ln\left(1 + \dfrac{x}{n} \right) - \dfrac{x}{n+1}$ 라 두면

$$f{'}(x) = \frac{1}{n+x} - \frac{1}{n+1}$$

이므로, $0 < x \le 1$ 에서 $f{'}(x) \ge 0$ 임을 알 수 있다.

즉, $f(x) \ge f(0) = 0$ 이므로 부등식 $\ln\left(1 + \dfrac{x}{n} \right) - \dfrac{x}{n+1} > 0$ 이 성립한다.

한편, $g(x) = \ln\left(1 + \dfrac{x}{n}\right) - \dfrac{x}{n}$ 라 두면

$$g'(x) = \frac{1}{n+x} - \frac{1}{n}$$

이므로, $0 < x \leq 1$ 에서 $g'(x) < 0$ 임을 알 수 있다.

즉, $g(x) < f(0) = 0$ 이므로 부등식 $\ln\left(1 + \dfrac{x}{n}\right) - \dfrac{x}{n+1} > 0$ 이 성립한다.

따라서 위의 두 부등식으로부터 $0 < x \leq 1$ 을 만족하는 실수 x 와 임의의 자연수 n 에 대하여 문제에서 준 부등식

$$\frac{x}{n+1} < \ln\left(1 + \frac{x}{n}\right) < \frac{x}{n}$$

이 성립함을 알 수 있다.

[2-2]
주어진 식에 $\ln$ 을 취하여 정리하면 다음과 같다.

$$\frac{k}{m} < \ln\left(1 + \frac{k}{m-k}\right) < \frac{2k}{m}$$

이때, 평균값의 정리에 의해 $\ln\left(1 + \dfrac{k}{m-k}\right) = \ln\left(1 + \dfrac{k}{m-k}\right) - \ln 1 = \left(\dfrac{k}{m-k}\right) \times \dfrac{1}{c}$ 를 만족하는 c 가

열린구간 $\left(1, \, 1 + \dfrac{k}{m-k}\right)$ 에 적어도 하나 존재한다. 따라서 증명해야 하는 부등식은

$$\frac{m}{2m-2k} < c < \frac{m}{m-k} \quad \Rightarrow \quad \frac{m}{2m-2k} < c < 1 + \frac{k}{m-k}$$

이다.

오른쪽 부등식은 c 의 범위에 의해 성립한다. 왼쪽 부등식은 정리하면 $m > 2k$ 인데 문제의 주어진 조건 $m > ke^{2k}$ 로부터 성립함을 알 수 있다. 따라서 문제에서 준 부등식이 성립함을 알 수 있다.

[3]

$p(x) = \dfrac{x^2}{e^x}$ (단, $x > 0$)이라 하자.

$p'(x) = \dfrac{2x - x^2}{e^x}$ 이므로 $x = 2$ 에서 함수 $p(x)$ 는 극댓값을 갖는다. 그러므로

$$0 < p(x) = \frac{x^2}{e^x} \leq p(2) = \frac{4}{e^2}$$

이다. 양변을 x 로 나누면

$$0 < \frac{x}{e^x} \leq \frac{4}{e^2 x}$$

이고 $\displaystyle\lim_{x \to \infty} \frac{4}{e^2 x} = 0$ 이므로 제시문 (나)에 의하여 $\displaystyle\lim_{x \to \infty} \frac{x}{e^x} = 0$ 이다.

[4]

함수 $h(x) = x^n - (1 - x)$ 에 대하여

$$h\left(1 - \frac{k}{n}\right) = \left(1 - \frac{k}{n}\right)^n - \frac{k}{n} > \frac{1}{e^{2k}} - \frac{k}{n}$$
$$> \frac{1}{e^{2k}} - \frac{1}{e^{2k}} = 0$$

이고, $h(s_n) = 0$ 이다. 따라서 사잇값 정리에 의해 $s_n < 1 - \dfrac{k}{n}$ 임을 알 수 있다.

그러므로 모든 자연수 k 와 $n > k e^{2k}$ 을 만족하는 자연수 n 에 대하여

$$\frac{C_n}{B_n} = (n+1) A_n(s_n) \leq (n+1)\left(1 - \frac{k}{n}\right)^n \left(\frac{k}{n}\right)$$
$$= \frac{n+1}{n} \times k \times \left(1 - \frac{k}{n}\right)^n < \frac{n+1}{n} \times \frac{k}{e^k} < \left(1 + \frac{1}{ke^{2k}}\right) \times \frac{k}{e^k} < 2 \times \frac{k}{e^k}$$

이다. 위의 부등식이 모든 자연수 k 에 대해서 성립하므로, 위의 부등식에 극한을 취하면

$$\lim_{n \to \infty} \frac{C_n}{B_n} = \lim_{n \to \infty} (n+1) A_n(s_n) = 0$$

이다.

함수의 연속성   # 합성함수의 구조 # 수열의 나열과 Case 분류
합성함수 구조에서의 속함수의 연속성에 대한 관찰

❶ 대학 제공 해설

[1]

등식 $\sin f(x) = \cos x$에 $x = 2\pi$와 $x = 3\pi$를 대입하면 $f(2\pi) = \dfrac{\pi}{2}$, $f(3\pi) = \dfrac{3\pi}{2}$임을 알 수 있다. 사잇값의 정리에 의해 $f(c) = \pi$인 $c\,(2\pi < c < 3\pi)$가 존재하고 이때 $\cos c = \sin f(c) = 0$이어야 하므로, c의 값은 $\dfrac{5\pi}{2}$이어야 한다. 따라서 $f\left(\dfrac{5\pi}{2}\right) = \pi$이다.

[2]

함수 $h(x) = |x| - |x-3| + |x-4| - 3$의 그래프는 다음과 같다.

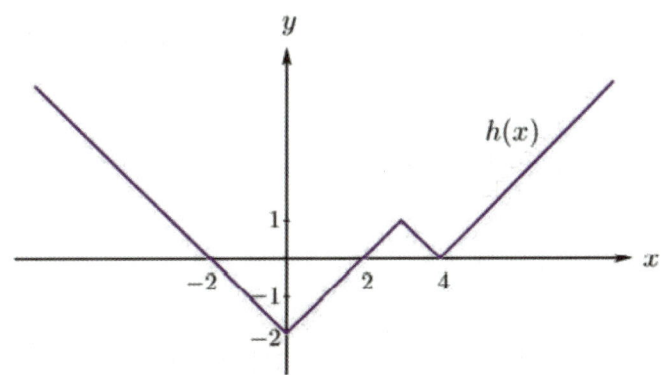

$\sin f(x) = h(x)$인 연속함수 $f(x)$가 존재하려면 $h(x)$의 치역이 사인함수의 치역인 $[-1, 1]$에 포함되어야 하므로, $h(x)$의 정의역 $[a, b]$는 구간 $[-3, -1]$에 포함되거나 또는 $[1, 5]$에 포함되어야 한다.

사인함수 $g(x) = \sin x$는 구간 $\left[\dfrac{\pi}{2}, \dfrac{3\pi}{2}\right]$에서 일대일인 연속함수이고 $g(x)$의 치역 $[-1, 1]$은 $[-3, -1]$ 또는 $[1, 5]$에서 정의된 연속함수 $h(x)$의 치역을 포함하므로, 제시문 (가)에 의하여 $g(f(x)) = h(x)$이고 구간 $[-3, -1]$과 $[1, 5]$에서 연속인 함수 $f(x)$가 각각 존재한다.

$b - a$가 최대이려면 $a = 1$, $b = 5$이고, 이때 $b - a = 4$이다.

[3]

조건을 만족하는 연속함수 $f(x)$가 존재하려면,

(i) $a_n \leq x \leq a_{n+1}$일 때 부등식 $-1 \leq \cos nx + 1 \leq 1$이 성립해야 하고

(ii) $n = 1$, 2일 때 $\cos n a_{n+1} + 1 = \cos(n+1)a_{n+1} + 1$이어야 한다.

이 조건들을 다시 정리해 보면

(i) $a_n \leq x \leq a_{n+1}$ $(n = 1, \ 2, \ 3)$일 때 $\cos nx \leq 0$이고 $\cos n a_{n+1} = \cos(n+1)a_{n+1}$ $(n = 1, \ 2)$
이 성립하려면 $(n+1)a_{n+1} = \pm n a_{n+1} + 2k\pi$이어야 한다.

따라서 (ii) $a_{n+1} = 2k\pi$ 또는 $a_{n+1} = \dfrac{2k\pi}{2n+1}$이다. (단, k는 정수)

(i)에 의하여 $\dfrac{\pi}{2} \leq x \leq a_2$일 때, 부등식 $\cos x \leq 0$가 성립해야 하므로, $a_2 \leq \dfrac{3\pi}{2}$이다.

따라서 (ii)에 의하여 $a_2 = \dfrac{2\pi}{3}$ 또는 $\dfrac{4\pi}{3}$이다.

$a_2 = \dfrac{2\pi}{3}$인 경우 $\dfrac{2\pi}{3} \leq x \leq a_3$일 때 부등식 $\cos 2x \leq 0$이 성립해야 하므로 $a_3 \leq \dfrac{3\pi}{4}$이다.

(ii)에 의하여 $a_3 = \dfrac{2k\pi}{5}$ (k는 정수)이어야 하는데, 이런 꼴의 값 중에 $\dfrac{2\pi}{3}$와 $\dfrac{3\pi}{4}$ 사이의 값은 존재하지 않는다.
따라서 $a_2 = \dfrac{2\pi}{3}$일 수 없다.

$a_2 = \dfrac{4\pi}{3}$인 경우 $\dfrac{4\pi}{3} \leq x \leq a_3$일 때 부등식 $\cos 2x \leq 0$이 성립해야 하므로 $a_3 \leq \dfrac{7\pi}{4}$이다.
$a_3 = \dfrac{2k\pi}{5}$ (k는 정수)꼴의 값 중에서 $\dfrac{4\pi}{3}$와 $\dfrac{7\pi}{4}$ 사이의 값은 $a_3 = \dfrac{8\pi}{5}$가 유일하다.
$\dfrac{8\pi}{5} \leq x \leq a_4$일 때 부등식 $\cos 3x \leq 0$이 성립하는 가장 큰 a_4의 값은 $\dfrac{11\pi}{6}$이다.

따라서 $a_2 = \dfrac{4\pi}{3}$, $a_3 = \dfrac{8\pi}{5}$이고, a_4의 최댓값은 $\dfrac{11\pi}{6}$이다.

[1]

제시문에 사잇값 정리에 대한 내용이 실려있다. 따라서 $\sin f(x) = \cos x$ 에 적절한 x 값을 대입 후, 사잇값 정리를 이용하면 $f\left(\dfrac{5\pi}{2}\right)$ 의 값을 구할 수 있음을 대략 짐작할 수 있다.

사잇값 정리와 $x = \dfrac{5\pi}{2}$ 를 본 이상, $\sin f(x) = \cos x$ 에 $x = 2\pi$, 3π 를 넣지 않을 수 없다.

($x = \dfrac{5\pi}{2}$ 보다 큰 x 값 하나, 작은 x 값 하나 잡아야하는데... 젤 만만한게 $x = 2\pi$, 3π 니까!)

$$\sin f(2\pi) = \cos 2\pi = 1, \ \sin f(3\pi) = \cos 3\pi = -1$$

함수 $f(x)$ 의 치역이 $[0, 2\pi]$ 임을 고려하면 $f(2\pi) = \dfrac{\pi}{2}$, $f(3\pi) = \dfrac{3\pi}{2}$ 임을 알 수 있다.

[2]

~~고등학교 1학년을 잘 다닌 학생이라면~~, 다음과 같은 그래프를 그리지 못 할 수가 없다.
($h(x) = |x| - |x-3| + |x-4| - 3$ 으로 두자.)

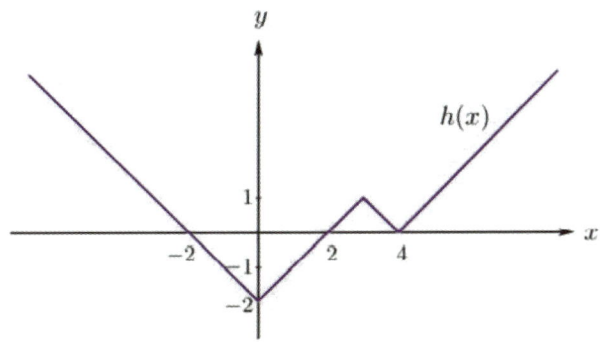

한편 제시문을 봤을 때, $\sin f(x) = h(x)$ 를 만족시키려면...

$\sin x$ 의 치역이 $[-1, 1]$ 이므로, 당연히 $h(x)$ 의 치역이 $[-1, 1]$ 에 포함되어야 한다.
따라서 이를 만족하는 $[a, b]$ 는 닫힌 구간 $[-3, -1]$ 에 포함되거나 닫힌 구간 $[1, 5]$ 에 포함되어야 한다.

이로부터 $b - a$ 의 최댓값은 4 임을 알 수 있다.

[3]

주어진 조건을 만족하는 연속함수 $f(x)$ 가 존재하려면 당연하게도...

① $\sin x$ 의 치역이 $[-1, 1]$ 이므로, 닫힌 구간 $[a_n, a_{n+1}]$ 에서 $\cos(nx) \leq 0$ (단, $n = 1, 2, 3$)
② $\cos a_2 = \cos 2a_2$ 이고 $\cos 2a_3 = \cos 3a_3$ $\Leftrightarrow \cos na_{n+1} = \cos(n+1)a_{n+1}$ (단, $n = 1, 2$)

$$\Leftrightarrow na_{n+1} = \pm(n+1)a_{n+1} + 2k\pi^{29)} \text{ (단, } n = 1, 2)$$

$$\Leftrightarrow a_{n+1} = 2k\pi \ \text{ or } \ \dfrac{2k\pi}{2n+1} \text{ (단, } n = 1, 2)$$

두 가지를 모두 만족해야한다. 위와 같은 규칙성을 바탕으로 a_3까지 나열하면 $a_1 = \dfrac{\pi}{2}$, $a_2 = \dfrac{4\pi}{3}$, $a_3 = \dfrac{8\pi}{5}$ 인 경우가 유일함을 알 수 있다! 이제 여기서 규칙을 한번 더 적용하면 다음 명제

$$\dfrac{8\pi}{5} \le x \le a_4 일 때 부등식 \cos 3x \le 0 이 성립한다.$$

가 참이어야 하므로, a_4의 최댓값은 $\dfrac{11\pi}{6}$ 임을 ~~Super Easy~~하게 찾을 수 있다!

❸ Comment

[Comment 1]
사실 이 문제는 제시문의 해석이 어려운 것이지, 제시문을 잘 이해하고 이를 문제에 적용할 수 있는 학생이라면 풀이 자체는 그리 어렵지 않다. 즉, 이 문제에 대한 학습은 제시문에서

합성함수 구조에서 속함수의 연속성을 어떻게 다루는지

를 파악하고 이해하는 것으로 충분하겠다.

[Comment 2]
제시문을 잘 이해했으면 알 수 있다시피, 합성함수의 연속성은 결국

결국 속함수의 치역이 겉함수의 정의역이 되는 '대응 관계'가 핵심

이다. 따라서 앞으로 $g(f(x)) = h(x)$와 같은 식을 만났을 때,

① x 에 어떤 값을 넣었을 때, $f(x)$ 의 값이 무엇으로 나오는지 관찰
② 그 $f(x)$ 의 값이 곧 $g(x)$ 의 정의역이 되어, 함숫값 $g(f(x))$ 이 도출됨을 인지
③ 그리고 그 값이 곧 $h(x)$ 의 함숫값과 같음을 확인

하는 과정을 거치며 문제를 풀어나가면 되겠다.

❹ 최종답안

본 문제는 대학에서 해설을 공식적인 예시답안으로 제공하였기에,
앞의 내학 세공 해실과 같이 납안을 작싱하면 되겠습니다 .D

---

29) $y = \cos x$ 의 주기성과 대칭성을 잘 떠올리면 쉽게 알 수 있다.

롤의 정리를 이용한 함수의 정보 차원 내리기

\# 롤의 정리   \# 앞 소문항의 함수 가져오기   \# 소문항끼리의 연관성

❶ 대학 제공 해설

[1-1]

이차식 $q_1(x)$ 에 대하여, 등식 $q_1(x) = 0$ 은 두 개의 서로 다른 근 b 와 c 를 가지므로, $q_1(x) = C(x-b)(x-c)$ 임을 알 수 있다. 또한 $q_1(a) = f(a)$ 임을 이용하면, $C = \dfrac{f(a)}{(a-b)(a-c)}$ 임을 알 수 있다.

따라서 ① $= -1$, ② $= 1$, ③ $= -1$ 이다.

[1-2]

이차식 $q_2(x)$ 에 대하여, 등식 $q_2(x) = 0$ 은 두 개의 서로 다른 근 a 와 c 를 가지므로, $q_2(x) = C'(x-c)(x-a)$ 임을 알 수 있다. 또한 $q_2(b) = f(b)$ 임을 이용하면, $C' = \dfrac{f(b)}{(b-c)(b-a)} = \dfrac{f(b)}{(a-b)(-b+c)}$ 임을 알 수 있다.

따라서 ④ $= -1$, ⑤ $= -1$, ⑥ $= 1$ 이다.

[2]

롤의 정리에 의하여, $h'(c_1) = 0$ 인 c_1 이 열린 구간 (a,b) 사이에 적어도 하나 존재하고, 역시 롤의 정리에 의하여 $h'(c_2) = 0$ 인 c_2 이 열린 구간 (b,c) 사이에 적어도 하나 존재한다. 이때, $a < c_1 < b < c_2 < c$ 임을 알 수 있다.

다시 롤의 정리에 의하여 $h''(d) = 0$ 인 d 가 열린 구간 $(c_1, c_2) \subset (a,c)$ 사이에 적어도 하나 존재한다.

[3]

문제 **[1-1]**, **[1-2]**의 답에서와 마찬가지 방법을 통하여, 이차 이하 다항함수 $y = q_3(x)$ 의 그래프가 세 점 $(a,0), (b,0), (c, f(c))$ 을 지난다고 하면,

$$q_3(x) = \frac{f(c)}{(c-a)(c-b)}(x-a)(x-b)$$

이다.

$p(x) = q_1(x) + q_2(x) + q_3(x)$ 로 두면, $p(x)$ 는 이차 이하의 다항식이고, 함수 $y = p(x)$ 의 그래프는 $(a, f(a)), (b, f(b)), (c, f(c))$ 를 지난다.

$h(x) = f(x) - p(x)$ 로 두면, $h(a) = h(b) = h(c) = 0$ 임을 알 수 있다.

[2]의 결과로부터, $h''(d) = 0$ 인 d 가 열린 구간 (a,c) 사이에 적어도 하나 존재함을 알 수 있다.

이때, $p(x)$ 의 이차항의 계수 $A = \dfrac{\left(\dfrac{f(c)-f(b)}{c-b}\right) - \left(\dfrac{f(b)-f(a)}{b-a}\right)}{c-a}$ 이다.

한편, $h''(x) = f''(x) - p''(x) = f''(x) - 2A$ 인데, $h''(d) = 0$ 으로부터

$$\frac{\left(\dfrac{f(c)-f(b)}{c-b}\right) - \left(\dfrac{f(b)-f(a)}{b-a}\right)}{c-a} = \frac{f''(d)}{2}$$

이다.

[1-1] & [1-2]

쉽고 단순 계산이므로 생략! 하기엔 조금 아쉬우니…
두 점을 무조건 지나는 이차함수의 식을 좀 더 쉽게 작성하는 팁을 하나 던져주고 넘어가겠다.

> ✓ **TIP**
>
> | 차함수를 이용하여 두 점을 지나는 이차함수 식 세우기
>
> 어떤 이차함수 $f(x)$ 가 두 점 $A(x_0, y_0)$, $B(x_1, y_1)$ 을 지난다고 할 때, $f(x) = ax^2 + bx + c$ 로 두고 두 점 A, B 를 대입하여 문자 a, b, c 를 정리하지 말고 다음과 같은 방법을 사용하자.
>
> 두 점 A, B 를 지나는 직선 $g(x)$ 의 식을 구한 후, $f(x) = m(x - x_0)(x - x_1) + g(x)$ 로 두기!
>
> 이렇게 하면 $f(x)$ 의 식을 정리하는 시간이 더욱 줄어들 뿐 아니라,
> 그래프 없이 $f(x)$ 의 식만 보아도 이차함수 $f(x)$ 가 두 점 A, B 를 지나고 있음이 한눈에 들어온다.

[2]

제시문에서 롤의 정리 원문과 문제의 발문을 잘 일대일 대응시켜보면…
함수 $h(x)$ 가 아닌 $h'(x)$ 에서 롤의 정리를 사용해야 $h''(x)$ 의 정보가 도출됨을 알 수 있다.

한편 $h'(x)$ 에서 롤의 정리를 사용하려면 $h'(p_1) = h'(p_2)$ 인 p_1, p_2 를 찾아야한다. 즉, 이로부터

$$h(a) = h(b) = h(c) \text{ 정보} \rightarrow h'(p_1) = h'(p_2) \text{ 정보} \rightarrow h''(d) = 0 \text{ 정보}$$

와 같은 문제 구조를 파악할 수 있다.

여기서 다시 한번 다음과 같은 생각이 들어야한다.

'$f(x)$ 의 정보와 $f'(x)$ 의 정보를 상호전환 시키는 도구는 미분 아니면 평균값의 정리($\approx$ 롤의 정리)밖에 없잖아?
아~ $h(a) = h(b) = h(c)$ 정보에서 롤의 정리를 두 번 쓰면 대충 답으로 가까워지겠구나~'

$a < b < c$ 라 해도 일반성을 잃지 않으므로, 각각의 닫힌 구간 $[a, b]$ 와 $[b, c]$ 에서 $h(x)$ 에 롤의 정리를
이용해보자.

$$h'(p_1) - h'(p_2) - 0 \quad (\text{단}, \ a < p_1 < b < p_2 < c)$$

이를 이용하여 닫힌구간 $[p_1, p_2] \subset (a, c)$ 에서 $h'(x)$ 에 롤의 정리를 적용시켜주면 끝!

[3]

해설을 시작하기 전에 소문항끼리의 연관성을 이용한 예열 문제 두 가지를 던져주려고 한다.

    ① **[1-1]**과 **[1-2]**를 보고 스스로 **[1-3]**을 만들어 본 뒤, 문제의 답을 구할 것
    ② **[1-1]** ~ **[1-3]**을 이용하여 **[2]**에서 주어진 함수 $h(x)$로 가능한 것을 한 가지 구할 것 (**[1]**의 $q_n(x)$들 집중)

여기서 잠깐!

굳이 해설 초반에 이 문제를 던져주는 이유를 잠깐 말하고 가겠다.

우선 대학에서도 당연히 스스로 위와 같이 '소문항끼리의 연관성'을 살리며 ①을 떠올린 후, 이를 통해 다시 ②를 떠올려 결과적으로 **[3]**을 푸는 것을 의도했을 것이다.[30]

하지만 대다수의 학생들이 **[2]**를 보고 '$h(a) = h(b) = h(c)$을 만족하는 함수 $h(x)$를 찾은 후, 이를 이용하여 **[3]**을 풀어야겠네?'라는 생각을 하여 ②는 떠올려도, ①을 떠올리는 건 생각보다 쉽지 않기 때문에...[31]

본 해설에서 이런 어려움을 줄여주고 '앞으로는 이렇게도 눈치 챌 수 있어야 해~'와 같은 경험을 쌓아주기 위해 위의 두 문제를 던져준 것이다.

대다수의 학생들이 ①의 정답으로 세 점 $(a, 0)$, $(b, 0)$, $(c, f(c))$를 지나는 이차함수

$$q_3(x) = \frac{f(c)}{(c-a)(c-b)}(x-a)(x-b)$$

를 찾았을 것이다. 또한 이로부터 시간이 조금 걸리더라도 ②의 정답으로 다음과 같은 함수

$$h(x) = q_1(x) + q_2(x) + q_3(x) - f(x) \cdots \bigcirc$$

를 찾을 수 있을 것이다. ($x = a$, b, c를 대입하면, $h(a) = h(b) = h(c) = 0$을 만족한다.)

그럼... 이제 끝났다. **[2]**의 결과를 이용하면 $h''(d) = 0$이니, $\bigcirc$을 두 번 미분하고 $x = d$를 대입해주면

$$f''(d) = 2 \times (q_1, q_2, q_3 \text{의 } x^2 \text{의 계수 합})$$

이고, $(q_1, q_2, q_3 \text{의 } x^2 \text{의 계수 합})$이 $\dfrac{\left(\dfrac{f(c) - f(b)}{c - b}\right) - \left(\dfrac{f(b) - f(a)}{b - a}\right)}{c - a}$ 이므로 증명 끝!

---

30) 준 식만 보고 앞 소문항 없이 바로 문제를 해결하려고 한다? 수리논술 경험치가 없는 학생이 아니라면 절대 그렇게 풀리 없다.
31) 물론 '아니 **[1]**도 당연히 써야하는거 아니야?'라는 생각을 가진 학생이라면 ①을 어떻게든 꾸역꾸역 떠올리겠지만, 대다수의 학생이 **[1-1]**과 **[1-2]**에서 재빨리 눈치 채고 **[1-3]**을 만드는 건 <u>현실적으로</u> 어렵기 때문이다.

❸ Comment

[Comment 1]

진짜 몇 번째 말하는지 모르겠지만... 롤의 정리와 평균값의 정리는 모두 $f(x)$와 $f'(x)$의 정보를 상호전환할 수 있는 도구이다. 이미 본 교재와 앞의 해설에서도 많이 말했던 만큼, 이만 말을 줄이겠다.

[Comment 2]

미적분 문제에서 특히 다음과 같은 문제 구조가 자주 등장한다.

    ① **[1]** : <u>특정 조건</u>을 만족할 때, 함수 $f(x)$가 발문으로 제시한 어떤 성질을 가짐을 보이는 문제
    ② **[2]** : **[1]**에서 등장한 $f(x)$를 약간 변형한 식을 이용하는 문제[32]
    ③ **[3]** : <u>특정 조건</u>을 만족하는 새로운 함수 $g(x)$를 제시 후, $g(x)$에 대하여 묻는 문제

이때 우리는 ③의 새로운 함수 $g(x)$를 그대로 $g(x)$로 두고 문제를 풀 수도 있겠지만,

$$① \ \textbf{[1]}의 \ f(x)가 \ 갖는 \ 특정 \ 조건과 \ \textbf{[3]}의 \ g(x)가 \ 갖는 \ 특정 \ 조건이 \ 같도록$$
$$② \ f(x) = \int g(x)\,dx \ 와 \ 같이 \ f(x)를 \ g(x)와 \ 관련되도록 \ 적당히 \ 설정 \ 후,$$
$$③ \ \textbf{[1]}에서 \ 증명한 \ f(x)가 \ 갖는 \ 어떤 \ 성질을 \ 그대로 \ 이용하면$$
$$④ \ 결국 \ g(x)에 \ 대하여 \ 다시 \ 정리가 \ 가능하므로 \ \textbf{[3]}이 \ 해결$$

되는 문제를 푸는 방법도 존재함을 알고 있어야 한다. (소문항끼리의 연관성; 미적분 고난이도 Ver.)

예를 들어, **[1]**에서 $f'(x) > 0$일 때 $f(x) + \{f(x)\}^2 > 0$와 같은 성질을 만족하고 **[3]**에서 $g(x) > 0$이라 하자. 그렇다면 $f(x) = \int g(x)\,dx$로 뒀을 때 $f'(x) = g(x) > 0$이므로, $g(x)$로 표현된 $f(x)$는 **[1]**의 조건을 만족한다.

이제 식 $f(x) = \int g(x)\,dx$를 그대로 **[1]**의 결과인 $f(x) + \{f(x)\}^2 > 0$에 대입 후 $g(x)$에 대하여 정리하면, **[3]**에서는 주어지지 않았던 $g(x)$의 또 다른 조건이 등장한다.

그리고 이 조건을 잘 정리/사용하면 곧 **[3]**의 해답이 될 것은 분명하다. (소문항끼리의 연관성)

[Comment 3]

이 문제에서도 바로 위의 **[Comment 2]**에서 설명한 방법이 거의 비슷하게 적용됨을 확인할 수 있다.

    ① 특정 조건을 만족할 때, 어떤 성질($h''(d) = 0$)을 갖는 함수 $h(x)$를 제시
    ② 위의 특정 조건을 그대로 만족하는 새로운 함수 $q_1(x) + q_2(x) + q_3(x) - f(x)$를 떠올리기
    ③ $h(x) = q_1(x) + q_2(x) + q_3(x) - f(x)$로 나타낸 후, $h''(d) = 0$에 그대로 대입하여 정리하기

이와 같은 구조를 잘 기억해두자. 고난도 문제에서는 아무렇지도 않게 쓰일 수 있는 구조이다.

---

32) **[1]**의 결과를 바로 다음 소문항에서 잘 사용할 수 있는지 확인하는 간단한 문제

[1]-(1) ①$=-1$, ②$=1$, ③$=-1$

[1]-(2) ④$=-1$, ⑤$=1$, ⑥$=-1$

[2] 롤의 정리에 의해 $\dfrac{h(b)-h(a)}{b-a}=0=h'(d_1)$인 d_1이 (a,b)에

$$\dfrac{h(c)-h(b)}{c-b}=0=h'(d_2)$$인 d_2가 (b,c)에 각각 존재한다.

$$\therefore h'(d_1)=h'(d_2)=0$$

$h'(d_1)=h'(d_2)=0$ 이므로

롤의 정리에 의해 $\dfrac{h'(d_2)-h'(d_1)}{d_2-d_1}=0=h''(d)$인 d가 (d_1,d_2)에 존재한다.

따라서 $a<d_1<d<d_2<c$ 이므로 $h''(d)=0$을 만족하는 d가 (a,c)에 적어도 하나 존재한다.

[3] Put $g_3(x)=\dfrac{f(c)(x-a)(x-b)}{(c-a)(c-b)}$,

$$g(x)=g_1(x)+g_2(x)+g_3(x)-f(x)$$

$g(a)=g(b)=g(c)=0$ 이므로

[2]에 의해 $g''(d)=0$을 만족하는 d가 (a,c)에 적어도 하나 존재한다.

$$\therefore g''(d)=g_1''(d)+g_2''(d)+g_3''(d)-f''(d)=0$$

$$\Rightarrow f''(d)=2\left\{\dfrac{f(a)}{(a-b)(a-c)}+\dfrac{f(b)}{(b-a)(b-c)}+\dfrac{f(c)}{(c-a)(c-b)}\right\}$$

$$\Rightarrow \dfrac{f''(d)}{2}=\dfrac{\dfrac{f(a)}{b-a}+f(b)\left\{\dfrac{1}{b-c}-\dfrac{1}{b-a}\right\}+\dfrac{f(c)}{c-b}}{c-a}$$

$$\Rightarrow \dfrac{f''(d)}{2}=\dfrac{\dfrac{f(c)-f(b)}{c-b}-\dfrac{f(b)-f(a)}{b-a}}{c-a}$$

$\therefore$ 주어진 등식을 만족시키는 실수 d가 (a,c)에 적어도 하나 존재한다.

Show and Prove

2

수리논술을 위한 수학 2 & 미적분

최신 기출 갈무리 해설 모음

논제
1

함수 $f(x)$는 닫힌구간 $[n,\ n+2k]$에서 연속이고 열린구간 $(n,\ n+2k)$에서 미분가능하므로 평균값 정리에 의하여 $0 < c_k < 2k$인 어떤 c_k에 대하여 $\dfrac{f(n+2k)-f(n)}{n+2k-n} = f'(n+c_k)$이다.

한편 $f'(x) = \dfrac{x^{2025}+x^{2024}+1}{x^{2025}+x^{1885}+1}$이고 $\displaystyle\lim_{n\to\infty} f'(n+c_k) = \lim_{n\to\infty} \dfrac{(n+c_k)^{2025}+(n+c_k)^{2024}+1}{(n+c_k)^{2025}+(n+c_k)^{1885}+1} = 1$이므로

$$\lim_{n\to\infty} \sum_{k=2}^{10} \frac{f(n+2k)-f(n)}{(k-1)k(k+1)} = \lim_{n\to\infty} \sum_{k=2}^{10} \frac{2f'(n+c_k)}{(k-1)(k+1)}$$

$$= \sum_{k=2}^{10} \frac{2f'(n+c_k)}{(k-1)(k+1)}$$

$$= \sum_{k=2}^{10} \frac{2}{(k-1)(k+1)}$$

$$= \sum_{k=2}^{10} \left(\frac{1}{k-1} - \frac{1}{k+1} \right)$$

$$= 1 + \frac{1}{2} - \frac{1}{10} - \frac{1}{11} = \frac{72}{55}$$

이다.

[1]

P를 P$(\alpha,\ f(\alpha))$라 하면 곡선 $y = f(x)$ 위의 점 P에서의 접선은 $y = f'(\alpha)(x-\alpha) + f(\alpha)$이며

점 A의 x좌표는 $-\dfrac{f(\alpha)}{f'(\alpha)} + \alpha$, 점 B의 y좌표는 $-\alpha f'(\alpha) + f(\alpha)$이다.

따라서 $\overrightarrow{OA} + \overrightarrow{OB} = \overrightarrow{OP} + \overrightarrow{OQ}$에서 $X = -\dfrac{f(\alpha)}{f'(\alpha)}$, $Y = -\alpha f'(\alpha)$이며 $XY = \alpha f(\alpha)$이다.

$f(x) = \sqrt{b^2 \left(1 - \dfrac{x^2}{a^2} \right)}$이므로 $F(x) = xf(x) = x\sqrt{b^2 \left(1 - \dfrac{x^2}{a^2} \right)} = bx\sqrt{1 - \dfrac{x^2}{a^2}}$ 라 하면

$$F'(x) = \frac{b}{\sqrt{1 - \dfrac{x^2}{a^2}}} \left(1 - \frac{2x^2}{a^2} \right)$$

따라서 $x = \dfrac{a}{\sqrt{2}}$ 일 때, $F'(x) = 0$이고 이때 $F(x)$가 최댓값을 갖는다.

따라서 XY는 최댓값 $F\left(\dfrac{a}{\sqrt{2}} \right) = \dfrac{ab}{2}$ 를 갖는다.

[2]

P$(\alpha,\ f(\alpha))$라 하면 곡선 $y = f(x)$ 위의 점 $(\alpha,\ f(\alpha))$에서의 접선은 $y = f'(\alpha)(x-\alpha) + f(\alpha)$이며

점 A의 x좌표는 $-\dfrac{f(\alpha)}{f'(\alpha)} + \alpha$, 점 B의 y좌표는 $-\alpha f'(\alpha) + f(\alpha)$이다.

따라서 $\overrightarrow{OA} + \overrightarrow{OB} = \overrightarrow{OP} + \overrightarrow{OQ}$에서 $X = -\dfrac{f(\alpha)}{f'(\alpha)}$, $Y = -\alpha f'(\alpha)$이고

$XY = \alpha f(\alpha)$는 α의 값과 무관하게 상수 c가 되는데, $XY = 1 \times f(1) = 3$이므로 $c = 3$이다.

따라서 $f(x) = \dfrac{3}{x}\ (x > 0)$, $h(x) = \{f(x)\}^2 + \dfrac{1}{f(x)}$로 놓으면,

$h(x) = \dfrac{9}{x^2} + \dfrac{x}{3}$, $h'(x) = \dfrac{x^3 - 54}{3x^3}$이고, $h(x)$는 $x = \sqrt[3]{54}$ 에서 최솟값을 가지므로 $k = \sqrt[3]{54}$ 이다.

[1]

$0 < t < \dfrac{\pi}{2}$를 만족시키는 실수 t에 대해서 $(x(t),\ y(t))$를 지나는 접선의 방정식은

$y = -2\tan t(x - \cos^3 t) + 2\sin^3 t$이 된다.

$y = 0$을 대입하면 x절편은 $\cos t$가 되고, 점 $\left(\dfrac{1}{2},\ 0\right)$를 지나므로, $\cos t = \dfrac{1}{2}$이 된다. 따라서, $t = \dfrac{\pi}{3}$이다.

따라서, 구하는 접선의 방정식은 $y = -2\sqrt{3}\,x + \sqrt{3}$이다.

[2]

$0 < t < \dfrac{\pi}{2}$를 만족시키는 실수 t에 대해서, $(x(t),\ y(t))$를 지나는 접선의 방정식은

$y = -2\tan t(x - \cos^3 t) + 2\sin^3 t$이므로, 이 접선의 x절편과 y절편은 각각 $\cos t$와 $2\sin t$이 된다.

또한, 이 직선은 점 $(a,\ 0)$을 지나므로 $a = \cos t$가 된다. 이 접선과 x축이 이루는 예각의 크기가 $g(a)$이므로, $2\tan t = \tan g(a)$가 된다.

또한, $\cos t = a$와 $\sin t = \sqrt{1 - \cos^2 t} = \sqrt{1 - a^2}$임을 이용하면, $\dfrac{2\sqrt{1 - a^2}}{a} = \tan(g(a))$을 얻는다.

따라서, $a^3 \tan(g(a)) = 2a^2\sqrt{1 - a^2}$이 되고, 이 함수의 구간 $(0,\ 1)$에서의 최댓값은 $a = \sqrt{\dfrac{2}{3}} = \dfrac{\sqrt{6}}{3}$일 때,

$\dfrac{4}{3}\sqrt{\dfrac{1}{3}} = \dfrac{4\sqrt{3}}{9}$이 된다.

[3]

구간 $(0,\ 1)$에 있는 임의의 실수 a에 대하여, $\cos t = a$가 되는 t가 구간 $\left(0,\ \dfrac{\pi}{2}\right)$에서 존재한다.

또한, 제시문에 의하여 주어진 그래프는 아래로 볼록이다.

그러므로, $S_1(a) + S_2(a)$의 값은 아래 그림의 색칠한 부분의 넓이가 된다.

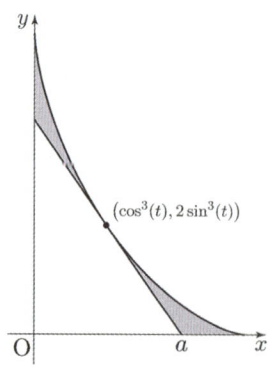

따라서, $S_1(a) + S_2(a)$의 최솟값을 구하기 위해서는 위의 그림의 삼각형의 면적이 최대가 되는 a를 구하면 된다.

삼각형의 넓이는 $\dfrac{1}{2} \times 2\sin t \cos t$이고 삼각함수의 덧셈정리에 의해

$$\frac{1}{2} \times 2\sin t \cos t = \frac{1}{2}(\sin t \cos t + \cos t \sin t) = \frac{1}{2}\sin(t+t) = \frac{1}{2}\sin 2t$$

이므로, $t = \dfrac{\pi}{4}$일 때 최댓값을 가진다.

따라서, $S_1(a) + S_2(a)$값이 최소가 되게 하는 a의 값은, $\cos t = a$의 관계식에 의해 $a = \dfrac{\sqrt{2}}{2}$가 된다.

논제 4

[1]

삼차함수 $f(x) = ax^3 + bx^2 + cx + d$라고 하자. $(a > 0)$

조건 (가)로부터 $f''\left(\dfrac{2}{3}\right) = 6a \times \dfrac{2}{3} + 2b = 0$이고, $b = -2a$를 얻는다.

조건 (나)로부터 $g(x) = \begin{cases} xf'(x) + f(x) & (x \geq 0) \\ (1-x)e^{-x} + \cos x & (x < 0) \end{cases}$가 $x = 0$에서 미분가능하기 위해서는 $x = 0$에서 연속이어야 하므로 $f(0) = 2$를 얻는다.

$\displaystyle\lim_{h \to 0} \dfrac{g(h) - g(0)}{h}$가 존재하기 위해서는 $\displaystyle\lim_{h \to 0+} \dfrac{g(h) - g(0)}{h}$와 $\displaystyle\lim_{h \to 0-} \dfrac{g(h) - g(0)}{h}$ 값이 같아야 한다.

$$\lim_{h \to 0+} \frac{g(h) - g(0)}{h} = \lim_{h \to 0+} \frac{hf'(h)}{h} + \lim_{h \to 0+} \frac{f(h) - f(0)}{h} = 2f'(0),$$

$$\lim_{h \to 0-} \frac{g(h) - g(0)}{h} = \lim_{h \to 0-} \frac{(1-h)e^{-h} + \cos(h) - 2}{h}$$

$$= \lim_{h \to 0-} \frac{\cos(h) - 1}{h} + \lim_{h \to 0-} \frac{e^{-h} - 1}{h} - \lim_{h \to 0-} \frac{he^{-h}}{h} = -2$$

에서 $f'(0) = -1$을 얻는다.

따라서, 위에서 얻어진 조건 $b = -2a$, $f(0) = 2$, $f'(0) = -1$로부터 $f(x) = ax^3 - 2ax^2 - x + 2$가 된다.

곡선 $y = f(x)$의 한 점 $(t, f(t))$에서의 접선의 방정식은 $y = f'(t)(x-t) + f(t)$가 되고, 이 접선이 $(0, k)$를 지난다는 조건을 활용하면 $k = -2at^3 + 2at^2 + 2$를 얻는다.

조건 (다)로부터 $\dfrac{k-2}{a} = -2t^3 + 2t^2$을 만족시키는 서로 다른 t가 세 개 존재하여야 한다.

서로 다른 t가 세 개 존재하는 k의 범위는 $0 < \dfrac{k-2}{a} < \dfrac{8}{27}$이 되고, 조건 (다)의 k의 범위는 $0 < k-2 < \dfrac{8}{27}$이므로, $a=1$을 얻는다. 따라서, $f(x) = x^3 - 2x^2 - x + 2$를 얻는다.

[2]

$F'(x) = |f(x)|$이고 $|f(x)| = \begin{cases} f(x) & (0 \le x < 1) \\ -f(x) & (1 \le x \le 2) \end{cases}$이므로

$$\int_0^2 f(x)e^{F(x)}dx = \int_0^1 f(x)e^{F(x)}dx + \int_1^2 f(x)e^{F(x)}dx$$

$$= \int_0^1 F'(x)e^{F(x)}dx - \int_1^2 F'(x)e^{F(x)}dx$$

$$= \left[e^{F(x)} \right]_0^1 - \left[e^{F(x)} \right]_1^2 = e^{F(1)} - e^{F(0)} - \left(e^{F(2)} - e^{F(1)} \right) = 2e^{F(1)} - e^{F(0)} - e^{F(2)}$$

이때 $F(0) = 0$, $F(1) = \int_0^1 f(t)dt = \dfrac{13}{12}$, $F(2) = \int_0^1 f(t)dt - \int_1^2 f(t)dt = \dfrac{3}{2}$이므로

$2e^{F(1)} - e^{F(0)} - e^{F(2)} = 2e^{\frac{13}{12}} - 1 - e^{\frac{3}{2}}$이다.

$$\therefore \int_0^2 f(x)e^{F(x)}dx = 2e^{\frac{13}{12}} - e^{\frac{3}{2}} - 1$$

$x = \cos\theta\,(0 \leq \theta < 2\pi),\ h(x) = \{g(\theta)\}^2$이라 하면, $-1 \leq x \leq 1$이고

$$h(x) = (4x - 3t)^2 + 4t^2(1 - x^2) = 4(4 - t^2)x^2 - 24tx + 13t^2$$

이므로 구간 $[-1,\ 1]$에서 함수 $h(x)$의 최솟값의 양의 제곱근이 $f(t)$가 된다.

[1]

$t = 1$이라고 하면,

$$h(x) = 12x^2 - 24x + 13 = 12(x - 1)^2 + 1$$

이므로 함수 $h(x)$는 꼭짓점의 x좌표가 1이고 최고차항의 계수가 양인 이차함수이다. 따라서 구간 $[-1,\ 1]$에서 함수 $h(x)$는 최솟값 $h(1) = 1$을 가진다. 그러므로 $f(1) = \sqrt{1} = 1$

[2]

$0 < t < 1$이라고 하자. 그러면 $4 - t^2 > 0$이고

$$h(x) = 4(4 - t^2)\left(x - \frac{3t}{4 - t^2}\right)^2 + \frac{t^2(16 - 13t^2)}{4 - t^2}$$

이므로 함수 $h(x)$는 꼭짓점의 x좌표가 $\dfrac{3t}{4 - t^2}$이고 최고차항의 계수가 양인 이차함수이다.

또한 $t^2 + 3t - 4 = (t - 1)(t + 4) < 0$이므로 $0 < \dfrac{3t}{4 - t^2} < 1$이다. 따라서 구간 $[-1,\ 1]$에서 함수 $h(x)$의

최솟값은

$$h\left(\frac{3t}{4 - t^2}\right) = \frac{t^2(16 - 13t^2)}{4 - t^2}$$

따라서 $f(t) = \dfrac{t\sqrt{16 - 13t^2}}{\sqrt{4 - t^2}}$

[3]

$t > 1$이라고 하자. 이때 $t^2 + 3t - 4 = (t - 1)(t + 4) > 0$이다.

(i) $t = 2$인 경우

　　$h(x) = -48x + 52$이므로 함수 $h(x)$는 기울기가 -48인 일차함수이다.

　　따라서 구간 $[-1,\ 1]$에서의 함수 $h(x)$는 최솟값 $h(1) = 4$를 가진다. 따라서 $f(2) = \sqrt{4} = 2$

(ii) $1 < t < 2$인 경우

$$h(x) = 4(4 - t^2)\left(x - \frac{3t}{4 - t^2}\right)^2 + \frac{t^2(16 - 13t^2)}{4 - t^2}$$

이므로 함수 $h(x)$는 꼭짓점의 x좌표가 $\dfrac{3t}{4 - t^2}$이고 최고차항의 계수가 양인 이차함수이다.

$\dfrac{3t}{4 - t^2} > 1$이므로 구간 $[-1, \ 1]$에서 함수 $h(x)$의 최솟값은 $h(1) = (4 - 3t)^2$이다.

따라서 $f(t) = \sqrt{(4 - 3t)^2} = |4 - 3t|$

(iii) $t > 2$인 경우

함수 $h(x)$는 꼭짓점의 x좌표가 $\dfrac{3t}{4 - t^2}$이고 최고차항의 계수가 음인 이차함수이다.

$\dfrac{3t}{4 - t^2} < 0$이므로 구간 $[-1, \ 1]$에서 함수 $h(x)$의 최솟값은 $h(1) = (4 - 3t)^2$이다.

그러므로 $f(t) = \sqrt{(4 - 3t)^2} = |4 - 3t|$

(i), (ii), (iiii)을 종합하면, $t > 1$일 때, $f(t) = |4 - 3t|$

[4]

문항 **[1]** ~ **[3]**의 예시답안으로부터

$$f(t) = \begin{cases} \dfrac{t\sqrt{16 - 13t^2}}{\sqrt{4 - t^2}} & (0 < t < 1) \\[2mm] 4 - 3t & \left(1 \le t < \dfrac{4}{3}\right) \end{cases}$$

(i) $t = 1$에서의 연속성을 조사

$$\lim_{t \to 1-} f(t) = \lim_{t \to 1-} \frac{t\sqrt{16 - 13t^2}}{\sqrt{4 - t^2}} = 1, \ \lim_{t \to 1+} f(t) = \lim_{t \to 1+}(4 - 3t) = 1, \ f(1) = 1$$

이므로 제시문 (나)와 (다)에 의해, 함수 $f(t)$는 $t = 1$에서 연속이다.

(ii) 함수 $f(t)$의 $t = 1$에서의 미분가능성을 조사

$$\lim_{t \to 1+} \frac{f(t) - f(1)}{t - 1} = \lim_{t \to 1+} \frac{(4 - 3t) - 1}{t - 1} = -3$$

또한, $0 < t < 1$일 때

$$\frac{f(t) - f(1)}{t-1} = \frac{1}{t-1}\left(\frac{t\sqrt{16-13t^2}}{\sqrt{4-t^2}} - 1\right) = \frac{t\sqrt{16-13t^2} - \sqrt{4-t^2}}{(t-1)\sqrt{4-t^2}}$$

$$= \frac{t^2(16-13t^2) - (4-t^2)}{(t-1)\sqrt{4-t^2}\left(t\sqrt{16-13t^2} + \sqrt{4-t^2}\right)}$$

$$= \frac{(4-13t^2)(t+1)}{\sqrt{4-t^2}\left(t\sqrt{16-13t^2} + \sqrt{4-t^2}\right)}$$

이므로

$$\lim_{t \to 1-} \frac{f(t) - f(1)}{t-1} = \lim_{t \to 1-} \frac{(4-13t^2)(t+1)}{\sqrt{4-t^2}\left(t\sqrt{16-13t^2} + \sqrt{4-t^2}\right)} = -3$$

따라서 제시문 (나)와 (라)에 의하여, 함수 $f(t)$는 $t=1$에서 미분가능하다.

논제 6

주어진 조건에 의해, $g(x) = f(x) + \sqrt{1 - \sin^2 f(x)} = f(x) + |\cos f(x)|$ 이다.

[1]

$f(x) = 10x$이므로 $g(x) = 10x + |\cos 10x|$ 이고

$$\int_0^\pi g(x)dx = \int_0^\pi (10x + |\cos 10x|)dx = 5\pi^2 + \int_0^\pi |\cos 10x|dx$$

$y = |\cos 10x|$는 주기가 $\dfrac{\pi}{10}$인 주기함수이므로

$$\int_0^\pi |\cos 10x|dx = 10\int_0^{\frac{\pi}{10}} |\cos 10x|dx = 10\left(\int_0^{\frac{\pi}{20}} \cos 10x\,dx - \int_{\frac{\pi}{20}}^{\frac{\pi}{10}} \cos 10x\,dx\right) = 2$$

따라서 $\displaystyle\int_0^\pi g(x)dx = 5\pi^2 + 2$

[2]

$g(x) = x + |\cos x| = \begin{cases} x + \cos x & \left(0 \le x \le \dfrac{\pi}{2}\right) \\ x - \cos x & \left(\dfrac{\pi}{2} < x \le \pi\right) \end{cases}$ 이므로 함수 $g(x)$는 구간 $\left(0, \dfrac{\pi}{2}\right)$와 $\left(\dfrac{\pi}{2}, \pi\right)$에서 미분가능하다.

$x = \dfrac{\pi}{2}$에서의 미분가능성을 조사하면

$$\lim_{h \to 0-} \frac{g\left(\frac{\pi}{2}+h\right)-g\left(\frac{\pi}{2}\right)}{h} = \lim_{h \to 0-} \frac{h-\sin h}{h} = 0, \quad \lim_{h \to 0+} \frac{g\left(\frac{\pi}{2}+h\right)-g\left(\frac{\pi}{2}\right)}{h} = \lim_{h \to 0+} \frac{h+\sin h}{h} = 2$$

이므로 제시문 (다)에 의해 $x = \frac{\pi}{2}$에서 미분가능하지 않다.

함수 $g(x)$는 닫힌구간 $\left[0, \ \frac{\pi}{2}\right]$에서 연속이고 열린구간 $\left(0, \ \frac{\pi}{2}\right)$에서 $g'(x) = 1 - \sin x > 0$이므로 제시문 (나)에 의해 닫힌구간 $\left[0, \ \frac{\pi}{2}\right]$에서 증가한다. 또한, $g(x)$는 닫힌구간 $\left[\frac{\pi}{2}, \ \pi\right]$에서 연속이고 열린구간 $\left(\frac{\pi}{2}, \ \pi\right)$에서 $g'(x) = 1 + \sin x > 0$이므로, 닫힌구간 $\left[\frac{\pi}{2}, \ \pi\right]$에서 증가한다.

따라서 $g(x)$는 닫힌구간 $[0, \ \pi]$에서 증가한다.

[3]

$h(x) = g(x) - kx + \frac{\pi}{2}(k-1)$이라고 하자. $h\left(\frac{\pi}{2}\right) = g\left(\frac{\pi}{2}\right) - \frac{\pi}{2} = 0$이므로 $x = \frac{\pi}{2}$는 방정식 $h(x) = 0$의 근이다. 따라서 구간 $\left[0, \ \frac{\pi}{2}\right)$와 $\left(\frac{\pi}{2}, \ \pi\right]$에서 방정식 $h(x) = 0$의 근이 존재하지 않는 양의 실수 k의 범위를 구하면 된다.

(i) 구간 $\left[0, \ \frac{\pi}{2}\right)$의 경우 : $0 < x < \frac{\pi}{2}$이면 $h'(x) = 1 - \sin x - k$이다.

(i-i) $k \geq 1$일 때

구간 $\left(0, \ \frac{\pi}{2}\right)$에서 $h'(x) < 0$이므로 함수 $h(x)$는 구간 $\left[0, \ \frac{\pi}{2}\right]$에서 감소한다.

따라서 $0 \leq x < \frac{\pi}{2}$일 때, $h(x) > h\left(\frac{\pi}{2}\right) = 0$이므로 방정식 $h(x) = 0$은 구간 $\left[0, \ \frac{\pi}{2}\right)$에서 근을 갖지 않는다.

(i-ii) $0 < k < 1$일 때

$h'(\alpha) = 1 - \sin \alpha - k = 0$이 되는 α가 구간 $\left(0, \ \frac{\pi}{2}\right)$에 존재하고 구간 $\left[0, \ \frac{\pi}{2}\right]$에서 함수 $h(x)$의 증가와 감소를 표로 나타내면 다음과 같다.

x	0	$\cdots$	α	$\cdots$	$\frac{\pi}{2}$
$h'(x)$		$+$	0	$-$	
$h(x)$	$1+\frac{\pi}{2}(k-1)$	$\nearrow$	$h(\alpha)$	$\searrow$	0

$0 < k \leq 1 - \frac{2}{\pi}$이면 $h(0) \leq 0$이므로 방정식 $h(x) = 0$이 구간 $\left[0, \ \frac{\pi}{2}\right)$에서 근을 갖는다.

$1 - \frac{2}{\pi} < k < 1$이면 $h(0) > 0$이므로 방정식 $h(x) = 0$이 구간 $\left[0, \ \frac{\pi}{2}\right)$에서 근을 갖지 않는다.

따라서 (i-i)과 (i-ii)에 의해 $k > 1 - \frac{2}{\pi}$일 때, 방정식 $h(x) = 0$은 구간 $\left[0, \ \frac{\pi}{2}\right)$에서 근을 갖지 않는다.

(ii) 구간 $\left(\dfrac{\pi}{2},\ \pi\right]$의 경우 : $\dfrac{\pi}{2}<x<\pi$에서 $h'(x)-1+\sin x-k$이다.

(ii - i) $0<k\le 1$일 때

함수 $h(x)$는 구간 $\left[\dfrac{\pi}{2},\ \pi\right]$에서 증가하므로 방정식 $h(x)=0$은 구간 $\left(\dfrac{\pi}{2},\ \pi\right]$에서 근을 갖지 않는다.

(ii - ii) $k\ge 2$일 때

함수 $h(x)$는 구간 $\left[\dfrac{\pi}{2},\ \pi\right]$에서 감소하므로 방정식 $h(x)=0$은 구간 $\left(\dfrac{\pi}{2},\ \pi\right]$에서 근을 갖지 않는다.

(ii - iii) $1<k<2$일 때

$h'(\beta)=1+\sin\beta-k=0$이 되는 β가 구간 $\left(\dfrac{\pi}{2},\ \pi\right)$에 존재하고 구간 $\left[\dfrac{\pi}{2},\ \pi\right]$에서 함수 $h(x)$의 증가와 감소를 표로 나타내면 다음과 같다.

x	$\dfrac{\pi}{2}$	$\cdots$	β	$\cdots$	π
$h'(x)$		$+$	0	$-$	
$h(x)$	0	$\nearrow$	$h(\beta)$	$\searrow$	$1+\dfrac{\pi}{2}(1-k)$

$1+\dfrac{2}{\pi}\le k<2$이면 $h(\pi)\le 0$이므로 방정식 $h(x)=0$은 구간 $\left(\dfrac{\pi}{2},\ \pi\right]$에서 근을 갖는다.

$1<k<1+\dfrac{2}{\pi}$이면 $h(\pi)>0$이므로 방정식 $h(x)=0$은 구간 $\left(\dfrac{\pi}{2},\ \pi\right]$에서 근을 갖지 않는다.

따라서 (ii - i), (ii - ii), (ii - iii)에 의해 $0<k<1+\dfrac{2}{\pi}$ 또는 $k\ge 2$일 때, 방정식 $h(x)=0$은 구간 $\left(\dfrac{\pi}{2},\ \pi\right]$에서 근을 갖지 않는다.

따라서 경우 (i)과 (ii)에 의해 방정식 $h(x)=0$이 구간 $[0,\ \pi]$에서 오직 한 개의 근을 갖는 양의 실수 k의 값의 범위는 $1-\dfrac{2}{\pi}<k<1+\dfrac{2}{\pi}$ 또는 $k\ge 2$ 이다.

[4]

$g(x) = x$이므로 $x = f(x) + |\cos f(x)|$이다. $\{x - f(x)\}^2 + \sin^2 f(x) = 1$의 양변을 x로 미분하면

$$2\{x - f(x)\}\{1 - f'(x)\} + 2f'(x)\sin f(x)\cos f(x) = 0$$

$x - f(x) = |\cos f(x)|$이므로

$$|\cos f(x)|\{1 - f'(x)\} + f'(x)\sin f(x)\cos f(x) = 0$$

따라서 $x = a$와 $f'(a) = \dfrac{2}{3}$를 대입하면

$$|\cos f(a)| + 2\sin f(a)\cos f(a) = 0$$

이고 만약 $\cos f(x)$가 0이 아니면

$$f'(x) = \frac{|\cos f(x)|}{|\cos f(x)| - \sin f(x)\cos f(x)}$$

(i) $\cos f(a) = 0$

$f(a) = a - |\cos f(a)| = a$이므로 $\cos a = 0$이 된다. 하지만 $\dfrac{\pi}{2} < a < \pi + 1$에서 $\cos a = 0$이 되는 a는 존재하지 않는다.

(ii) $\cos f(a) > 0$

$\dfrac{2}{3} = \dfrac{1}{1 - \sin f(a)}$이므로 $\sin f(a) = -\dfrac{1}{2}$이고 $\cos f(a) = \dfrac{\sqrt{3}}{2}$이다.

한편 $\dfrac{\pi}{2} < a < \pi + 1$이고 $f(a) = a - \dfrac{\sqrt{3}}{2}$이므로 $\dfrac{\pi}{2} - \dfrac{\sqrt{3}}{2} < f(a) < \pi + 1 - \dfrac{\sqrt{3}}{2}$이다.

하지만 이 범위에서 $\sin f(a) = -\dfrac{1}{2}$과 $\cos f(a) > 0$을 모두 만족시키는 $f(a)$는 존재하지 않는다.

(iii) $\cos f(a) < 0$

$\dfrac{2}{3} = \dfrac{1}{1 + \sin f(a)}$이므로 $\sin f(a) = \dfrac{1}{2}$이고 $\cos f(a) = -\dfrac{\sqrt{3}}{2}$이다.

한편 $\dfrac{\pi}{2} < a < \pi + 1$이고 $f(a) = a - \dfrac{\sqrt{3}}{2}$이므로 $\dfrac{\pi}{2} - \dfrac{\sqrt{3}}{2} < f(a) < \pi + 1 - \dfrac{\sqrt{3}}{2}$이다.

따라서 $f(a) = \dfrac{5}{6}\pi$이고 $a = f(a) + |\cos f(a)| = \dfrac{5}{6}\pi + \dfrac{\sqrt{3}}{2}$

[1]

함수 $f(x) = 4x^3 - 3x^2 - 6x + c$를 미분하여,

$$f'(x) = 12x^2 - 6x - 6 = 6(2x+1)(x-1)$$

를 얻게 된다. $f'(x) = 0$은 두 개의 근 $x = -\dfrac{1}{2}$, 1를 얻게 되어

$$f\left(-\frac{1}{2}\right)f(1) = \left(c + \frac{7}{4}\right)(c-5) < 0$$

이 성립한다. 이로부터 $-\dfrac{7}{4} < c < 5$를 얻게 되어, $-1 \le c \le 4$이다.

(i) $c = -1$일 때

$f(0) = -1 < 0$이므로 $\alpha_1 < -\dfrac{1}{2} < \alpha_2 < 0 < \alpha_3$이 성립한다.

따라서, 실근 α_2이 닫힌구간 $[-1, \, 0]$에 포함되므로 $\alpha_1 < -1$이다. 이 경우, $0 < f(-1) = -2$가 되어 모순이다.

(ii) $c = 0$일 때

$f(x) = x(4x^2 - 3x - 6)$이므로,

$$\alpha_1 = \frac{3 - \sqrt{105}}{8}, \ \ \alpha_2 = 0, \ \ \alpha_3 = \frac{3 + \sqrt{105}}{8}$$

이고 α_1, α_2가 닫힌구간 $[-1, \, 0]$에 포함되어 모순이다.

(iii) $c = 1, \, 2, \, 3, \, 4$일 때,

$f(0) = c > 0$이고 $f(1) = c - 5 < 0$이므로 닫힌구간 $[0, \, 1]$은 α_2만을 포함한다.

따라서, 가능한 함수 $f(x)$의 개수는 4이다.

[2]

함수 $f(x) = 4x^3 + 3ax^2 + c$를 미분하여

$$f'(x) = 12x^2 + 6ax = 6x(2x+a)$$

를 얻게 된다. 세 개의 근이 존재하기 위해선 $f'(x) = 0$이 서로 다른 두 개의 실근을 가져야 하므로 $a \ne 0$이고

$$f(0)f\left(-\frac{a}{2}\right) = c\left(c + \frac{a^3}{4}\right) < 0$$

이다. 이로부터 $ac < 0$임을 알 수 있다.

$f'(0) = 0$이므로 삼차방정식 $f(x) = 0$은 적어도 하나의 음의 근을 가져야 한다.

따라서 닫힌 구간 $[0, 2]$에는 $\alpha_2,\ \alpha_3$가 포함된다. $\alpha_2 = 0$일 때, $f(x) = 4x^3 + 3ax^2 = 0$은 중근 $x = 0$을 갖게 되어 가능하지 않다. 그러므로 $\alpha_1 < 0 < \alpha_2 < 1 < \alpha_3 \leq 2$이 성립하고,

$$f(0) = c > 0, \ f(1) = 4 + 3a + c < 0, \ f(2) = 32 + 12a + c \geq 0$$

이다. a와 c가 정수이므로,

$$c \geq 1, \ 3a + c \leq -5, \ 12a + c \geq -32$$

이다. $1 \leq c \leq -3a - 5$와 $-32 - 12a \leq c \leq -3a - 5$로부터 $a = -2,\ -3$이다.

(i) $a = -2$일 때

$c = 1$이고

$$f(x) = 4x^3 - 6x^2 + 1 = (2x - 1)(2x^2 - 2x - 1)$$

이므로 $\alpha_1 = \dfrac{1 - \sqrt{3}}{2}, \ \alpha_2 = \dfrac{1}{2}, \ \alpha_3 = \dfrac{1 + \sqrt{3}}{2}$을 얻게 된다. 이 경우, $|\alpha_1| + |\alpha_2| + |\alpha_3| = \dfrac{1}{2} + \sqrt{3}$이다.

(ii) $a = -3$일 때

$c = 4$이고

$$f(x) = 4x^3 - 9x^2 + 4 = (x - 2)(4x^2 - x - 2)$$

이므로 $\alpha_1 = \dfrac{1 - \sqrt{33}}{8}, \ \alpha_2 = \dfrac{1 + \sqrt{33}}{8}, \ \alpha_3 = 2$를 얻게 된다.

이 경우, $|\alpha_1| + |\alpha_2| + |\alpha_3| = 2 + \dfrac{\sqrt{33}}{4}$이다.

따라서, 가능한 $|\alpha_1| + |\alpha_2| + |\alpha_3|$의 값은 $\dfrac{1}{2} + \sqrt{3}, \ 2 + \dfrac{\sqrt{33}}{4}$이다.

[3]

(i) 먼저 $f(x) = 4x^3 - 6x^2 + 1$이라고 가정하면,

$$g(x) = x^4 - 2x^3 + x + d$$

이고 d는 정수이다. 문제의 조건으로부터 $g(\alpha_1) < 0$, $g(\alpha_2) = g\left(\dfrac{1}{2}\right) > 0$이고, $g(\alpha_3) < 0$을 만족해야 한다. $g\left(\dfrac{1}{2}\right) = \dfrac{5}{16} + d > 0$으로부터 $d \geq 0$이 성립한다.

한편, $\alpha = \alpha_1$에 대해

$$g(\alpha) = \alpha^4 - 2\alpha^3 + \alpha + d = d - \frac{1}{4} < 0$$

을 얻게 되어 $d \leq 0$이다.

따라서, $g(x) = x^4 - 2x^3 + x = x(x-1)(x^2-x-1)$이고 서로 다른 네 개의 실근을 가진다.

(ii) $f(x) = 4x^3 - 9x^2 + 4$이라고 가정하면,

$$g(x) = x^4 - 3x^3 + 4x + d$$

이고 d는 정수이다. 문제의 조건으로부터 $g(\alpha_1) < 0$, $g(\alpha_2) > 0$이고, $g(\alpha_3) = g(2) < 0$을 만족해야 한다.
$g(2) = d < 0$으로부터 $d \leq -1$이 성립한다. $g(0) = d \leq -1$이므로, $g(x) = 0$은 α_1보다 작은 근을 하나 가진다.

따라서, 추가적으로 조건 $g(\alpha_2) > 0$을 만족하는 d의 값을 찾아야 한다.
$q = \alpha_2$라고 두면 $4q^2 - q - 2 = 0$이 성립하고, 이를 이용하면,

$$g(\alpha_2) = g(q) = q^4 - 3q^3 + 4q + d = \frac{165}{64}q - \frac{3}{32} + d$$

가 된다. $\frac{11}{2} < \sqrt{33} < 6$이므로 $\frac{13}{16} < \alpha_2 = \frac{1 + \sqrt{33}}{8} < \frac{7}{8}$이다. 이를 이용하면,

$$g(q) = \frac{165}{64}q - \frac{3}{32} + d > \frac{165}{64} \times \frac{13}{16} - \frac{3}{32} + d = \frac{2049}{1024} + d,$$
$$g(q) = \frac{165}{64}q - \frac{3}{32} + d < \frac{165}{64} \times \frac{7}{8} - \frac{3}{32} + d = \frac{1107}{512} + d$$

이므로, $g(q) > 0$을 만족하는 d의 값은 $d = -1,\ -2$이다.

(i)과 (ii)를 종합하면, 가능한 함수 $g(x)$는 $x^4 - 2x^3 + x$, $x^4 - 3x^3 + 4x - 1$, $x^4 - 3x^3 + 4x - 2$이다.

[1]

곡선 $y = -x^2$ 과 직선 $y = ax + a$ 의 교점의 개수는 이차방정식 $x^2 + ax + a = 0$ 의 실근의 개수와 같고 이는 이차방정식의 판별식으로 결정된다. 판별식이 $a^2 - 4a = a(a-4)$ 이므로

$$f(a) = \begin{cases} 2 & (a(a-4) > 0) \\ 1 & (a(a-4) = 0) \\ 0 & (a(a-4) < 0) \end{cases}$$

이 된다. 이를 정리하여 함수로 나타내면

$$f(x) = \begin{cases} 2 & (x > 4) \\ 1 & (x = 4) \\ 0 & (0 < x < 4) \quad \cdots\cdots \text{㉠} \\ 1 & (x = 0) \\ 2 & (x < 0) \end{cases}$$

이다. 따라서 구하는 답은 $f(0) + f(1) + f(2) + f(3) + f(4) + f(5) = 1 + 0 + 0 + 0 + 1 + 2 = 4$ 이다.

[2]

함수 $h(x)$ 를 ㉠을 이용하여 나타내면

$$h(x) = f(x)g(x) = \begin{cases} 2g(x) & (x > 4) \\ g(4) & (x = 4) \\ 0 & (0 < x < 4) \\ g(0) & (x = 0) \\ 2g(x) & (x < 0) \end{cases}$$

이다. 함수 $h(x)$ 가 모든 실수에서 연속이므로 $g(0) = g(4) = 0$ 이 성립한다. 따라서 위 식은

$$h(x) = \begin{cases} 2g(x) & (x > 4) \\ 0 & (0 \leq x \leq 4) \\ 2g(x) & (x < 0) \end{cases}$$

이다. 그리고 최고차항의 계수가 1인 이차함수 $k(x)$ 가 존재하여 $g(x) = (x^2 - 4x)k(x)$ 로 표현된다. 상수함수와 다항식은 모든 실수에서 미분가능하므로 함수 $h(x)$ 가 열린구간 $(2, \ 10)$ 에서 미분가능하려면 $x = 4$ 에서 미분가능해야 한다. 그러므로

$$h'(4) = \lim_{\triangle x \to 0} \frac{h(4 + \triangle x) - h(4)}{\triangle x} = \lim_{\triangle x \to 0-} \frac{h(4 + \triangle x) - h(4)}{\triangle x}$$

가 존재한다. 함수 $h(x)$ 의 식을 이용하면

$$\lim_{\triangle x \to 0-} \frac{h(4+\triangle x) - h(4)}{\triangle x} = 0,$$

$$\lim_{\triangle x \to 0+} \frac{h(4+\triangle x) - h(4)}{\triangle x} = \lim_{\triangle x \to 0+} \frac{2g(4+\triangle x)}{\triangle x} = \lim_{\triangle x \to 0+} \frac{2g(4+\triangle x) - 2g(4)}{\triangle x} = 2g'(4)$$

이 되므로 $g'(4) = 0$이 성립한다. 함수의 곱의 미분법을 사용하면 $g'(x) = (2x-4)k(x) + (x^2-4x)k'(x)$이 되고 $g'(4) = 4k(4) = 0$이 성립하므로 어떤 수 α가 존재하여 $k(x) = (x-4)(x-\alpha)$가 된다. 즉,

$$g(x) = x(x-4)^2(x-\alpha) = (x^2-8x+16)(x^2-\alpha x) \quad \cdots\cdots \ \text{ⓛ}$$

형태가 된다. 따라서 $g(-1) = 25(1+\alpha)$, $g(5) = 5(5-\alpha)$이고 구하는 답은

$$h(-1) + 3h(2) + 5h(5) = 2g(-1) + 0 + 10g(5) = 50(1+\alpha) + 50(5-\alpha) = 300$$

이다.

[3]

사차함수 $g(x)$가 ⓛ의 형태로 표현될 때, a는 $g(x) = 0$의 근이 되므로 실수가 되어야 하고 $g(x) = 0$의 모든 실근이 정수가 되어야 하므로 a는 정수이다. 그리고 ⓛ의 식으로부터

$$g'(x) = (2x-8)(x^2-ax) + (x^2-8x+16)(2x-a) = (x-4)(4x^2-(3a+8)x+4a),$$
$$g'(x) + 5x^3 - 20x^2 = g'(x) + 5x^2(x-4) = (x-4)(9x^2-(3a+8)x+4a)$$

이다. 따라서 방정식 $g'(x) + 5x^3 - 20x^2 = 0$의 실근은 $x = 4$와 방정식 $9x^2 - (3a+8)x + 4a = 0$의 실근이다.

방정식 $9x^2 - (3a+8)x + 4a = 0$의 계수가 모두 실수이므로 (근과 계수의 관계를 이용하면) 실근과 허근을 동시에 갖는 경우는 발생하지 않는다. 따라서 만약 $9x^2 - (3a+8)x + 4a = 0$이 실근을 가진다고 하면 어떤 실수 A, B가 존재하여 $9x^2 - (3a+8)x + 4a = 9(x-A)(x-B)$의 형태가 된다. 해당 방정식의 모든 실근이 정수가 되어야 하므로 A, B는 정수이고 이 경우 근과 계수의 관계를 통하여

$$A + B = \frac{3a+8}{9}, \ AB = \frac{4a}{9}$$

이 성립한다. 두 번째 식으로부터 어떤 정수 l이 존재하여 $a = 9l$이 되지만, 이를 첫 번째 식에 대입하면 $A+B$가 정수라는 조건에 모순이 된다. 따라서 방정식 $9x^2 - (3a+8)x + 4a = 0$은 실근을 가지지 않는다. 이는 곧 해당 방정식의 판별식이 음수가 되는 것과 같은 의미이다.

따라서 위의 사실을 잘 정리하면 $a = 1, 2, \cdots, 9$이고, 각각의 a에 따라 서로 다른 사차함수 $g(x)$가 존재하므로 답은 총 9개다.

$a_1 = 0$, $a_2 = 3$, $a_3 = 5$, $a_4 = \dfrac{19}{3}$, $a_5 = \dfrac{65}{9}$ 이다. 구간 $[a_1,\ a_2)$와 $[a_2,\ a_3)$를 살펴보자.

$g(x) = ax(x - x_0)(x - 3)$이라 하자.

함수 $f(x)$는 $0 \le x < 3$에서 $f(x) = ax(x - x_0)(x - 3)$이고, $3 \le x < 5$에서

$$f(x) = \frac{2}{3}f\left(\frac{3}{2}(x-5)+3\right) = \frac{2}{3}f\left(\frac{3}{2}(x-3)\right) = \frac{2}{3} \times a \times \frac{3}{2}(x-3)\left(\frac{3}{2}(x-3)-x_0\right)\left(\frac{3}{2}(x-3)-3\right)$$

$$= \frac{3a}{4}(x-3)(3x-9-2x_0)(x-5)$$

이다. f가 닫힌구간 $[a_1,\ a_5]$에서 연속이려면 $\displaystyle\lim_{x \to 3-} f(x) = f(3)$이고, 열린구간 $(a_1,\ a_5)$에서 미분가능하려면

$$\lim_{x \to 3-} \frac{f(x)-f(3)}{x-3} = \lim_{x \to 3+} \frac{f(x)-f(3)}{x-3}$$

이어야 한다. 위 식에서 $\displaystyle\lim_{x \to 3-} f(x) = f(3) = 0$은 확인할 수 있다.

$$\lim_{x \to 3-} \frac{f(x)-f(3)}{x-3} = \lim_{x \to 3-} ax(x-x_0) = 3a(3-x_0),$$

$$\lim_{x \to 3+} \frac{f(x)-f(3)}{x-3} = \lim_{x \to 3+} \frac{3a}{4}(3x-9-2x_0)(x-5) = 3ax_0$$

이므로 $x_0 = \dfrac{3}{2}$이고, $g'(0)g'(3) = 9$와 $g'(0) > 0$를 이용하면 $a = \dfrac{2}{3}$이다.

다시 정리하면, $0 \le x < 3$에서 $f(x) = \dfrac{2}{3}x\left(x - \dfrac{3}{2}\right)(x-3)$이고,

$3 \le x < 5$에서 $f(x) = \dfrac{3}{2}(x-3)(x-4)(x-5)$가 된다.

이와 같은 방법으로 $x = a_3$, $x = a_4$에서 함수 $f(x)$가 연속이고 미분가능함을 확인할 수 있다.

$f(x)$는 닫힌구간 $[a_1,\ a_5]$에서 연속이므로, $f(a_5) = 0$이다.

$$\int_{a_1}^{a_5} |f(x)|\, dx = \sum_{k=1}^{4} \int_{a_k}^{a_{k+1}} |f(x)|\, dx$$

을 구하면 된다.

$$\int_0^3 \left| \frac{2}{3} x\left(x - \frac{3}{2}\right)(x-3) \right| dx = \frac{4}{3} \int_0^{\frac{3}{2}} x\left(x - \frac{3}{2}\right)(x-3) dx = \frac{4}{3} \int_0^{\frac{3}{2}} \left(x^3 - \frac{9}{2}x^2 + \frac{9}{2}x\right) dx$$

$$= \frac{4}{3} \left[\frac{1}{4}x^4 - \frac{3}{2}x^3 + \frac{9}{4}x^2 \right]_0^{\frac{3}{2}} = \frac{27}{16}$$

$\int_{a_2}^{a_3} |f(x)| dx = \int_{a_2}^{a_3} \frac{2}{3} \left| f\left(\frac{3}{2}(x - a_3) + 3\right) \right| dx$를 적분하기 위해서 $y = \frac{3}{2}(x - a_3) + 3$이라 치환하자.

$\frac{dy}{dx} = \frac{3}{2}$이고, 적분구간을 확인하면 $\frac{3}{2}(a_3 - a_3) + 3 = 3$이고 $\frac{3}{2}(a_2 - a_3) + 3 = 0$이므로

$$\int_{a_2}^{a_3} |f(x)| dx = \int_{a_2}^{a_3} \frac{2}{3} \left| f\left(\frac{3}{2}(x - a_3) + 3\right) \right| dx = \int_0^3 \frac{4}{9} |f(y)| dy = \frac{4}{9} \int_0^3 |f(x)| dx$$

이와 같은 과정을 반복하여

$$\int_{a_3}^{a_4} |f(x)| dx = \int_{a_3}^{a_4} \left(\frac{2}{3}\right)^2 \left| f\left(\left(\frac{3}{2}\right)^2 (x - a_4) + 3\right) \right| dx = \int_0^3 \left(\frac{4}{9}\right)^2 |f(y)| dy = \left(\frac{4}{9}\right)^2 \int_0^3 |f(x)| dx,$$

$$\int_{a_4}^{a_5} |f(x)| dx = \int_{a_4}^{a_5} \left(\frac{2}{3}\right)^3 \left| f\left(\left(\frac{3}{2}\right)^3 (x - a_5) + 3\right) \right| dx = \int_0^3 \left(\frac{4}{9}\right)^3 |f(y)| dy = \left(\frac{4}{9}\right)^3 \int_0^3 |f(x)| dx$$

를 얻는다. 따라서

$$\int_{a_1}^{a_5} |f(x)| dx = \sum_{k=1}^{4} \int_{a_k}^{a_{k+1}} |f(x)| dx = \int_0^3 |f(x)| dx \sum_{k=1}^{4} \left(\frac{4}{9}\right)^{k-1} = \frac{27}{16} \sum_{k=1}^{4} \left(\frac{4}{9}\right)^{k-1}$$

$$= \frac{27}{16} \times \frac{1 - \left(\frac{4}{9}\right)^4}{1 - \frac{4}{9}} = \frac{27}{16} \times \frac{9^4 - 4^4}{9^4 - 4 \times 9^3} = \frac{3^3(6561 - 256)}{2^4 \times 3^6 \times 5} = \frac{1261}{2^4 \times 3^3}$$

$$= \frac{97 \times 13}{2^4 \times 3^3} = \frac{1261}{432}$$

이다.

점 P_n의 x좌표를 θ라 하면 $\sin\theta = \dfrac{n}{n+1}\tan\theta$이므로 $\cos\theta = \dfrac{n}{n+1}$이다.

직선 l_1, l_2의 방정식을 각각 $y = f(x)$, $y = g(x)$라고 하면

$$f(x) = (\cos\theta)(x-\theta) + \sin\theta,$$

$$g(x) = \frac{n}{n+1}(\sec^2\theta)(x-\theta) + \sin\theta = \sec\theta(x-\theta) + \sin\theta$$

이다.

그러므로 두 직선 l_1, l_2와 x축으로 둘러싸인 삼각형의 이 S_n은

$$S_n = \frac{1}{2}\sin\theta \times (\text{직선 } y = f(x) \text{와 } y = g(x) \text{의 } x \text{절편 사이의 거리})$$

임을 알 수 있다. 이때,

$$f(x) = 0 \Leftrightarrow x = \theta - \frac{\sin\theta}{\cos\theta}, \, g(x) = 0 \Leftrightarrow x = \theta - \sin\theta\cos\theta$$

이므로

$$S_n = \frac{1}{2}\sin^2\theta \times \left(\frac{1}{\cos\theta} - \cos\theta\right) = \frac{1}{2}\left(1 - \left(\frac{n}{n+1}\right)^2\right)\left(\frac{n+1}{n} - \frac{n}{n+1}\right) = \frac{(2n+1)^2}{2n(n+1)^3}$$

이다. 따라서 $\displaystyle\lim_{n\to\infty} n^2 S_n = 2$이다.

[1]

극한 $\lim\limits_{x \to 1} \dfrac{e^{f(x)} - e}{x - 1}$ 이 존재하므로, $f(1) = 1$ 이다.

$g(x) = e^{f(x)}$ 라 놓으면, $g'(x) = f'(x)e^{f(x)}$ 이고, 주어진 조건으로부터 $g'(1) = \lim\limits_{x \to 1} \dfrac{g(x) - g(1)}{x - 1} = 0$ 이므로,

$f'(1) = 0$ 이다. 따라서, $x = 1$ 이 $f(x) - 1 = 0$ 의 중근임을 알 수 있다.

최고차항의 계수가 1인 삼차함수는 $f(x) - 1 = (x-1)^2(x-b)$ 로 놓을 수 있다.
$f'(x) = (x-1)(3x - 2b - 1)$ 이므로, $f'(-1) = 4(b+2)$ 이고, $f(-1) = -4b - 3$ 이다.
그러므로, 점 $(-1,\ f(-1))$ 에서 접선의 방정식은 $y = 4(b+2)x + 5$ 이다.

제시문에 의해 $x = -1$ 을 포함하는 어떤 구간에서 $y = f(x)$ 가 아래로 볼록이므로 접선의 방정식이 $y = f(x)$ 의 그래프보다 아래에 있고, 둘러싸인 도형의 넓이는

$$\int_{-1}^{0} \left\{ (x-1)^2(x-b) - 4(b+2)x - 4 \right\} dx = \left[\frac{x^4}{4} - \frac{b+2}{3}x^3 - \frac{2b+7}{2}x^2 - (b+4)x \right]_{x=-1}^{0} = -\left(\frac{17}{12} + \frac{b}{3} \right)$$

이다. 따라서, $b = -\dfrac{35}{2}$ 이다.

이를 대입하면 $f'(x) = (x-1)(3x + 34)$ 이므로, $f'\left(\dfrac{1}{3} \right) = -\dfrac{70}{3}$ 이다.

[2]

곡선 $y = x^2$ 과 직선 $y = \dfrac{1}{t+1}x + e^{\frac{t^2-2}{t+1}}$ 가 만나는 점의 x 좌표는 $x^2 - \dfrac{1}{t+1}x - e^{\frac{t^2-2}{t+1}} = 0$ 을 만족하므로,

두 점의 좌표를 $(\alpha,\ \alpha^2),\ (\beta,\ \beta^2)$ 이라 놓을 수 있다.

따라서, 근과 계수의 관계에 의해 두 근의 합과 곱은 각각

$$\alpha + \beta = \frac{1}{t+1},\ \ \alpha\beta = -e^{\frac{t^2-2}{t+1}}$$

를 만족한다.

정삼각형의 넓이 $S(t) = \dfrac{\sqrt{3}}{4}\overline{\mathrm{PQ}}^2$ 이고, 여기서, 두 점 사이의 거리를 이용하면

$$\overline{\mathrm{PQ}}^2 = \left(\sqrt{(\beta - \alpha)^2 + (\beta^2 - \alpha^2)^2} \right)^2 = (\beta - \alpha)^2 (1 + (\beta + \alpha)^2)$$

이다. 이때

$$(\alpha - \beta)^2 = (\alpha + \beta)^2 - 4\alpha\beta = \frac{1}{(t+1)^2} + 4e^{\frac{t^2-2}{t+1}}$$

이다. 따라서, 구하는 정적분은

$$\int_0^1 S(t)dt = \frac{\sqrt{3}}{4} \int_0^1 \left(\frac{1}{(t+1)^2} + 1 \right)\left(\frac{1}{(t+1)^2} + 4e^{\frac{t^2-2}{t+1}} \right)dt$$

$$= \frac{\sqrt{3}}{4} \left\{ \int_0^1 \frac{1}{(t+1)^2} + \frac{1}{(t+1)^4}dt + 4\int_0^1 e^{t-1-\frac{1}{t+1}}\left(1 + \frac{1}{(t+1)^2} \right)dt \right\}$$

이다.

$$\left(t - 1 - \frac{1}{t+1} \right)' = 1 + \frac{1}{(t+1)^2} \text{ 이므로, } \int e^{t-1-\frac{1}{t+1}}\left(1 + \frac{1}{(t+1)^2} \right)dt = e^{t-1-\frac{1}{t+1}} + C \text{이다.}$$

따라서, 주어진 정적분을 계산하면

$$\frac{\sqrt{3}}{4}\left[-\frac{1}{3(t+1)^3} - \frac{1}{t+1} + 4e^{t-1-\frac{1}{t+1}} \right]_{x=0}^1 = \frac{\sqrt{3}}{4}\left(\frac{19}{24} + 4e^{-\frac{1}{2}} - 4e^{-2} \right)$$

이다. 정리하면 $\frac{19}{96}\sqrt{3} + \sqrt{3}\left(e^{-\frac{1}{2}} - e^{-2} \right)$이다.

논제
12

[1]
각 자연수 n에 대하여, 부분적분법을 이용하면,

$$
\begin{aligned}
a_{n+2} &= \int_0^{\frac{\pi}{2}} \cos^{n+1}x\,dx \\
&= \int_0^{\frac{\pi}{2}} \cos^n x (\sin x)'\,dx \\
&= \left[\cos^n x \sin x\right]_0^{\frac{\pi}{2}} - \int_0^{\frac{\pi}{2}} (\cos^n x)' \sin x\,dx \\
&= n\int_0^{\frac{\pi}{2}} \cos^{n-1}x \sin^2 x\,dx \\
&= na_n - na_{n+2}
\end{aligned}
$$

이므로 $a_{n+2} = \dfrac{n}{n+1}a_n$ 이다.

[2]

$a_{n+2} = \dfrac{n}{n+1}a_n$ 을 이용하면 $b_n = \dfrac{a_{2n+1}}{a_{2n}} = \dfrac{2n-1}{2n} \times \dfrac{a_{2n-1}}{a_{2n}} = \dfrac{2n-1}{2n}c_n$ 임을 알 수 있고, $c_n = \dfrac{2n}{2n-1}b_n$ 이다.

$\lim\limits_{n\to\infty} \dfrac{2n}{2n-1} = 1$ 이므로 수열의 극한에 대한 기본 성질을 이용하면

$$
\lim_{n\to\infty} c_n = \lim_{n\to\infty}\left(\frac{2n+1}{2n}\right) \times \lim_{n\to\infty} b_n = \lim_{n\to\infty} b_n
$$

임을 알 수 있다.

한편, $0 \le x \le \dfrac{\pi}{2}$ 에서 $0 \le \cos x \le 1$ 이므로 각 자연수 n에 대하여 $0 \le \cos^n x \le \cos^{n-1}x$ 임을 알 수 있고,

따라서 $0 \le x \le \dfrac{\pi}{2}$ 에서 $\cos^{n-1}x$와 $\cos^n x$로 둘러싸인 도형의 넓이는 $\int_0^{\frac{\pi}{2}} (\cos^{n-1}x - \cos^n x)dx \ge 0$ 이다.

정적분의 성질로부터

$$
a_{n+1} = \int_0^{\frac{\pi}{2}} \cos^n x\,dx \le \int_0^{\frac{\pi}{2}} \cos^{n-1}x\,dx = a_n
$$

임을 알 수 있고, 이를 이용하면 $b_n = \dfrac{a_{2n+1}}{a_{2n}} \le \dfrac{a_{2n}}{a_{2n}} = 1$ 이고 $c_n = \dfrac{a_{2n-1}}{a_{2n}} \ge \dfrac{a_{2n}}{a_{2n}} = 1$ 이다.

수열의 극한의 대소관계에 의해 $\lim\limits_{n\to\infty} b_n \le 1$ 이고 $\lim\limits_{n\to\infty} c_n \ge 1$ 이므로 $\lim\limits_{n\to\infty} b_n = \lim\limits_{n\to\infty} c_n = 1$ 이다.

[3]

$a_{n+2} = \dfrac{n}{n+1} a_n$ 을 이용하면, $a_{2n+1} a_{2n} = \dfrac{n-1}{n} a_{2n-1} a_{2n-2}$ 을 알 수 있다.

$a_1 = \displaystyle\int_0^{\frac{\pi}{2}} 1\, dx = \dfrac{\pi}{2}$ 과 $a_2 = \displaystyle\int_0^{\frac{\pi}{2}} \cos x\, dx = 1$ 이므로, 위 결과를 귀납적 방법으로 활용하면

$a_{2n+1} a_{2n} = \dfrac{\pi}{4n}$ 이 되고, $b_n = \dfrac{a_{2n+1}}{a_{2n}} = \dfrac{4n}{\pi}(a_{2n+1})^2$ 이 된다.

따라서 **[2]**의 결과로부터

$$1 = \lim_{n \to \infty} b_n = \lim_{n \to \infty} \frac{4n}{\pi}(a_{2n+1})^2$$

을 얻는다. 위 극한값의 결과와 $\dfrac{a_{2n+1}}{a_{2n-1}} = \dfrac{2n-1}{2n}$ 을 이용하면

$$
\begin{aligned}
\lim_{n \to \infty} \frac{1^2 \times 3^2 \times \cdots \times (2n-1)^2}{2^2 \times 4^2 \times \cdots \times (2n)^2} \times n
&= \lim_{n \to \infty} \left\{ \left(\frac{a_3}{a_1}\right)^2 \times \left(\frac{a_5}{a_3}\right)^2 \times \cdots \times \left(\frac{a_{2n+1}}{a_{2n-1}}\right)^2 \times n \right\} \\
&= \lim_{n \to \infty} \frac{n}{a_1^2}(a_{2n+1})^2 \\
&= \frac{1}{\pi} \times \lim_{n \to \infty} \frac{4n}{\pi}(a_{2n+1})^2 \\
&= \frac{1}{\pi}
\end{aligned}
$$

이다.

[1]

접점의 x좌표를 c라 하면 접선의 기울기로부터 $2c = \dfrac{c^2 + b}{c - a}$ 이고 $c = a \pm \sqrt{a^2 + b}$ 이다. 따라서 P와 Q의 x좌표는 각각 $a - \sqrt{a^2 + b}$, $a + \sqrt{a^2 + b}$ 이고 $\mathrm{P}' = \left(a - \sqrt{a^2 + b},\ 0\right)$, $\mathrm{Q}' = \left(a + \sqrt{a^2 + b},\ 0\right)$ 이므로 사다리꼴 PP′Q′Q의 넓이는

$$\frac{1}{2} \times \left(\overline{\mathrm{PP}'} + \overline{\mathrm{QQ}'}\right) \times \overline{\mathrm{P}'\mathrm{Q}'} = \frac{1}{2} \times 4(a^2 + b) \times 2\sqrt{a^2 + b} = 4(a^2 + b)^{\frac{3}{2}}$$

이다.

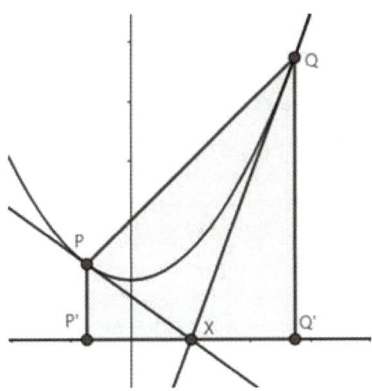

[2-1]

제시문 (나)에 의하여 판별식이

$$(p - 2)^2 - 4(p^3 - 4p + 4) = -4p^3 + p^2 + 12p - 12 = (p + 2)(-4p^2 + 9p - 6)$$

이므로 $h(p) = -4p^3 + 9p - 6 = -4\left(p - \dfrac{9}{8}\right)^2 - \dfrac{15}{16}$ 는 $p = \dfrac{9}{8}$ 에서 최댓값 $-\dfrac{15}{16}$ 를 가진다.

[2-2]

$p \in (-2,\ 2)$ 이므로 $p + 2 > 0$ 이다. 따라서 **[2-1]** 에 의하여 $g(x) = 0$의 판별식 $(p + 2)h(p)$는 음수이고 모든 실수 x에 대하여 $g(x) > 0$이다. 곡선 $y = g(x)$의 꼭짓점이 y축 위에 오도록 곡선 $y = g(x)$와 점 A를 평행이동하면 **[1]** 과 같은 상황이 된다. **[1]** 에서 사다리꼴 PP′Q′Q의 넓이는 $4(a^2 + b)^{\frac{3}{2}} = 4f(a)^{\frac{3}{2}}$ 이므로 사다리꼴 BB′C′C의 넓이는

$$S = 4g(1)^{\frac{3}{2}} = 4(p^3 - 3p + 3)^{\frac{3}{2}}$$

이다.

[2-3]

S는 $p^3 - 3p + 3$이 최소일 때 최솟값을 가진다. $r(p) = p^3 - 3p + 3$이라 하면 $r'(p) = 3p^2 - 3$이므로 $p = 1$에서 극솟값, $p = -1$에서 극댓값을 가진다. $\displaystyle\lim_{p \to -2+} r(p) = 1$이므로 S는 $p = 1$일 때 최솟값을 가지고 이때 $S = 4$이다.

[1]

다음 세 가지 경우로 나눌 수 있다.

(ⅰ) P, Q가 모두 변 BC 위에 있을 때 $\left(0 \le x \le \dfrac{\pi}{12}\right)$

$\overline{\text{AP}} = \dfrac{10}{\cos x}$ 이고 $\overline{\text{AQ}} = \dfrac{10}{\cos\left(x + \dfrac{\pi}{6}\right)}$ 이다. 따라서 제시문 (나)에 의해 $S(x) = \dfrac{25}{\cos x \cos\left(x + \dfrac{\pi}{6}\right)}$ 이다.

(ⅱ) P는 변 BC 위에 있고 Q는 변 CD 위에 있을 때 $\left(\dfrac{\pi}{12} \le x \le \dfrac{\pi}{4}\right)$

$\overline{\text{AP}} = \dfrac{10}{\cos x}$ 이고 $\overline{\text{AQ}} = \dfrac{10}{\cos\left(\dfrac{\pi}{3} - x\right)}$ 이다. 따라서 $S(x) = \dfrac{25}{\cos x \cos\left(\dfrac{\pi}{3} - x\right)}$ 이다.

(ⅲ) P, Q가 모두 변 CD 위에 있을 때 $\left(\dfrac{\pi}{4} \le x \le \dfrac{\pi}{3}\right)$

$\overline{\text{AP}} = \dfrac{10}{\cos\left(\dfrac{\pi}{2} - x\right)} = \dfrac{10}{\sin x}$, $\overline{\text{AQ}} = \dfrac{10}{\cos\left(\dfrac{\pi}{3} - x\right)}$ 이다. 따라서 $S(x) = \dfrac{25}{\sin x \cos\left(\dfrac{\pi}{3} - x\right)}$ 이다.

결론적으로,

$$S(x) = \begin{cases} \dfrac{25}{\cos x \cos\left(x + \dfrac{\pi}{6}\right)} & \left(0 \le x \le \dfrac{\pi}{12}\right) \\[3mm] \dfrac{25}{\cos x \cos\left(\dfrac{\pi}{3} - x\right)} & \left(\dfrac{\pi}{12} \le x \le \dfrac{\pi}{4}\right) \\[3mm] \dfrac{25}{\sin x \cos\left(\dfrac{\pi}{3} - x\right)} & \left(\dfrac{\pi}{4} \le x \le \dfrac{\pi}{3}\right) \end{cases}$$

이다.

[2]

$S'(x)$를 각 구간에서 계산하면

$$S'(x) = \begin{cases} \dfrac{25\sin\left(2x + \dfrac{\pi}{6}\right)}{\cos^2 x \cos^2\left(x + \dfrac{\pi}{6}\right)} & \left(0 \le x < \dfrac{\pi}{12}\right) \\[2em] \dfrac{25\sin\left(2x - \dfrac{\pi}{3}\right)}{\cos^2 x \cos^2\left(\dfrac{\pi}{3} - x\right)} & \left(\dfrac{\pi}{12} < x < \dfrac{\pi}{4}\right) \\[2em] \dfrac{-25\cos\left(2x - \dfrac{\pi}{3}\right)}{\sin^2 x \cos^2\left(\dfrac{\pi}{3} - x\right)} & \left(\dfrac{\pi}{4} < x \le \dfrac{\pi}{3}\right) \end{cases}$$

이다. $S'(x)$를 살펴보면,

(i) $0 \le x < \dfrac{\pi}{12}$ 일 때

$S'(x) > 0$이므로 $S(x)$는 증가한다.

(ii) $\dfrac{\pi}{12} < x < \dfrac{\pi}{4}$ 일 때

$S'\left(\dfrac{\pi}{6}\right) = 0$이며, $\dfrac{\pi}{12} < x < \dfrac{\pi}{6}$ 일 때 $S'(x) < 0$이고 $\dfrac{\pi}{6} < x < \dfrac{\pi}{4}$ 일 때 $S'(x) > 0$이므로 $S(x)$는 $x = \dfrac{\pi}{6}$ 일 때 <u>극솟값</u>을 갖는다.

(iii) $\dfrac{\pi}{4} < x \le \dfrac{\pi}{3}$ 일 때

$S'(x) < 0$이므로 $S(x)$는 감소한다. 이것으로부터 $x = \dfrac{\pi}{12}$ 일 때와 대칭적으로 $x = \dfrac{\pi}{4}$ 일 때 극댓값을 갖는다는 것을 알 수 있다.

[3]

[2]에서 살펴본 대로 $x = \dfrac{\pi}{2}$ 일 때와 $x = \dfrac{\pi}{4}$ 일 때 $S(x)$가 최댓값을 갖는다는 것을 알 수 있다.

한편 $S(x)$는 $x = \dfrac{\pi}{6}$ 일 때 극솟값을 갖지만 $S\left(\dfrac{\pi}{6}\right) = \dfrac{100}{3}$ 이고 $S(0) = S\left(\dfrac{\pi}{3}\right) = \dfrac{50}{\sqrt{3}}$ 인데, $\dfrac{100}{3} > \dfrac{50}{\sqrt{3}}$ 이므로

<u>$x = 0$ 일 때와 $x = \dfrac{\pi}{3}$ 일 때</u> $S(x)$가 최솟값을 갖는다.

[1]

주어진 명제의 대우는

‘열린구간 $(a,\ b)$의 어떤 x에 대하여 $f(x) \leq 0$이면 방정식 $f(x) = 0$은 열린구간 $(a,\ b)$에서 실근을 갖는다.’

이다. 조건에 의하여 $f(c) \leq 0$인 실수 c가 a와 b 사이에 존재한다.

만약 $f(c) = 0$이면 $x = c$는 방정식 $f(x) = 0$의 근이다.
만약 $f(c) < 0$이면 $f(a) > 0$이므로 사잇값의 정리에 의하여 방정식 $f(x) = 0$은 a와 c 사이에 적어도 하나의 실근을 갖고, 또한 $f(b) > 0$이므로 c와 b 사이에 적어도 하나의 실근을 갖는다.

따라서 방정식 $f(x) = 0$은 열린구간 $(a,\ b)$에서 실근을 갖는다.

[2]

$f(x) = x^3 - 2x$라 하면 방정식 $f(x) = k$의 근은 곡선 $y = f(x)$와 $y = k$의 교점의 x좌표이다.

$f'(x) = 3x^2 - 2$이므로 $f'(x) = 0$에서 $x = \pm\dfrac{\sqrt{6}}{3}$이다.

x		$-\dfrac{\sqrt{6}}{3}$		$\dfrac{\sqrt{6}}{3}$	
$f'(x)$	$+$	0	$-$	0	$+$
$f(x)$	$\nearrow$	$\dfrac{4}{9}\sqrt{6}$	$\searrow$	$-\dfrac{4}{9}\sqrt{6}$	$\nearrow$

$0 < k \leq 1$인 경우에는 $f(-k) - k = -k^3 + k = k(1 - k^2) > 0$이므로 $f(-k) \geq k$이다. $f(0) = 0$이므로 사잇값의 정리에 의하여 $f(x) = k$는

구간 $[-k,\ 0]$에서 실근을 갖는다. $1 \leq k \leq \dfrac{4}{9}\sqrt{6}$인 경우에는 $f\left(-\dfrac{\sqrt{6}}{3}\right) = \dfrac{4}{9}\sqrt{6} > k$이므로 $f(x) = k$는 구간 $\left[-\dfrac{\sqrt{6}}{3},\ 0\right]$에서 실근을 갖는다. 또 $-k < -1 < -\dfrac{\sqrt{6}}{3}$이므로 $f(x) = k$는 구간 $[-k,\ 0]$에서 실근을 갖는다.

한편, $k > \dfrac{4}{9}\sqrt{6}$인 경우에는 방정식 $f(x) = k$는 $x < \sqrt{2}$인 근을 갖지 않는다. 따라서 방정식 $f(x) = k$가 닫힌구간 $\left[\sqrt{2},\ k\right]$에서 실근을 가져야 한다.
함수 $f(x)$는 $\left[\sqrt{2},\ k\right]$에서 증가하고 $f(\sqrt{2}) = 0$이므로 $f(k) \geq k$가 되어야 한다.
이 부등식을 풀면 $k^3 - 3k \geq 0$이므로 $k \geq \sqrt{3}$이다.

모든 경우를 고려하면 구하는 k의 값의 범위는 $0 < k \leq \dfrac{4}{9}\sqrt{6}$ 또는 $k \geq \sqrt{3}$이다.

제시문 (가)의 (i)에 의해 $\alpha \neq f(\alpha)$이고 점 A$(\alpha, \ f(\alpha))$, B$(f(\alpha), \ \alpha)$에 대하여 $\overline{\mathrm{AB}}$의 중점은 $(p, \ p)$로 직선 $y = x$ 위에 있다. $g(x) = f(x+p) - p$라 하고 이를 $g(x) = 3x^3 + ax^2 + bx + c$로 나타내자. $f(p) - p = 4$이므로 $g(0) = c = 4$이다.

(i) $\alpha < f(\alpha)$일 때
$f(\alpha) = \alpha + 4$이므로 점 A, B는 각각 A$(\alpha, \ \alpha + 4)$, B$(\alpha + 4, \ \alpha)$이고 $p = \alpha + 2$이다.

$$g(-2) = f(p-2) - p = f(\alpha) - \alpha - 2 = 2,$$
$$g(2) = f(p+2) - p = f(f(\alpha)) - \alpha - 2 = \alpha - \alpha - 2 = -2$$

이므로

$$g(-2) = 4a - 2b - 20 = 2, \quad \cdots\cdots \ \text{㉠}$$
$$g(2) = 4a + 2b + 28 = -2 \quad \cdots\cdots \ \text{㉡}$$

이고, ㉠+㉡에서 $a = -1$, ㉡$-$㉠에서 $b = -13$, 즉 $g(x) = 3x^3 - x^2 - 13x + 4$이다.

$$\int_0^2 g(x)dx = \int_0^2 (3x^3 - x^2 - 13x + 4)dx = -\frac{26}{3}$$

이므로

$$\int_p^{f(\alpha)} f(x)dx = \int_{\alpha+2}^{\alpha+4} f(x)dx$$
$$= \int_{\alpha+2}^{\alpha+4} (g(x-\alpha-2) + \alpha + 2)dx$$
$$= \int_0^2 g(x)dx + 2(\alpha+2)$$
$$= -\frac{26}{3} + 2\alpha + 4 = 12$$

을 만족한다. 따라서 $\alpha = \dfrac{25}{3}$이다.

(ii) $\alpha > f(\alpha)$일 때

$f(\alpha)= \alpha - 4$이므로 점 A, B는 각각 A $(\alpha,\ \alpha - 4)$, B $(\alpha - 4,\ \alpha)$이고 $p = \alpha - 2$이다.

$$g(-2)= f(p-2)-p = f(f(\alpha))-\alpha + 2 = 2,$$
$$g(2)= f(p+2)-p = f(\alpha)-\alpha + 2 = -2$$

이므로

$$g(-2)= 4a - 2b - 20 = 2,$$
$$g(2) = 4a + 2b + 28 = -2$$

이므로 (i)에서와 마찬가지로 $g(x)= 3x^3 - x^2 - 13x + 4$임을 알 수 있다.

$$\int_{0}^{-2} g(x)dx = \int_{0}^{-2}(3x^3 - x^2 - 13x + 4)dx = -\frac{58}{3}$$

이므로

$$\int_{p}^{f(\alpha)} f(x)dx = \int_{\alpha - 2}^{\alpha - 4} f(x)dx$$
$$= \int_{\alpha - 2}^{\alpha - 4}(g(x-\alpha + 2)+\alpha - 2)dx$$
$$= \int_{0}^{-2} g(x)dx - 2(\alpha - 2)$$
$$= -\frac{58}{3} - 2\alpha + 4 = 12$$

이다. 따라서 $\alpha = -\frac{41}{3}$이다.

모든 경우를 고려하였으므로 가능한 α의 값은 $-\frac{41}{3}$, $\frac{25}{3}$이다.

각 범위에 맞는 x에 대하여 함수 $f(x)$의 값은 극한을 이용하여 다음과 같이 계산한다.

(i) $x > 1$

$$f(x) = \lim_{n \to \infty} \left(\frac{3ae^{x+1}x^{2n}}{3x^{2n}+1} + \frac{2(x^{2n-1}+x^{2n-2}+\cdots+x+1)}{2x^{2n}+1} \right)$$

$$= \lim_{n \to \infty} \left(\frac{ae^{x+1}}{1+\dfrac{1}{3x^{2n}}} + \frac{\dfrac{1}{x}+\dfrac{1}{x^2}+\cdots+\dfrac{1}{x^{2n}}}{1+\dfrac{1}{2x^{2n}}} \right)$$

$$= ae^{x+1} + \lim_{n \to \infty} \sum_{k=1}^{2n} \frac{1}{x^k} = ae^{x+1} + \frac{1}{x-1}$$

즉, $f(x) = ae^{x+1} + \dfrac{1}{x-1}$ $(x > 1)$이다.

(ii) $|x| < 1$

$$f(x) = \lim_{n \to \infty} \left(\frac{3ae^{x+1}x^{2n}}{3x^{2n}+1} + \frac{2(x^{2n-1}+x^{2n-2}+\cdots+x+1)}{2x^{2n}+1} \right) = \lim_{n \to \infty} \frac{2(x^{2n}-1)}{(2x^{2n}+1)(x-1)} = \frac{2}{1-x}$$

(iii) $x = -1$

$f(-1) = \dfrac{3}{4}a$이다.

(i), (ii), (iii)을 종합하면, 제시문 (나)의 (i)조건에서 함수 $f(x)$가 $x = -1$에서 연속이므로

$$\lim_{x \to -1+} f(x) = 1, \quad \lim_{x \to -1-} f(x) = a+b, \quad f(-1) = \frac{3}{4}a$$

의 값이 일치하고, $a = \dfrac{4}{3}$, $b = -\dfrac{1}{3}$이다.

(나) 조건에서는 x가 -1부터 1까지 변할 때 $f(x)$의 평균변화율이 $\dfrac{1}{2}$이므로 $c = 2$이다.

(i) $p > 1$

1과 p 사이의 x에 대하여 $f(x) = \dfrac{4}{3}e^{x+1} + \dfrac{1}{x-1}$ 이다.

점 $(1,\ f(1))$에서 함수 $y = f(x)$에 그은 접선의 접점을 $(t,\ f(t))$라 하면 접선의 방정식은

$$y = \left(\frac{4}{3}e^{t+1} - \frac{1}{(t-1)^2}\right)(x-t) + \frac{4}{3}e^{t+1} + \frac{1}{t-1}$$

이고 $2 = \dfrac{4}{3}(2-t)e^{t+1} + \dfrac{2}{t-1}$ 이므로 정리하면 $\left(\dfrac{4}{3}e^{t+1} + \dfrac{2}{t-1}\right)(2-t) = 0$, 즉 $t = 2$ 이다.

이때, $f''(x) = \dfrac{4}{3}e^{x+1} + \dfrac{2}{(x-1)^3} > 0$ 이므로 $f'(x)$는 증가함수이다.

이제 점 $(1,\ f(1))$부터 $(p,\ f(p))$까지 선분을 그려보면 그래프의 개형으로부터 $p \le 2$인 경우 함수 $y = f(x)$의 그래프와 두 끝점에서만 만나고, $p > 2$인 경우 교점이 하나 더 존재하게 되므로 1과 2 사이의 값 q에 대해 $(q,\ f(q))$에서도 만난다.

즉, $p > 2$이면 평균값정리에 의해 q와 p 사이에 $\dfrac{f(p)-f(1)}{p-1} = \dfrac{f(p)-f(q)}{p-q} = f'(r)$을 만족시키는 r이 있으므로 $p > 2$이면 집합 A에 속할 수 없다. 반대로 두 끝점에서만 만날 경우 $f'(x)$가 증가하므로 $f'(r)$은 선분의 기울기보다 항상 작게 되고, $1 < p \le 2$이면 집합 A에 속한다.

(ii) $-1 \le p < 1$

함수 $y = \dfrac{2}{1-x}$는 $x = -1$에서의 미분계수가 $\dfrac{1}{2}$이고 증가함수이다.

따라서 두 점 $(-1,\ 1)$와 $(1,\ 2)$를 지나는 직선은 함수 $y = \dfrac{2}{1-x}$와 $x = -1$에서 접한다.

즉, x가 p부터 1까지 변할 때 함수 $f(x)$의 평균변화율은 $\dfrac{1}{2}$ 이하이다.

p와 1 사이의 r은 $f'(r) > \dfrac{1}{2}$이므로 평균변화율과 $f'(r)$이 일치할 수 없다. 즉, $-1 \le p < 1$이면 A에 속한다.

(iii) $p < -1$

p와 1 사이에 r에 대하여 가능한 모든 $\displaystyle\lim_{x \to r+} \dfrac{f(x)-f(r)}{x-r}$의 값을 생각해보면

$$\lim_{x \to -\infty} f'(x) = -\infty, \quad \lim_{x \to -1-} f'(x) = -\frac{8}{3}, \quad \lim_{x \to -1+} f'(x) = \frac{1}{2}, \quad \lim_{x \to 1-} f'(r) = \infty$$

이고 $\displaystyle\lim_{x \to r+} \dfrac{f(x)-f(r)}{x-r}$은 r이 커짐에 따라 항상 증가하므로 $-\dfrac{8}{3}$ 이상 $\dfrac{1}{2}$ 미만의 평균변화율은 $\displaystyle\lim_{x \to r+} \dfrac{f(x)-f(r)}{x-r}$과 일치할 수 없다.

먼저, $f(p) > 1$이므로 평균변화율은 모두 $\dfrac{1}{2}$ 미만이다.

점 $(1, f(1))$에서 기울기 $-\dfrac{8}{3}$에 해당하는 직선 $y = -\dfrac{8}{3}(x-1)+2$와 함수 $y = f(x)$의 교점을 $(s, f(s))$라 하면

$$\frac{4}{3}s^2 - \frac{1}{3} = -\frac{8}{3}(s-1) + 2$$

이므로 $4s^2 + 8s - 15 = 0$이고, $s < -1$인 범위에서는 $s = -1 - \dfrac{\sqrt{19}}{2}$이다.

따라서 $-1 - \dfrac{\sqrt{19}}{2} \leq p < -1$인 경우에는 A에 속한다.

$p < -1 - \dfrac{\sqrt{19}}{2}$이면 $\dfrac{f(1)-f(p)}{1-p} < -\dfrac{8}{3}$이고, 그래프의 개형에 따르면 $f'(p) < \dfrac{f(1)-f(p)}{1-p}$이다.

이때, 함수 $g(x) = \dfrac{4}{3}x^2 - \dfrac{1}{3}$에 대하여 $g'(p) = f'(p)$이고 $g'(-1) = -\dfrac{8}{3}$, $g'(x)$는 연속이므로 사잇값의 정리에

따르면 p와 -1 사이에 $f'(r) = g'(r) = \dfrac{f(1)-f(p)}{1-p}$인 r이 존재하며, 따라서 p는 A에 속하지 않는다.

(i), (ii)를 종합하면 $A = \left\{ p \ \middle|\ -1 - \dfrac{\sqrt{19}}{2} \leq p < 1, \ 1 < p \leq 2 \right\}$이다.